物联网理论与技术前沿丛书

国家科学技术学术著作出版基金资助项目

群智感知计算

於志文　郭斌　王亮◎著

清华大学出版社
北京

内 容 简 介

随着物联网和移动互联网技术的发展,"群智感知计算"作为一种新的感知模式应运而生。区别于传统的传感网感知方式,群智感知计算利用广泛且自然分布的持有智能设备的用户作为移动感知单元,通过群体的广泛参与、灵活移动、机会连接实现大规模、无处不在的感知过程,目前已成为物联网、移动计算等领域的学科前沿与研究热点。本书按照"理论—方法/技术—平台—应用"的组织思路,遵循"创新引领、深入浅出、理论＋实践"的原则基调,针对群智感知计算的基本概念、体系架构、任务优化分配、数据优选、质量评估、数据移交、计算平台及典型应用等进行深入的探讨。本书为物联网、移动计算、智慧城市等领域的研究人员、高年级本科生或研究生等提供了具有创新性与前瞻性的群智感知计算最新研究成果和学习参考。

图书在版编目(CIP)数据

群智感知计算/於志文,郭斌,王亮著.—北京:清华大学出版社,2021.8(2022.2重印)
(物联网理论与技术前沿丛书)
ISBN 978-7-302-58352-3

Ⅰ.①群… Ⅱ.①於… ②郭… ③王… Ⅲ.①计算机辅助计算－研究 Ⅳ.①TP391.75

中国版本图书馆 CIP 数据核字(2021)第 117187 号

责任编辑:张 民 常建丽
封面设计:杨玉兰
责任校对:刘玉霞
责任印制:朱雨萌

出版发行:清华大学出版社
    网 址:http://www.tup.com.cn,http://www.wqbook.com
    地 址:北京清华大学学研大厦 A 座   邮 编:100084
    社 总 机:010-62770175   邮 购:010-83470235
    投稿与读者服务:010-62776969,c-service@tup.tsinghua.edu.cn
    质 量 反 馈:010-62772015,zhiliang@tup.tsinghua.edu.cn
    课 件 下 载:http://www.tup.com.cn,010-83470236
印 装 者:三河市铭诚印务有限公司
经 销:全国新华书店
开 本:185mm×260mm 印 张:16 插 页:1 字 数:390 千字
版 次:2021 年 10 月第 1 版   印 次:2022 年 2 月第 3 次印刷
定 价:59.00 元

产品编号:089879-01

　　群体智能是互联网带给我们的又一个惊喜。 20 年前，因为研究工作关系，我开始关注和研究互联网社群中的群体智能涌现现象，第一个案例是开源软件，第二个案例是维基百科。 在我们的传统认知中，操作系统的开发和百科全书的编撰都是浩大的智力工程，需要组织大量专家通过紧密协作才能完成。 然而，开源软件和维基百科的成功让我们看到了完全不同的智能产品创生和演化模式，看到了基于互联网的群体智能的魅力。 10 年前，也是因为研究工作的关系，我接触到一家城市交通导航软件公司，公司老总告诉我，他们公司导航软件的最大特点是，城市地图信息全、更新快，因为他们有一支 800 多人的"扫街"队伍，这是公司成本的大头。 我与他们讨论是否可以借鉴群体智能的思想更新地图信息。 今天，手机导航 App 已经成为人们出行的标配，人们在享受越来越贴心的导航服务过程中，不知不觉也成为导航信息的感知者和贡献者。 目前，在移动互联网、云计算、大数据十分普及的中国，我们已经身处群体智能的"必然王国"之中，但是，距离群体智能的"自由王国"还十分遥远，因为我们对群体智能背后的机理知之甚少，还远远不能自由驾驭群体智能。 5 年前，中国工程院发起中国人工智能 2.0 发展战略研究，将群体智能作为中国人工智能 2.0 的五大研究方向之一，我有机会在潘云鹤院士和李未院士的带领下参与了群体智能的战略研究。 群体智能是指融合多方参与者，以竞争和合作等多种自主协同的方式共同应对挑战性任务时，特别是在开放环境下的复杂系统决策任务中，所涌现出的超越个体智力的智能形态。 20 世纪 90 年代，著名科学家钱学森先生曾提出"综合集成研讨厅"体系，探索以人机结合的方式支持专家群体协同应对复杂巨系统中的挑战性问题和解决方案。 群体智能实质上正是综合集成研讨厅体系在人工智能新时代下的拓展和深化。 在互联网环境下，海量的人类智能与机器智能相互赋能增效，形成人、机、物融合的"群智空间"，群体智能问题也将更加复杂。 从全世界抗击新冠疫情(COVID-19)中，我们既看到了群体智能在解决人类重大挑战中的巨大潜力，也发现群体智能中有待深入研究的诸多科学与技术问题。

　　最近 3 年，我作为西北工业大学智能感知与计算工业和信息化部重点实验室的学术委员会副主任，有更多机会了解和学习周兴社教授和於志文教授团队在物联网和分布式嵌入式系统方面的研究成果，并多次深入探讨基于群体智能的感知计算问题。 近日，欣闻於志文教授领衔编写的《群智感知计算》顺利完稿并即将出版，它必将为群体智能（简称群智）在物联网中的发展注入新的力量。 感知(特别是对人和环境的感知)是物联网研究领域中的经典问题，也是智慧城市、公共安全、健康卫生、环境监测等重大需求领域的核心内涵之一。 在万物互联趋势的推动下，大众的广泛分布性、灵活移动性和即时连接性为群智感知带来新的契机和挑战。 与传统物联网中的静态感知方式不同，群智感知构建了"以人为中心"的新型大规模时空感知模式。 於志文教授团队在国内较早开展群智感知理论与方法研究，并在群智感知计算概念模型与参考体系架构、参与者感知能力发现与准确评估、数据质量驱动的移动群智感知任务优化分配等方面取得了一系列突破性原创成果。 特别可喜的是，该团队还在国际上率先研发了统一的开源群智感知系统平台与工具集——CrowdOS，集成了感知能力统一建模、复杂任务敏捷分配、多粒度隐私保护与激励机制等关键技术，解决了现有群智系统面向特定任务设计、任务分配模式单一等问题。 据悉，系统自 2019 年 9 月开源上线以来，得到美国、英国、日本、法国、加拿大、澳大利亚等 20 多个国家的科研人员访问，下载量逾万次。

　　群体智能是一个跨学科的研究领域，不仅涉及计算机科学与技术、人工智能等计算学科，还涉及社会学、经济学、管理科学与技术等社会科学领域，这是计算学科日益渗透到经济社会发展各个领域的必然结果，也是计算学科不断发展的动力源泉，本书的内容也反映了这一趋势。 相信读者在阅读和学习《群智感知计算》专著的过程中，会受到重要启发。

中国科学院院士

序言二

　　回顾 1995 年发生的那场互联网革命(Internet revolution)，我在实习的实验室里申请到属于自己的第一个免费的电子邮箱。 电话线一端的"猫"嗞嗞嘎嘎响过一阵后，我找到了广告牌上"信息高速公路有多远？ 向北 1500 米"的感觉，感受到"信息爆炸"带来的冲击。 1999 年，MIT（麻省理工学院）提出了 Internet of Things（物联网）概念。 物联网发展 20 年，手机、iPad、手环集成了越来越多的传感器，在利用有意识部署的传感器提供感知服务之后，物联网进一步推广的关键成为如何把无意识"做好事"的协作模式融合进感知任务当中。 错综交织的网络连接，使每个人都成为数据的使用者，同时也是提供者，不知不觉中成就了"群智感知"的世界。

　　说起群体智慧，早有先例。 中国的北朝时代，有个女孩顶替老父参军，在百姓中口口相传，又经过无数民间作家不断修整填词，被记录下来，这就是著名的《木兰辞》。"万里赴戎机，关山度若飞""双兔傍地走，安能辨我是雄雌"这样脍炙人口的诗句，凝聚了不知道多少人的智慧。 而且，根据"东市买骏马，西市买鞍鞯，南市买辔头，北市买长鞭"这种购物习惯，我们甚至可以大胆地推测，在不断修饰润色的过程中，女性诗人有相当程度地参与。

　　1926 年，由于捕猎泛滥，美国黄石公园的狼面临灭种危机，直接导致驼鹿数量激增，植被被破坏，整个生态环境的平衡面临危机。 科学家们为了改善生态循环，企图通过迁移、猎杀等方法控制驼鹿的数量，效果均微。 直至 1995 年，从加拿大引进 14 匹狼，放养在黄石公园，才解决了生态的平衡。 根据这个事件，近几年有人做了一个叫作 ECOBulider 的手机游戏，玩家根据科学家们已有的研究成果，熟悉掌握各种植被、动物的生存环境，之后便可以根据这些真实数据建立一个良性循环的生态环境。 玩家玩游戏的过程也为生态科学家们创建了开发新的生态环境的新思路。 这款游戏的策划者之一——来自伦敦帝国理工学院的 Dan Goodman 博士表示："从科学研究可以为政府制定政策提供信息参考开始，说不定有一天，游戏玩家的策略会真正影响到自然环保主义者的决策，就像当年让狼群回到黄石公园。"

　　讲到这里，想起前段时间看到的一则新闻。 新冠疫情期间，柏林的一位先生在一辆小车上放了 99 部智能手机，打开地图，成功在 Google map 上显示出"此路拥堵"，为自己"开辟"出了一条"安全"的散步路线。 这可谓是"利用群智感知谋私利"的典型案例了。

　　如何更有效地感知收集数据，如何用这些数据做更多、更有意义的事，是近年来科研界和工业界讨论的热点问题之一。 西北工业大学於志文教授团队作为国家自然科学基金委员会"群智感知网络"重点基金群的承担单位之一，在国际上较早地开展了该领域的研究，且多年来一直聚焦群智感知计算的关键科学研究问题，持续性地产生了具有突破性的研究成果，本书可以看作其相关研究成果的总结与梳理。 全书系统性地介绍了群智感知计算的发展脉络与概念基础，同时对所涉及的各类挑战性研究问题，包括任务分配、数据质量与移交、隐私保护、用户激励等，进行了具体的阐述，并结合代表性研究工作进一步展开了深入的探讨。 他们在该领域所研发的开源移动群智感知操作系统(CrowdOS)，自2019年上线以来得到同行的广泛关注，为构建全生态的群智感知研究、实验验证与领域应用提供了全方位支撑。 本书首次对 CrowdOS 生态进行了系统性的阐述，从体系框架到核心机制，从关键组件到平台测试均进行了详细的介绍与分享。

Crowdsourcing 中的 source 来自拉丁语的 surgere，意为"上升"或"举起"。 在这个世界上，每一个人，无论何时，有意的或者无意的一次操作，或许都在为托举这个时代的文明贡献着力量。

刘云浩

清华大学全球创新学院院长
ACM 中国理事会荣誉主席

FOREWORD

前言

近年来,随着物联网和移动互联网技术的快速发展,大量具有丰富感知能力的智能设备(如智能手机、可穿戴设备)得以普及。 在此背景下,"群智感知计算"作为一种新的感知模式应运而生。 它利用大众的广泛分布性、灵活移动性和即时连接性进行大规模时空感知,并融合显式或隐式的群体智能实现对感知数据的优选萃取和增强理解,进而为现代城市及社会管理提供智能辅助支持。 群智感知计算由于其泛在性、灵活性和低成本等优势,甫一问世便得到学术界、产业界以及政府的广泛关注,并迅速成为物联网领域的国际前沿研究热点。 与传统的传感网络不同,群智感知计算"以人为中心"的感知模式带来了很多新的特性,包括参与者行为的复杂性和动态性、感知能力的差异性和互补性、感知数据的丰富性和低质性等。 与此同时,这些新特性也带来一系列新的研究挑战: 群智感知的理论模型、参与者优选与任务分配、群智数据质量评估与高效汇聚、参与者隐私保护与激励机制、可重用的群智感知系统架构等。

针对以上问题,本书作者所在的智能感知与计算工业和信息化部重点实验室团队近10年来开展持续性、系统性的研究,在群智感知计算领域取得了较为丰富的研究成果。本书可视为对前期研究进展的梳理总结与提炼升华。 全书共分为 10 章,按照移动群智感知概念体系架构、感知任务分配、感知数据质量评估与汇聚、群智隐私保护与激励机制、群智感知典型应用,以及群智感知系统平台等方面组织安排。 第 1 章对移动群智感知的背景、意义、发展历程、研究挑战以及国内外研究现状进行简要介绍。 第 2 章主要讨论移动群智感知的基本概念与体系结构,包括任务模型、用户模型、数据模型以及通用的移动群智感知网络系统架构。 第 3 章和第 4 章分别介绍基于单目标优化与多目标优化的移动群智感知任务分配问题、模型以及相应的代表性工作。 第 5 章主要讨论感知数据的质量评估与优选汇聚,并具体介绍视觉群智感知系统中的质量评估模型与优选策略。 第 6 章介绍移动群智感知高效数据移交问题,涉及基于机会网络的数据移交和基于融合的传染式数据移交。 第 7 章讨论移动群智感知位置隐私保护问题,包括隐匿位置保护、位置抑制发布技术等。 第 8 章介绍移动群智感知激励机制设计问题,探讨物质与非物质激励机制,同时面向城市众包配送问题详细介绍动态定价策略。 第 9 章介绍移动群智感知在不同领域的典型应用,包括城市环境监测、商业规划、智慧交通以及公共安全等众多领域。第 10 章介绍本书作者所在科研团队率先开发的移动群智感知操作系统 CrowdOS,包括系统的体系框架、核心机制、关键组件以及平台实现与测试。

本书涉及的研究工作获得了国家 973 计划(2015CB352400)、国家杰出青年科学基金项目(61725205,62025205)、国家自然科学基金重点项目(61332005)、国家重点研发计划(2019YFB2102200)等项目的持续支持,在此向国家科技部、国家自然科学基金委员会的支持表示感谢!

中国科学院王怀民院士和清华大学刘云浩教授特为本书作序，在此向两位专家的支持和帮助表示诚挚的感谢！　还要感谢西北工业大学周兴社教授多年来对"群智感知计算"研究方向的指导和支持。　西北工业大学智能感知与计算工业和信息化部重点实验室的陈荟慧博士后、刘一萌博士、刘琰博士、李青洋博士、景瑶博士、王倩茹博士等参与了本书部分章节的撰写工作，在此对他们的辛勤付出表示感谢！

我们还要感谢清华大学刘云浩教授、北京邮电大学马华东教授、北京大学张大庆教授、中国科学技术大学李向阳教授、上海交通大学王新兵教授、东南大学罗军舟教授等物联网领域的同行学者，本书的形成也融入了部分前期大家一起研讨或项目合作的成果。在本书成稿过程中，还有很多同事和朋友以不同形式提供了帮助，在此不一一列举，敬请各位谅解。

群智感知计算作为一个快速发展的新兴研究领域，新概念、新问题、新方法不断涌现，限于作者的学识水平和研究局限，书中难免存在缺点和不足，敬请读者批评指正。

作　者
2021 年 7 月于西安

CONTENTS

目 录

第1章 绪 论

1.1 背景和意义

随着移动互联网和智能终端的不断普及,人们在生活中已经离不开各种各样的移动终端设备,如手机、平板电脑、电子书、智能手表、智能手环和智能眼镜等。为了更好地服务于人类,移动设备中集成了大量传感器模块,如光线传感器、加速度传感器、陀螺仪、磁力计、气压计、温度计、距离传感器和屏幕压力传感器。除此之外,移动设备上的非传感器部件也都具备感知人类行为和周围环境的能力,如麦克风、摄像头、指纹识别、WiFi、蓝牙、雷达和GPS,多种多样的传感器使移动设备具备了"感知(sensing)"能力。伴随着高速移动网络通信的发展,人们可以利用手中的移动设备随时随地采集不同模态的数据,从而发展出群智感知计算这一新的研究领域[1]。在具体介绍群智感知的概念之前,先和大家分享一个真实的群智感知故事——"希亚·拉博夫旗帜定位事件"。

2017年3月,好莱坞演员希亚·拉博夫(Shia La Beouf)反对特朗普,他跟一个博物馆合作,在博物馆外面设立起一个在网络上24小时直播的摄像头,号召经过的路人对着摄像头喊出"他不能把我们划分开——HE WILL NOT DIVIDE US"的口号。很快,这个"展品"遭到各界特朗普支持者的反对。博物馆不得不放弃这个项目,让他们另找地方。但无论他们搬到哪儿,都会有特朗普支持者跑来破坏。

不得已之下,他们在一个秘密的地点竖起了一面HE WILL NOT DIVIDE US的旗帜,并用之前的直播摄像头向全世界24小时直播这面旗帜。为了防止特朗普支持者找到这面旗帜,他们特意调整了摄像头的角度,让摄像头对着天空,这样直播画面里就只有旗帜和天空背景。不过,这样就真找不到了吗?

大家也许在电影里曾看到过这样的情节,侦探和警察收到劫持人质的罪犯拍摄的视频时,通过视频中出现的铁路、桥梁、房屋、窗户等图像或者汽笛声、轮船声等声音判断人质被关押的地点和位置,那么类似的方法是不是也能用于找到这面旗帜呢?问题是,"反对者"网友可以借鉴的信息只有"旗帜"和"天空",信息实在是太少了。

群体的力量是无穷的,网友们经在线"头脑风暴"后开始集结群体力量寻找旗帜。第一阶段,借助"风力"信息缩小搜索范围。他们首先通过旗帜伸展的幅度,判断出旗帜所在地风力的大小;然后对比几个时间点里直播视频里的风力和美国实时风向风力监控数据网站的实时风力,据此做出第一步判断:这面旗子大概在五大湖区域。

第二阶段,大家在推特(Twitter)上有了新发现。在直播开始的前3天,一个餐馆里的女服务生在推特上发了一张她和希亚·拉博夫的合影。网友们通过分析这个姑娘以往的推特,迅速发现:这家餐厅就在美国田纳西州的Greeneville。既然希亚·拉博夫在直播前曾在Greeneville出现过,那么这面旗帜肯定就在附近。很快,网友们发现Greenville的天气与直播中的天气吻合,日落时间也一样。但是,Greenville也是很大一块区域,一面小小的旗帜到底在哪个角落呢？

第三阶段，网友们再次凸显了"群体智能"（Crowd Intelligence）的优势。既然直播对着天空，那么空中飞机的轨迹是否可以借鉴一下？思路一出，马上就有网友利用"曾有三架飞机先后飞经此地"的信息，通过对比航班的飞行轨迹和飞机在摄像头里的飞行轨迹，用三角定位法定位出大概的范围（见图 1-1 左下）：就在 Greenville 附近的山区边上！消息一传出，马上就有网友表示："我就在附近，我去帮你们找一圈！"

图 1-1　希亚·拉博夫旗帜定位事件

第四阶段的搜索范围还是不小，找起来需要动一番脑筋。这位网友很聪明，他对网友们说："我在附近开车，一路开车一路按喇叭，我将在附近的道路上全都按一遍喇叭，你们只要在直播里听到喇叭声，就让我停下。"于是大家竖起耳朵，很快便在某一时刻听到了喇叭声。开车的网友当时就在这个红圈所在的位置（见图 1-1 中下）。最后网友侦察兵出动，终于用望远镜找到了旗帜（见图 1-1 右下）。

故事结束了，这次事件中的主角希亚·拉博夫万万没有想到他精心选择的一个隐蔽区域很快就被"反对者"群体发现了。在互联网和移动互联网背景下通过群体的参与和协作解决复杂问题的能力也通过这一事件再次被放大，这也为群智感知计算这一新的感知模式的兴起做了最好的注脚。

这里先给出群智感知计算的定义：**它是将普通用户的移动设备作为基本感知单元，通过移动互联网进行有意识或无意识的协作，实现感知任务分发与感知数据收集，完成大规模的、复杂的社会感知任务**[2-5]。群智感知计算的数据采集和收集过程与传统的传感网络有很大不同。传统感知网络主要针对特定区域部署专业的感知节点（固定感知），具有覆盖范围受限、位置固定、成本高、维护难等不足；而群智感知计算基于广泛自然分布的普通用户及其智能设备（如手机、可穿戴设备、车载设备等）完成（移动感知），具有泛在分布、灵活移动、低成本、自维护等优势。

在群智感知计算方式下，人们使用随身携带的各种智能设备（如手机、手环、平板电脑和眼镜）在物理世界采集不同模态的数据（如图像、文本、轨迹和音频等），数据通过智能设备的无线通信网络（如 WiFi 和 3G/4G/5G）上传至云端；这些群体贡献的数据具有碎片化、低质冗余等特点，经过清洗、优选和萃取后，对数据进行处理、融合和挖掘来获取有价值的知识，进而服务于大规模的城市和社会感知任务。群智感知计算目前已经逐渐被应用在各种不同的领域，如智能交通[6-7]、定位与导航[8-10]、环境监测[11-14]、城市感知[15-19]、公共安全[20-21]和社会化推荐[22-23]等。以智能交通为例，已经有一些非常典型的群智感知商业应用，如 Waze①（位智）和 OpenStreetMap②（OSM）。Waze 是一款社区化的交通导航应用，司机加入车友社区就可以与其他司机共享实时交通道路信息，通过避开交通拥堵达到绿色出行的目的（见图 1-2）。OSM 是开放式的电子地图网站，它从人们共享的 GPS 轨迹中提取道路信息，构建全球电子路网数据库。

图 1-2　Waze 手机应用程序的部分界面

近年来，随着移动应用系统对传感器种类需求的不断提高，气压计、心率传感器甚至雷达也已被集成在智能手机中。另外，通过蓝牙或 WiFi 连接的外置传感器或可穿戴设备也被用于各种数据的采集中，比如智能眼镜、车载诊断系统（On Board Diagnostic, OBD）[24]、行车记录仪[23]、智能手表[25]和运动手环等。除了便携的移动设备外，未来将有更多的智能移动设备具备丰富的感知能力，比如智能汽车和智能单车等，它们通过蓝牙或 WiFi 即可与手机等移动通信设备互联或直接接入物联网，这些智能设备的感知能力也将支持更多的群智感知应用为人类社会服务。

1.2　发展历程

群智感知计算由众包（crowdsourcing）、参与感知（participatory sensing）等相关概念发展而来。众包是美国《连线》杂志于 2006 年发明的一个专业术语，用来描述一种新的生产组织形式，具体就是企业/研发机构利用互联网将工作分配出去，利用大量用户的创意和能力解决技术问题。参与感知最早由美国加州大学的研究人员于 2006 年提出[26]，强调通过用户参与的方式进行数据采集。2009 年 2 月，Alex Pentland 教授等在美国《科学》杂志上撰文阐述"计算社会学"概念[27]，认为可利用大规模感知数据理解个体、组织和社会，在计算目标上与群体感知不一而同。以上几个相关研究方向都以大量用户的参与或数据作为基础，但分别强调不同的层次和方面。2012 年，清华大学刘云浩教授首次对以上概念进行融合，提出"群智感知计算"概念[1]。与基于传感网和物联网的感知方式不同，群智感知以大量普通用户作为感知源，强调利用大众的广泛分布性、灵活移动性和机会连接性进行感知，并为

---

① https://www.waze.com/zh/.
② http://www.openstreetmap.org/.

城市及社会管理提供智能辅助支持[28]。群智感知计算是利用群体行为、知识和能力完成大规模感知计算的一种问题解决形式。自然界中存在大量的群体智能,例如经典的蚁群最短路径算法的灵感便是基于群体智能解决寻径问题,但是群智感知计算的基础是人类智能,因此更为强大和复杂。

我国于 2017 年发布了新一代人工智能的国家重大科技战略①,其中,群体智能便是核心内容之一[29]。群智感知计算基于群体智能尝试通过"人在回路"(human-in-the-loop)的方式解决大规模的感知和计算问题。人类与机器智能相结合的研究有着悠久的历史。早在1950 年,图灵就曾指出"数字计算机后期的发展可以这样展望,这些机器将不断具有任何由人类才能完成的工作的能力"[30]。他后来还提出"图灵测试",对给定程序的智能程度进行评估。这表明人类智慧和机器智能自人工智能研究诞生以来就一直是相互关联的主题。人工智能领域先驱、美国麻省理工学院的利克莱德教授在 1960 年发表过一篇开创性的论文[31],提出"人机共生"思想,即让人和计算机能够共同合作,一起完成复杂任务。2017 年以来,群智融合计算[28]、人机共融智能[32]、群智协同计算[33]和人机混合智能[34]等概念和应用也相继被提出,这些研究领域与群智感知计算都有一定的联系,是群体参与概念的不断延伸,如图 1-3 所示。

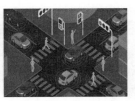

众包　　　　　　计算机社会学　　　　　参与式感知　　　　　　群智感知

图 1-3　与群体相关的不同研究领域

1.3　群智感知的两种模式

群智感知计算的三要素是人群、智能设备和无线通信。数据收集是群智感知计算的核心,高质量的数据收集对于推动群智感知计算在不同领域获得广泛应用尤为重要。因此,一般的群智感知过程可描述为:人们携带智能设备在日常的行为活动中通过自动或手动方式采集数据,数据通过无线通信网络传输至数据中心,以满足不同的应用需求。

群智感知计算依数据来源方式分为**机会式感知**[35-36]和**参与式感知**[26,30,50]两种模式。机会式感知是一种用户无意识的感知模式。以采集照片数据为例,人们在日常生活中拍下自己感兴趣的照片并上传到各种社交网络进行分享,机会式感知利用这些照片及附带的信息(如作者、拍照地点、拍照时间、标签等)完成感知任务。分享照片的用户成为无意识地完成感知任务的参与者。参与式感知通过参与者招募的方式完成数据采集任务。以照片数据采集为例,参与者必须按任务要求在给定的时间和地点给特定对象拍摄照片,以完成任务。

以上两种群智感知模式各有优势,互为补充。在上面的例子中,机会式感知通常通过收

① http://www.gov.cn/zhengce/content/2017-07/20/content_5211996.htm? from＝timeline&isappinstalled=0.

集用户无意识贡献数据完成感知任务,成本相对较低。但是,有很多情况用户间接贡献的数据难以满足特定任务的需求。针对那些不常被大众关注的感知对象,必须使用参与式感知方式才能获得所需数据。例如,MobiShop[37]需收集大量购物小票的照片用于提取商品销售情况,但人们很少在互联网中分享日常的购物小票,因此只能采用参与式感知方式完成。

采用参与式感知方式的群智感知应用需要一个用于发布任务和招募工作者的平台,数据需求者(data requester)在平台上发布数据采集任务(task),接受任务的用户成为工作者(worker),他们使用特定的移动客户端软件采集数据。发布任务的用户被称为任务发布者(task provider)或数据需求者(data requester),完成数据采集任务的用户被称为工作者(worker)或参与者(participant)。

群智感知数据采集有时需要特殊的 App 才能完成。例如,LuckyPhoto 针对照片采集任务开发了专门用于拍照的手机客户端[38],用户根据任务要求采集室内外的照片并获得报酬。为了协助用户采集数据,LuckyPhoto 的 App 利用智能手机上丰富的传感器给用户提供任务帮助。不同的群智感知应用系统的感知对象和感知目的是不同的,然而,为不同采集需求设计不同的应用成本较高。通过进一步分析我们发现,虽然不同群智任务对数据和数据集的需求不同,但是它们对于数据采集和汇聚的流程是类似的。为了让不同的群智感知应用能够收集到高质量数据,需要构建一个面向不同群智感知应用的任务管理和数据采集平台。

图 1-4 给出了一个通用的参与式群智感知数据收集过程示例。一项任务在该平台上的生命周期分为 4 个阶段,分别是**发布任务**、**执行任务**、**数据汇聚**和**结果移交**。这样的多任务群智感知平台服务于两种用户:数据需求者(或任务发布者)和工作者。任务生命周期的 4 个阶段及工作流程如下。

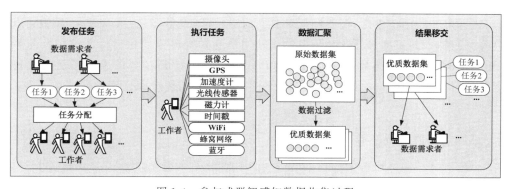

图 1-4 参与式群智感知数据收集过程

(1) 发布任务。数据需求者在平台上发布任务,任务可以描述为 4W1H,即何时(When)何地(Where)以何种方式(How)针对哪个感知目标(What)采集数据,哪些数据(Which)应该被上传[39-40]。任务分配方式包括两种:用户认领(pull-based)和系统推送(push-based)。用户认领指参与者从平台上浏览或检索任务,并主动注册成为某任务的工作者。系统推送指平台根据任务对时空和感知能力的限制,从所有参与者中寻找合适的人选,并推送任务。无论采用哪种任务分配方式,当参与者接受任务后,即成为该任务的一名工作者(即移动感知节点,简称感知节点)。

（2）执行任务。工作者按照任务要求，到达指定地点完成相关数据采集。对于实时感知任务，工作者必须立即上传数据；如果是非实时感知任务，则工作者允许在任务截止时间之前选择经济的通信方式上传数据。

（3）数据汇聚。受分布式感知方式影响，群智感知原始数据集存在大量冗余（低质或重复）数据，在数据汇聚阶段，平台根据任务要求对数据进行过滤和优选，挑选出满足任务要求的高质量数据集。

（4）结果移交。数据需求者可在任务结束前或结束后从平台下载数据汇聚结果。多数群智感知任务很难一开始就准确定义任务的数据采集约束，例如，FlierMeet[41]的数据需求者并不清楚哪些地方会出现海报和通知。所以，平台允许数据需求者在任务结束前看到数据汇聚结果，使数据需求者有机会在任务结束前调整任务要求。

1.4   主要挑战和研究内容

群智感知计算的研究目标是为了高效且低成本地收集满足任务要求的高质量数据。与节点和架构都相对固定的传感器网络相比，群智感知利用移动节点采集数据，具有灵活部署、覆盖面广的优势，但这也给高质量数据收集带来了诸多挑战，具体表现如下。

1. 感知任务的复杂多样性和并发性

与传统静态感知不同，群智感知数据采集首先面临的挑战是如何从泛在、移动的感知源中选择合适的参与者，并利用其交互协作完成复杂感知任务。因此，对用户兴趣偏好、时空情境、移动规律、社会交互行为及社会关系等参与者的感知能力进行刻画是群智感知的重要基础。群智感知应用范围广，而不同任务具有时空特征、设备能力、激励成本、质量需求等不同方面的约束，如何根据多样化的任务约束及用户感知等设定优化目标并进行参与者选择是群智感知的一个重要挑战。此外，在城市背景下，群智感知任务的出现还呈现并发性特征，因此，如何针对多个同时出现的感知任务进行参与者的优选和合理调度也是一个需要解决的挑战问题。

2. 感知数据质量参差不齐

由于任务参与者的时空不确定性、可信任度等问题，感知数据集内常常包含冗余、错误或异常数据等低质数据。群智感知数据质量主要从**数据内容**和**数据质量**两方面评价。判断数据是否冗余是评价数据质量的一项指标，数据内容冗余可以通过相似度比对识别，但是数据的语义是否冗余则需要根据特定的任务需求才能够判断。例如，在某时刻从不同角度针对某感知对象拍摄的两幅照片，其内容具有部分相似性（内容冗余），对于 PhotoCity[42]（收集建筑物照片用于城市 3D 建模，需要从不同视角多侧面呈现该建筑）来说，它们在语义上不存在冗余，但对于 PhotoNet[43]（收集灾后建筑物照片用于救援）来说，它们在语义和内容上都是冗余的，所以，群智感知计算判定冗余数据和异常数据不能使用单一、不变的准则，而应根据任务需求制定相对应的数据质量评价标准。鉴于感知任务的多样性，如何定义数据评价标准是群智感知计算数据收集面临的关键挑战之一。

3. 分布式数据采集

群智感知计算采用分布式的数据收集方式,数据集的大小和内容都是很难预测的,因此其数据集往往是动态的数据流。由于数据收集的时长不同(例如,为了观测植物,植物学家需要采集植物一年甚至几年的照片数据),数据流的最终长度和增长速度都是未知的,为了及时向参与者反馈"数据被采用"并支付报酬,群智感知计算的优质数据挑选策略无法在完整的数据集上执行,也就是说,群智感知计算需要适用于动态数据流的优质数据挑选策略。

4. 弱网络连接与传输成本

群智感知网络连接具有结点不固定、网络拓扑异构(如自组织、基于基础结构的网络等)和接入方式多样化(3G/4G/5G、WiFi、蓝牙)等特点。在这些因素的影响下,感知数据从产生到移交之间的间隔可能为几秒或者数天,在弱网络连接背景下如何确保传输的时效性成为需要解决的关键问题。此外,群智感知数据模态多样,而针对图像、视频等数据往往需要消耗参与者大量的存储和通信成本,在此背景下,如何激励用户的积极参与以及采取合适策略降低传输成本也成为一个重要挑战。

针对这些挑战,群智感知计算的研究内容主要分为 5 个方面,分别是感知任务分配与激励机制、感知数据的优选、群智感知隐私保护、感知数据的高效移交、群智感知计算的创新应用。

(1)感知任务分配与激励机制。

感知任务分配与激励机制主要研究如何进行任务分配和参与者激励,以保证充足的数据来源。群智感知计算通过分配任务雇用参与者采集数据,参与者根据任务要求采集数据是群智感知计算的数据来源。为了收集足够的数据,群智感知需要雇用大量的参与者采集数据,很多任务还需要参与者前往特定的地点并有较高的数据传输成本。然而,发布任务的数据需求方仅能够提供有限的报酬。因此,如何分配任务使参与者低成本地完成任务是提高参与者接受任务积极性的关键,同时也是保证充足数据源的关键。此外,面向高质量的参与者优选[44]和面向多任务的参与者优选[45]也是群智感知任务分配领域的研究热点。

(2)感知数据的优选。

感知数据的优选主要研究如何通过数据优选提高数据集的质量。原始群智感知数据中存在大量的噪声和冗余数据,而数据需求者则具有低冗余、高覆盖的数据质量需求。针对不同模态的数据和不同语义约束的感知任务,需要研究其数据质量和冗余(语义、内容)评估模型,进而实现优质数据的移交。

(3)群智感知隐私保护。

在感知数据采集和移交过程中,参与者常常会暴露自身的当前位置、移动轨迹、社会关系、周围环境和兴趣爱好,进而可能推断出参与者的行为规律、家庭/工作住址等信息,极大地降低了用户参与的积极性。因此,需要研究既能保护参与者隐私,又能确保数据质量和信息完整度的群智感知隐私保护方法。

(4)感知数据的高效移交。

感知数据移交主要研究如何通过合理的数据收集流程降低数据移交成本且提高数据移交效率。一方面,通过数据选择降低移交数量。云端服务器根据感知节点提供的数据描述信息快速拒收低质量数据,感知节点也可以根据任务约束提前剔除低质量数据。另一方面,通过高效交互方法提高移交效率。感知节点与云端服务器的交互可以有效降低低质量数据对带宽的占用,而感知节点之间的交互除了可以防止低质量数据被上传,还能通过机会式移交使低传输能力的感知节点借助附近的高传输能力的感知节点快速移交数据。

(5) 群智感知计算的创新应用。

群智感知应用主要研究群智感知计算能够为民众提供何种服务,以及如何利用群智感知计算的理论、方法和技术为搭建应用软件系统提供服务。群智感知应用能够提供的服务范围很广。在人们日常生活使用的软件中经常能够见到群智感知技术的应用,如智能交通、城市管理、环境监测、公共安全等。群智感知计算还出现在一些跨领域的应用中,例如,利用在线社交数据刻画物理事件[15],将出租车派单数据用于外卖派单服务[46]。随着群智感知计算的发展、新型传感器的出现和数据汇聚规模的增长,群智感知应用研究的重点将集中在如何构建通用的群智感知应用系统平台,以及如何结合领域需求通过创新的群智感知应用解决复杂的感知和计算问题等方面。

1.5 国内外研究现状

1.5.1 感知任务分配与激励机制

群智感知任务分配指根据感知任务对参与者感知能力和人数的需求从众多参与者中挑选满足要求的参与者,因此,感知任务与参与者之间存在一对多或多对多的关系。不同的研究工作关注一对多或多对多的任务分配策略,同时满足不同的优化目标。首先,为了降低感知成本,任务分配的优化目标包括在任务需求约束下寻找最小的参与者集合。CrowdRecruiter[47]研究群智感知任务覆盖概率模型,并提出基于贪心算法的最小参与者集合选择方法;Xiao 等[48]研究移动社交网络中的任务分配问题,提出最小化平均任务完成时间的参与者选择算法;Karaliopoulos 等[49]研究机会网络中的工作者选择问题,在覆盖所有兴趣点的前提下最小化感知总成本。其次,为了提高感知质量,任务分配的优化目标包括提高参与者对感知数据空间的覆盖度。例如,Cardone 等[50]研究群智感知平台中的参与者选择机制,在参与者数量不变的情况下,最大化感知任务的空间覆盖范围;Reddy 等提出面向时空覆盖的参与者优选方法[51];Singla 等[52]提出一种自适应的参与者选择机制,在激励总成本的约束下,最大化任务分配的空间覆盖率。此外,任务分配的优化目标还包括保证数据质量。例如,Yang 等[53]考虑参与者的起始空间位置和任务的有效期,提出降低任务完成延迟的方法,以保证数据质量;Cardone 等搭建的智能城市管理系统平台 McSense[50]依据地理位置信息等对用户的分类,自动选取能够完成任务的参与者,同时通过评估感知数据质量对参与者进行评级。

感知任务的分配与激励机制密不可分,群智感知任务分配的目标是降低感知成本和保证数据质量,激励机制的制定目标是提高任务的分配率和完成率。在激励机制研究方面,不同的研究工作针对采用物质、金钱、积分、游戏等手段的激励机制进行了广泛研究。首先,给人们分配合适的任务也是变相的激励。Ji 等[54]针对时间和空间覆盖要求较高的任务,在不改变人们原来的行程规划的基础上,结合人的移动性,在感知成本控制范围内给参与者分配合适的任务；Xiong 等[55]提出基于多类型激励和 k-深度覆盖目标约束的 iCrowd 模型，根据参与者的历史移动轨迹，实现群智任务的低能耗分配。其次，支付金钱是最基本的激励机制，如何支付才能效益最大化是这类激励机制的研究目标。Chen 等[56]提出基于虚拟货币的激励机制；Lee 等[57]采用竞拍机制促进用户参与，在工作者提交数据的过程中，服务器端采用逆向拍卖机制对数据进行收购。再次，为了吸引更多的参与者，有些激励机制在数据收集过程中增加趣味性。Kawajiri 等[58]和 Tuite 等[42]提出使用游戏元素指导和激励工作者采集数据的方法；Chen 等设计的 LuckyPhoto 通过抢红包的形式增加任务的认领率[38]。最后，双赢合作也是一种新型的无金钱激励机制。有些软件通过给人们提供服务，间接收集数据，即采用了双赢的合作模式，服务提供商通过向用户提供免费服务换取用户的数据，而用户无须提供额外的劳动就可以享受免费的服务。例如，形色①是一款帮助人们识别植物的 App，人们随时随地拍照上传植物图片，形色快速给出花名和比对图，那么，形色给人们提供服务，同时收集到大量由用户主动上传的带有时空标签的植物照片，然后向用户提供植物地理分布的服务。再如，用户在使用高德、百度等电子地图时，也会把 GPS 轨迹序列上传，电子地图服务提供商根据轨迹可以精确校准路况，并协助司机规划出行路线。

1.5.2 群智感知数据优选

由于移动设备的续航能力有限，大多数群智感知应用都没有让智能设备承载过多的计算任务，但是随着智能设备软硬件的发展，群智感知应用系统的部分功能可移至智能设备执行，从而提高数据收集质量并降低通信负载和数据中心负载。数据选择可分为前置选择和后置选择。前置选择指数据在上传之前对其效用进行评估，然后选择高效用数据上传至服务器，而后置选择指数据上传至数据服务器或交付任务发布者以后进行的数据选择操作。前置选择适用于网络带宽有限或网络流量费用较高的情况，通过前置选择，在数据上传前过滤掉一些低质、低效用和冗余的数据，有助于节省带宽和流量。后置选择适用于对数据时效不敏感的应用，原始照片可通过免费或低收费的网络全部上传至服务器，优点是数据传输成本低，而且由于服务器可以针对完整的数据集进行去噪和去重，因此其数据选择的精度和召回率理论上高于前置选择方式。对于搜集新闻素材的应用 MediaScope[59]，地点和时间的覆盖度是主要的数据选择依据，采用前置选择可降低数据冗余，同时降低感知成本；FlierMeet 为了降低针对通信流量支付的报酬和节省数据存储空间，也采用了前置选择。如果参与者被要求在截止时间之前上传数据，感知应用系统可以采用后置选择，例如，GarbageWatch 采用人工方式挑选照片，因此属于后置选择群智感知应用。

根据任务需求从原始数据集中优选出理想的数据子集是降低资源消耗的有效途径，低冗余且高覆盖是理想子集的通用标准，低冗余指数据子集中没有相同或相似的数据，高覆盖指数据子集能够最大限度地全方位反映感知对象的真实情况。不同的群智感知任务在评价冗余度和覆盖度时的标准是不同的，也就是在数据选择时需要遵循的选择约束是不同的。表 1-1 中列举了一些常见的照片数据采集时空约束和相关群智感知应用。

---

① http://www.xingseapp.com/.

表 1-1　基于不同时空约束的群智感知相关工作

需　　求	相　关　工　作
多角度感知	SmartPhoto[60]，PhotoCity[42]，InstantSense[15]，CooperSense[61]
单角度感知	FlierMeet[41]，MobiShop[37]
小地理范围感知	GarbageWatch[62]，WreckWatch[63]，InstantSense[15]，CrowdTracking[64]
大地理范围感知	CreekWatch[11]，SakuraSensor[23]，Gazetiki[65]
高频感知	PhotoNet[43]，MediaScope[59]，InstantSense[15]
低频感知	PhotoCity[42]，iMoon[66]
感知对象更新慢	FlierMeet
感知对象更新快	SignalGuru[67]，GarbageWatch[62]，WreckWatch[63]，JamEye[68]

　　多媒体文件形式的群智感知数据的传输费用较高,因此需要通过感知节点与后台数据中心之间的交互实现前置数据选择。前置选择方式下,客户端首先提取数据的关键信息,然后上传给数据中心,数据中心根据感知任务对数据集的多维约束(如时空特征、质量、采样间隔和方向)评价数据质量,最终只有高质量的数据被完整上传至数据中心。以照片数据为例,照片内容的多样性是群智感知应用评价照片集的惯用准则[69-70],为了挑选更多样化的数据,群智感知应用评价照片冗余的方法包括：① 图像内容相似度,如 FlierMeet、GarbageWatch[62]、iMoon[66]。②语义内容相似度,如 MediaScope 挑选具有不同时空特征的照片用于描述事件的不同侧面。

　　早期基于移动社交网络照片的群智感知应用采用基于图像的方法[69]和结合地点、时间、文本、标签(Tags)等对图像的相似度进行评价[65]。当采用参与式感知方式时,智能设备的传感器数据可以参与群智感知数据相似度的评价,例如,PhotoNet 选择拍照位置相距较远且图像颜色直方图相差较大的多张照片,PhotoNet 以照片之间的图像距离和地理距离的加权和作为数据的相似度,图像距离使用基于颜色直方图的计算方法,地理距离采用欧氏距离;FlierMeet 提取图像的 SIFT(Scale-Invariant Feature Transform)特征,并根据两幅图像数据的 SIFT 特征匹配点计算图像的相似度,再结合时间差和地理距离,采用判定树方法判定图像是否重复;SmartPhoto 根据拍照方向的差别评价照片数据的相似度,并基于贪心思想选择若干张拍照角度差别大的照片;GarbageWatch 采用人工方式挑选不重复的照片,通过对照片内容的分析,剔除针对同一拍摄对象在相近时间内拍摄的重复照片;MediaScope 根据照片的时间和空间特征挑选不重复的照片;iMoon 根据拍照位置和拍照方向挑选不同的照片;CooperSense 根据时间、位置和拍照方向评价照片的相似度。

1.5.3　感知数据移交

　　感知数据移交可分为即时移交和容延移交。即时移交指参与者拍摄照片以后立即上传,数据失效快,但需要良好的网络通信环境。容延移交允许参与者在数据失效前随时上传数据,那么参与者可以在接入免费或低收费的网络后上传数据。容延移交可以被即时移交代替,但反之不行。数据的选择方式由任务对数据集完整度和冗余度的要求决定,而数据移交方式往往由任务对数据更新的敏感程度决定。即时移交适用于对感知实时性和感知覆盖度要求较高的应用。对于突发事件感知,如路面事故感知应用系统 WreckWatch[63]、JamEye[68] 的道路拥堵监测任务和事件感知应用 InstantSense,它们需要从不同角度分析在不同时间拍摄的照片还原事件现场,对数据的时效性要求非常高,因此需要即时移交。容延移交一般用于对数据时效性不敏感的应用或者通信条件较差的场景。例如,在通信环境受限的感知场景下,容迟网络(Delay Tolerant Network,DTN)和机会网络(Mobile Opportunistic Network,MON)是较好的移交方式。PhotoNet[62] 研究灾难现场照片在 DTN 中的传输,为了快速上报灾难现场的情况,幸存者携带的照片需要通过 DTN 传至救援车辆,再由救援车辆上传至救援中心。容延移交也适用于感知成本受限的应用,Wu 等[71] 提出一种带宽和存储约束下的容延数据传输方法,用于降低数据移交的成本。

1.5.4　群智感知应用

群智感知可应用在很多重要领域,如水文环境监测[11]、智能交通[67-68]、公共交通[72]、旅游百科[23,73]、室内定位[66]、信息传播[41]、新闻报道[59] 和事件感知[15,74] 等,这些应用有些使用特殊的 App 采集照片[11,37,41,75],有些直接使用设备的电子相册[59] 或下载社交网络上的照片[65,73,76]。读者可至第 9 章阅读更详细的群智感知应用实例介绍,这里简要介绍如下一些典型应用,它们需借助群智感知才得以收集到大量的数据。

(1)旅游与环境。Gazetiki[65] 利用维基百科(Wikipedia①)、Panoramio② 和 Web 搜索构建地理百科的应用,当用户检索地理信息时,Gazetiki 向他们展示详细的地理信息和相关照片。类似研究还有 Pang 等人使用人们共享的游记和照片描述旅游地点的应用[69]。CreekWatch[11] 是 IBM 开发的 iPhone 应用程序,基于群智采集数据并监测河流水质,CreekWatch 通过 Web 网站向人们展示世界各地河流的健康状况。在樱花开放的季节,SakuraSensor[23] 通过人们在车内拍摄的视频片段判断樱花的开放情况,并根据人们的行车轨迹计算游览樱花美景的最优路线。

(2)交通与事件。WreckWatch[63] 能够通过车内手机的传感器检测到车祸,然后寻找路过的行人拍摄车祸现场的照片发送给救援中心,使救援人员能够及时准确地判断车祸位置和救援的紧急程度。在发生交通拥堵时,JamEyes[68] 计算被堵车辆数目并估算拥堵可能持续的时间,同时将拥堵源头位置的车辆拍摄的视频分享给其他车辆,使处于拥堵中的司机及时了解拥堵原因和拥堵情况。JamEyes 通过手机的 3D 加速度计和 WiFi 信号检测每辆车周围的其他被堵车辆,并检测车辆之间的位置关系,从而得出拥堵车辆的数目,并找到处于拥堵源头的车辆。GBUS[68] 使用 GPS 轨迹收集公交车的行驶数据,参与者还可以同时提供公交站点周围的照片用于提高公交车站的辨识度。SentiStory[74] 提出了一种基于粗粒度情感分析的微博事件脉络总结方法,检测微博重大变化,并挖掘这些变化背后的原因。当有事件发生时,MediaScope 以新闻报道为目的,从现场目击者共享的手机相册中检索各种照片,检索条件包括图像相似度和地理信息等。相似的工作还有 MediaSrv[77] 和 SocialTrove[78]。SmartEye[70] 通过从人们在灾后共享在云端的照片中检索低冗余、多样化

---

① https://www.wikipedia.org/.

② http://ssl.panoramio.com/,2016 年 11 月与 Google Album Archive(https://get.google.com/albumarchive/)合并。

的高质量数据,解决基于照片的实时数据分析问题。CrowdTracking 通过路边行人的手机拍摄路面的移动目标(如车辆、巡游花车等),实现对移动目标的持续跟踪。

(3) 城市与生活。MobiShop[37] 收集人们的商店购物小票照片,通过光学字符识别技术从图片中提取商品价格,并将收集到的商品价格信息推送给不同的客户,使人们可以共享商品价格信息。Lostladybug① 是收集瓢虫照片的项目,用于研究瓢虫的种类、生存状况和习性,截至 2021 年 2 月 7 日,该网站已收集 38 827 份来自世界各地的数据。FlierMeet 收集城市中的公共张贴物(如海报和通知)的照片,计算人、张贴物和地点之间的关联关系,构建不同个体对不同类别张贴物的喜好关系,向不同的人群推送他们喜欢或需要的张贴物,提高城市信息的传播效率。LuckyPhoto[38] 是一个基于群智的室外照片收集通用平台。PhotoCity[42] 为了收集到满足构建 3D 城市需求的高质量照片,采用一种游戏的方式,训练"玩家"成为采集照片的"专家",使"专家"们能够从不同的角度高密度地采集城市中建筑物的照片。SmartPhoto[60] 根据照片的拍照方向、拍照位置和摄像头的一些参数评估照片的价值,采用贪心算法选择 k 张拍照方向不同的照片,使这些照片能够最大程度全方位覆盖拍摄对象。iMoon[66] 收集大量室内的 2D 图像,然后构建成室内环境的 3D 模型用于室内导航,类似的应用还有 Jigsaw[10]。

1.6 本书结构

本书结构和章节之间的关系如图 1-5 所示。本书共分为 10 章,其中前两章为基础知识,后 6 章根据群智感知计算的研究内容分章节介绍技术知识。详细说来,第 1 章为绪论,介绍群智感知的背景和研究内容等知识;第 2 章介绍群智感知计算的基本概念与体系结构;第 3 章和第 4 章分别介绍移动群智感知任务的单目标和多目标优化分配;第 5 章介绍数据采集和收集过程中对数据的质量评估方法和数据优选方法;第 6 章介绍在不同场景下低成本地对数据进行高效移交的方法;第 7 章和第 8 章介绍隐私保护和激励机制;第 9 章介绍群智感知计算在智慧城市、环境监测等领域的典型应用;第 10 章介绍 CrowdOS 群智计算平台的设计与实现。

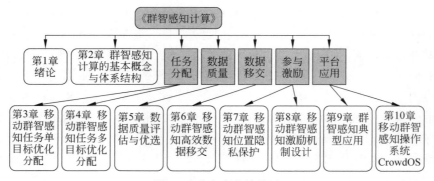

图 1-5 本书章节结构图

---

① http://www.lostladybug.org/,访问 2017 年 2 月 21 日。

1.7　本章小结

　　群智感知计算是对人类群体智慧的再次利用,它通过大量的人类个体智慧发现采集目标,通过智能移动设备收集数据,再利用云端高速的计算设备和高效的数据分析算法,提取出对人类、自然和社会有用的信息。本章简要介绍了群智感知计算的背景、研究内容、工作原理和典型应用。在群智感知计算被用来解决实际问题的过程中,各种挑战也纷至沓来,人们开始关注数据的价值和对个人隐私的保护,同时也出现了利用虚假数据牟取个人利益的行为。因此,任务分配、激励机制、数据质量保证和隐私保护等问题在随着时代进步不断地变化,同时,新的应用场景和应用需求也不断地被提出来。群智感知计算这种与人类智慧和人类社会关系紧密的计算方式,也必将随着人类社会的发展而不断进步。本书作为群智感知计算的学术和技术专业书籍,将向广大读者介绍群智感知各个方面的当前研究进展,并展望未来的发展趋势。

习　　题

　　1. 机会式感知与参与式感知有何异同? 它们各自的应用场景有哪些?

　　2. 从任务的角度考虑,移动群智感知可以划分为哪几个阶段?

　　3. 群智感知任务的 4W1H 模型具体含有哪些要素? 针对感知任务的复杂多样性,思考一下是否还有其他任务描述模型。

本章参考文献

[1]　刘云浩. 群智感知计算[J]. 中国计算机学会通讯,2012,8(10):38-41.

[2]　於志文,於志勇,周兴社. 社会感知计算:概念、问题及其研究进展[J]. 计算机学报,2012,35(1):16-26.

[3]　Guo Bin, Wang Zhu, Yu Zhiwen, et al. Mobile crowd sensing and computing:The review of an emerging human-powered sensing paradigm[J]. ACM Computing Surveys,2015,48(1):7.

[4]　Ma Huadong, Zhao Dong, Yuan Peiyan. Opportunities in mobile crowd sensing [J]. IEEE Communications Magazine,2014,52(8):29-35.

[5]　陈荟慧,郭斌,於志文. 移动群智感知应用[J]. 中兴通讯技术,2014(1):35-37.

[6]　Mohan P, Padmanabhan V N, Ramjee R.Nericell:rich monitoring of road and traffic conditions using mobile smartphones[C] // Proceedings of the 6th ACM conference on Embedded network Sensor Systems (SenSys),2008:323-336.

[7]　Zhou Pengfei, Zheng Yuanqing, Li Mo. How long to wait?:predicting bus arrival time with mobile phone based participatory sensing[C] // Proceedings of the 10th International conference on Mobile systems, applications, and services (MobiSys),2012:379-392.

[8]　Chen Xi, Wu Xiaopei, Li Xiangyang, et al. Privacy-aware high-quality map generation with participatory sensing[J]. IEEE Transactions on Mobile Computing,2016,15(3):719-732.

[9]　Zhang Chi, Subbu K P, Luo Jun, et al. GROPING:Geomagnetism and crowdsensing powered indoor navigation[J]. IEEE Transactions on Mobile Computing,2015,14(2):387-400.

[10] Gao Ruipeng, Zhao Mingmin, Ye Tao, et al. Multi-story indoor floor plan reconstruction via mobile crowdsensing[J]. IEEE Transactions on Mobile Computing, 2016, 15(6): 1427-1442.

[11] Kim S, Robson C, Zimmerman T, et al. Creek watch: pairing usefulness and usability for successful citizen science[C] // Proceedings of the International Conference on Human Factors in Computing Systems (CHI), 2011: 2125-2134.

[12] Chen Ling, Cai Yaya, Ding Yifang, et al. Spatially fine-grained urban air quality estimation using ensemble semi-supervised learning and pruning[C] // Proceedings of the 2016 ACM International Joint Conference on Pervasive and Ubiquitous Computing (UbiComp), 2016: 1076-1087.

[13] Stevens M, D'hondt E. Crowdsourcing of pollution data using smartphones[C] // Workshop on Ubiquitous Crowdsourcing, 2010.

[14] Zheng Yu, Liu Furui, Hsieh H-P. U-air: When urban air quality inference meets bigdata[C] // Proceedings of the 19th ACM SIGKDD international conference on Knowledge discovery and data mining (KDD), 2013: 1436-1444.

[15] Chen Hui, Guo Bin, Yu Zhiwen, et al. Toward real-time and cooperative mobile visual sensing and sharing[C] // Proceedings of 2016 IEEE Conference on Computer Communications (INFOCOM), 2016: 1-9.

[16] Lu Xinjiang, Yu Zhiwen, Sun Leilei, et al. Characterizing the life cycle of point of interests using human mobility patterns[C] // Proceedings of the 2016 ACM International Joint Conference on Pervasive and Ubiquitous Computing (UbiComp), 2016: 1052-1063.

[17] Xu Fengli, Zhang Pengyu, Li Yong. Context-aware real-time population estimation for metropolis [C] // Proceedings of the 2016 ACM International Joint Conference on Pervasive and Ubiquitous Computing (UbiComp), 2016: 1064-1075.

[18] Bao Xuan, Roy Choudhury R. Movi: mobile phone based video highlights via collaborative sensing [C] // Proceedings of the 8th International Conference on Mobile systems, applications, and services (MobiSys), 2010: 357-370.

[19] Santani D, Biel J-I, Labhart F, et al. The night is young: urban crowdsourcing of nightlife patterns [C] // Proceedings of the 2016 ACM International Joint Conference on Pervasive and Ubiquitous Computing (UbiComp), 2016: 427-438.

[20] Lee R, Wakamiya S, Sumiya K. Discovery of unusual regional social activities using geo-tagged microblogs[J]. World Wide Web, 2011, 14(4): 321-349.

[21] Yu Zhiwen, Yi Fei, Lv Qin, et al. Identifying on-site users for social events: mobility, content, and social relationship, IEEE Transactions on Mobile Computing, 2018, 17(9): 2055-2068.

[22] Zheng Yu, Xie Xing. Learning travel recommendations from user-generated GPS traces[J]. ACM Transactions on Intelligent Systems and Technology (TIST), 2011, 2(1): 2.

[23] Morishita S, Maenaka S, Nagata D, et al. SakuraSensor: quasi-realtime cherry lined roads detection through participatory video sensing by cars[C] // Proceedings of the 2015 ACM International Joint Conference on Pervasive and Ubiquitous Computing (UbiComp), 2015: 695-705.

[24] Chen Huihui, Guo Bin, Yu Zhiwen, et al. Which is the greenest way home? A lightweight EcoRoute recommendation framework based on personal driving habits[C] // Proceedings of the 12th International Conference on Mobile Ad-hoc and Sensor Networks (MSN), 2016: 1-8.

[25] Liang Feng, Nakatani M, Kunze K, et al. Personalized record of the city wander with a wearable device: a pilot study[C] // Proceedings of the 2016 ACM International Joint Conference on Pervasive and Ubiquitous Computing (UbiComp): Adjunct, 2016: 141-144.

[26] Burke J A, Estrin D, Hansen M, et al. Participatory sensing[C] // ACM SenSys Workshop on World

Sensor Web，October 31-November 3，2006，Boulder，USA. New York：ACM Press，2006：1-5.

[27] Lazer D，Pentland A，Adamic L，et al. Life in the network：the coming age of computational social science[J]. Science，2009，323(5915)：721.

[28] 郭斌，於志文. 群智融合计算[J]. 中国计算机学会通讯，2018，14(11)：41-46.

[29] Li Wei，WuWenjun，Wang Huaimin，et al. Crowd intelligence in AI 2.0 era[J]. Frontiers of Information Technology & Electronic Engineering，2017，18(1)：15-43.

[30] Turing A M. Computing machinery and intelligence[J]. Mind，1950，59(263)：433-460.

[31] Licklider J C R. Man-computer symbiosis[J]. IRE Transactions on Human Factors in Electronics，1960，HFE-1(1)：4-11.

[32] 於志文，郭斌. 人机共融智能[J]. 中国计算机学会通讯，2017，13(12)：64-67.

[33] 孙海龙，卢暾，李建国，等. 群智协同计算：研究进展与发展趋势[J]. 2016—2017 中国计算机科学技术发展报告，2017：43-87.

[34] Zheng Nanning，Liu Ziyi，Ren Ppengju，et al. Hybrid-augmented intelligence：collaboration and cognition[J]. Frontiers of Information Technology & Electronic Engineering，2017，18(2)：153-179.

[35] Kapadia A，Kotz D，Triandopoulos N. Opportunistic sensing：security challenges for the new paradigm[C] // International Conference on Communication Systems and Networks，2009：1-10.

[36] Kanhere S S. Participatory sensing：crowdsourcing data from mobile smartphones in urban spaces [C] // Proceedings of the 12th IEEE International Conference on Mobile Data Management (MDM)，2011：3-6.

[37] Sehgal S，Kanhere S S，Chou C T. MobiShop：using mobile phones for sharing consumer pricing information[C] // Proceedings of the Demo Session of the International Conference on Distributed Computing in Sensor Systems (DCOSS)，2008.

[38] Chen Huihui，Guo Bin，Yu Zhiwen. Measures for improving outdoor crowdsourcing photo collection on smart phones[C] // Proceedings of IEEE UIC 2019，IEEE，2019.

[39] Zhang Daqing，Wang Leye，Xiong Haoyi，et al. 4W1H in mobile crowd sensing[J]. IEEE Communications Magazine，2014，52(8)：42-48.

[40] Chen Huihui，Guo Bin，Yu Zhiwen，et al. A generic framework for constraint-driven data selection in mobile crowd photographing[J]. IEEE Internet of Things Journal，2017，4(1)：284-296.

[41] Guo Bin，Chen Huihui，Yu Zhiwen，et al. FlierMeet：A mobile crowdsensing system for cross space public information reposting，tagging，and sharing[J]. IEEE Transactions on Mobile Computing，2015，14(10)：2020-2033.

[42] Tuite K，Snavely N，Hsiao D-Y，et al.PhotoCity：training experts at large-scale image acquisition through a competitive game[C] // Proceedings of the 2011 SIGCHI Conference on Human Factors in Computing Systems (CHI)，2011：1383-1392.

[43] Uddin M Y S，Wang Hongyan，Saremi F，et al. Photonet：a similarity-aware picture delivery service for situation awareness[C] // Proceedings of IEEE Real-Time Systems Symposium (RTSS)，2011：317-326.

[44] Guo Bin，Chen Huihui，Yu Zhiwen，et al. Taskme：toward a dynamic and quality-enhanced incentive mechanism for mobile crowd sensing[J]. International Journal of Human-Computer Studies，2017，102：14-26.

[45] Guo Bin，Chen Huihui，Han Qi，et al. Worker-contributed data utility measurement for visual crowdsensing systems[J]. IEEE Transactions on Mobile Computing，2016，16(8)：2379-2391.

[46] Chen Chao，Zhang Daqing，Ma Xiaojuan，et al. Crowddeliver：planning city-wide package delivery paths leveraging the crowd of taxis[J]. IEEE Transactions on Intelligent Transportation Systems，

2017，18(6)：1478-1496.

[47] Zhang Daqing，Xiong Haoyi，Wang Leye，et al. Crowdrecruiter：selecting participants for piggyback crowdsensing under probabilistic coverage constraint [C] // Proceedings of the 2014 ACM International Joint Conference on Pervasive and Ubiquitous Computing (UbiComp)，2014：703-714.

[48] Xiao Mingjun，Wu Jie，Huang Liusheng，et al. Multi-task assignment for crowdsensing in mobile social networks[C] // Proceedings of the 2015 IEEE Conference on Computer Communications (INFOCOM)，2015：2227-2235.

[49] Karaliopoulos M，Telelis O，Koutsopoulos I. User recruitment for mobile crowdsensing over opportunistic networks [C] // Proceedings of the 2015 IEEE Conference on Computer Communications (INFOCOM)，2015：2254-2262.

[50] Cardone G，Foschini L，Bellavista P，et al. Fostering participation in smart cities：a geosocial crowdsensing platform[J]. IEEE Communications Magazine，2013，51(6)：112-119.

[51] Reddy S，Estrin D，Srivastava M. Recruitment framework for participatory sensing data collections [C] // Proceedings of the 2010 International Conference on Pervasive Computing，2010：138-155.

[52] Singla A，Krause A. Incentives for privacy tradeoff in community sensing[C]// Proceedings of the 1st AAAI Conference on Human Computation and Crowdsourcing (HCOMP)，2013.

[53] Yang Fan，Lu Jialiang，Zhu Yanmin，et al. Heterogeneous task allocation in participatory sensing [C] // Proceedings of the 2015 IEEE Global Communications Conference (GLOBECOM)，2015：1-6.

[54] Ji Shenggong，Zheng Yu，Li Tianrui. Urban sensing based on human mobility[C] // Proceedings of the 2016 ACM International Joint Conference on Pervasive and Ubiquitous Computing (UbiComp)，2016：1040-1051.

[55] Xiong Haoyi，Zhang Daqing，Chen Guanling，et al. iCrowd：near -optimal task allocation for piggyback crowdsensing[J]. IEEE Transactions on Mobile Computing，2016，15(8)：2010 -2022.

[56] Chen Binbin，Chan M C. Mobicent：a credit-based incentive system for disruption tolerant network [C] // Proceedings of the 2010 IEEE Conference on Computer Communications (INFOCOM)，2010：1-9.

[57] Lee J-S，Hoh B. Sell your experiences：a market mechanism based incentive for participatory sensing [C] // Proceedings of the 2010 IEEE International Conference on Pervasive Computing and Communications (PerCom)，2010：60-68.

[58] Kawajiri R，Shimosaka M，Kashima H. Steered crowdsensing：incentive design towards quality-oriented place -centric crowdsensing [C] // Proceedings of the 2014 ACM International Joint Conference on Pervasive and Ubiquitous Computing (UbiComp)，2014：691-701.

[59] Wang Yi，Hu Wenjie，Wu Yibo，et al. SmartPhoto：a resource -aware crowdsourcing approach for image sensing with smartphones[C] // Proceedings of the 15th ACM international symposium on Mobile ad hoc networking and computing (MobiHoc)，2014：113-122.

[60] Wang Yi，Hu Wenjie，Wu Yibo，et al. SmartPhoto：a resource aware crowdsourcing approach for image sensing with smartphones[C] // Proceedings of the 15th ACM international symposium on Mobile ad hoc networking and computing (MobiHoc)，2014：113-122.

[61] Chen Huihui，Guo Bin，Yu Zhiwen. CooperSense：A cooperative and selective picture forwarding framework based on tree fusion[J]. International Journal of Distributed Sensor Networks，2016，12 (4)：1-13.

[62] Reddy S，Estrin D，Hansen M，et al. Examining micropayments for participatory sensing data collections[C] // Proceedings of ACM International Joint Conference on Pervasive and Ubiquitous

Computing (UbiComp), 2010: 33-36.

[63] White J, Thompson C, Turner H, et al. Wreckwatch: automatic traffic accident detection and notification with smartphones[J]. Mobile Networks and Applications, 2011, 16(3): 285-303.

[64] Chen Huihui, Guo Bin, Yu Zhiwen, et al. Crowdtracking: real-time vehicle tracking through mobile crowdsensing[J]. IEEE Internet Things, 2019, 6(5): 7570-7583.

[65] Popescu A, Grefenstette G, Moellic P A. Gazetiki: automatic creation of a geographical gazetteer [C] // Proceedings of the 8th ACM/IEEE-CS joint conference on Digital libraries, 2008: 85-93.

[66] Jiang Dong, Xiao Yu, Noreikis M, et al. imoon: Using smartphones for image-based indoor navigation[C] // Proceedings of the 13th ACM Conference on Embedded Networked Sensor Systems (SenSys), 2015: 85-97.

[67] Koukoumidis E, Peh L-S, Martonosi M R. SignalGuru: leveraging mobile phones for collaborative traffic signal schedule advisory[C] // Proceedings of the 9th international conference on Mobile systems, applications, and services (MobiSys), 2011: 127-140.

[68] Zhang Xing, Gong Haigang, Xu Zongyi, et al. Jam eyes: a traffic jam awareness and observation system using mobile phones[J]. International Journal of Distributed Sensor Networks, 2012(4): 385-391.

[69] Van Leuken R H, Garcia L, Olicares X, et al. Visual diversification of image search results[C]// Proceedings of the 18th international conference on World wide web (WWW), 2009: 341-350.

[70] Song Kai, Tian Yonghong, Gao Wen, et al. Diversifying the image retrieval results [C]// Proceedings of the 14th ACM international conference on Multimedia (MM), 2006: 707-710.

[71] Wu Yibo, Wang Yi, Hu Wenjie, et al. Resource-aware photo crowdsourcing through disruption tolerant networks[C] // Proceedings of the 36th IEEE International Conference on Distributed Computing Systems (ICDCS), 2016: 374-383.

[72] Santos M, Pereira R L, Leal A B. GBUS-Route geo tracer[C] // Proceedings of the First International Workshop on Vehicular Traffic Management for Smart Cities (VTM), 2012: 1-6.

[73] Pang Yanwei, Hao Qiang, Yuan Yuan, et al. Summarizing tourist destinations by mining user generated travelogues and photos[J]. Computer Vision and Image Understanding, 2011, 115(3): 352-363.

[74] Ouyang Yi, Guo Bin, Zhang Jiafan, et al. SentiStory: multi-grained sentiment analysis and event summarization with crowdsourced social media data[J]. Personal and Ubiquitous Computing, 2017, 21(1): 97-111.

[75] Hua Yu, He Wenbo, Liu Xue, et al. SmartEye: real-time and efficient cloud image sharing for disaster environments[C] // Proceedings of 2015 IEEE Conference on Computer Communications (INFOCOM), 2015: 1616-1624.

[76] Chon Y, Lane N D, Li Fan, et al. Automatically characterizing places with opportunistic crowdsensing using smartphones[C] // Proceedings of the 2012 ACM Conference on Ubiquitous Computing (UbiComp), 2012: 481-490.

[77] Rizvi A M, Ahmed S, Bashir M, et al. MediaServ: resource optimization in subscription based media crowdsourcing [C] // Proceedings of the 2015 International Conference on Networking Systems and Security (NSysS), 2015: 1-5.

[78] Al Amin M T, Li S, Rahman M R, et al. Social trove: a self-summarizing storage service for social sensing[C] // Proceedings of the 2015 IEEE International Conference on Autonomic Computing (ICAC), 2015: 41-50.

第 2 章　群智感知计算的基本概念与体系结构

群智感知计算系统是利用传感器形成大规模、随时随地且与人们日常生活密切相关的感知计算系统。本章将从群智感知计算的基本概念、任务模型、用户模型、数据模型、体系结构等方面进行介绍。

2.1　基本概念

群智感知计算是一种"人在回路"的感知和计算模式。2012 年,清华大学的刘云浩教授首次提出"群智感知计算"概念[1],即利用大量普通用户使用的移动设备作为基本感知单元,通过物联网/移动互联网进行协作,实现感知任务分发与感知数据收集利用,最终完成大规模、复杂的城市与社会感知任务,与群智感知计算相关的概念包括众包[2](Crowdsourcing)、参与式感知(Participatory Sensing)、社群感知(Social Sensing)等。下面从几个方面介绍群智感知计算的相关概念。

2.1.1　群智协作方式

群智感知计算用户采集数据时的协作方式分为参与式感知和机会式感知两种,图 2-1 展示了两种感知方式的示意图。

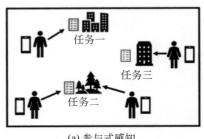

(a) 参与式感知　　　　　　　　　　(b) 机会式感知

图 2-1　群智协作方式示意图

- **参与式感知**[3]:强调用户主动参与的方式进行感知,以用户为中心,用户出于个人爱好、经济、兴趣等原因有意识地主动响应感知需求,利用移动设备等采集、分析和分享本地感知信息。
- **机会式感知**[4]:利用遍布在城市各个角落的感知设备,如移动基站、刷卡闸机、无线WiFi 等,通过直接或间接方式采集并分析用户的行为数据。

与机会式感知相比,参与式感知由用户主动参与,因此数据精度高,但容易受用户主观意识干扰。机会式感知对用户干扰较小,但数据精度依赖于感知算法和应用环境。

2.1.2　感知计算主体

　　群智感知计算主要包含 3 个主体：任务发布者、感知计算平台和任务参与者。图 2-2 展示了三者之间的关联，任务发布者通过平台发布任务，平台通过任务分配算法将任务按照一定的规律分配给任务参与者，任务参与者通过移动传感器（即手机）收集相关的感知数据并上传到服务器，服务器可以对这些感知数据进行分析、处理，得到任务发布者所需要的感知结果。

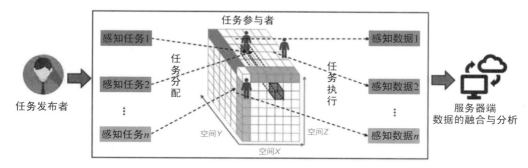

图 2-2　群智感知计算流程

　　任务发布者：当任务发布者需要一些感知数据，他们会把相应的任务要求以及收集数据的预算发送给感知计算平台，这些要求一般包括感知数据的类型、精度、粒度、时间和数量等。

　　任务参与者：任务参与者根据任务需求，通过内嵌多种传感器的智能移动设备，随时随地感知并获取城市中的多种信息，如温度、湿度、噪声、交通状况等，任务参与者将这些数据信息上传到感知计算平台。

　　感知计算平台：任务发布者与任务参与者之间的连通枢纽。感知计算平台需要招募感知任务所需的参与者执行任务、收集数据和上传数据给感知计算平台，并且会根据一定的方案给予参与者奖励。基于上传的数据信息，感知计算平台实现多种感知数据的融合与分析，构建出全城细粒度的气象信息、噪声状况、交通状况等，最终将这些分析结果提供给相关平台，为城市居民生活提供信息服务。

2.1.3　主要研究问题描述

　　任务分配：群智感知任务具有需求多样、多点并发、动态变化等特征。需研究针对不同感知任务需求的参与者优选方法，根据任务的时空特征、技能需求及用户个人偏好、移动轨迹、移动距离、激励成本等设定优化目标和约束，设计任务分配模型。

　　激励机制：受限于感知任务参与者数量不足和提供数据质量不高，群智感知的发展受到严重影响。针对这一问题，群智感知系统通过采用适当的激励方式（如报酬激励、虚拟积分激励等），鼓励和刺激参与者参与到感知任务中，并提供高质量可信的感知数据。不同的激励方式在不同的场景下对不同的参与者具有不同的激励效用，因此，如何选择和设计合适的激励机制是群智感知计算的主要研究内容之一。

　　感知数据优选与移交：群智数据的质量直接影响数据分析的结果，进而影响群智服务的性能；此外，群智数据最终需要从终端移交给后台云端进行进一步计算和应用，数据传输/移交的成本和效率也受到数据质量的影响。在群智感知计算中，用户贡献的数据质量和可靠性良莠不齐。一方面,部分用户可能由于某种原因不会提供准确的数据;另一方面,群体贡献的数据常常是冗余的,如人们可能发表类似的帖子,在某一地附近拍摄的照片也可能是相似的。如何处理稀疏性高、可靠性差、代表性低的感知数据,进行数据的优选和高效移交是群智感知计算的关键问题之一。

隐私保护机制:在群智感知中,参与者在完成感知任务时会面临隐私泄露的风险,隐私安全问题是阻碍群智感知平台参与者积极参加的主要原因。一般来说,群智感知中的隐私问题主要包括数据隐私和位置隐私两方面。数据隐私是指参与者上传的感知数据中含有用户的隐私信息,如用户的感知设备信息、用户所处的周围环境信息(如环境监测任务)、用户的偏好等。位置隐私主要是针对与位置相关的群智感知任务,用户的位置信息是随数据信息一起上传给服务器平台的。隐私保护机制主要研究如何在获得高质量的感知数据的同时保护用户隐私信息。

2.1.4　低成本数据采集

可以将群智感知过程分为任务分配、数据收集、数据传输、数据分析等不同阶段,在这些阶段都可以通过相关策略降低数据采集成本。

在任务分配阶段,在保证任务质量的前提下,通过优化任务分配算法减少任务参与者的数量,可以有效节省群智感知的数据采集成本。例如,在给定用户激励成本的约束下,通过设计任务分配算法,最小化参与者的人数,同时最大化任务完成率;在群智感知任务分配中,参与者完成任务移动的距离通常与获得的激励成正比,给定需要完成的任务总量,通过设计优化算法,最小化参与者完成任务移动的总距离,降低群智感知数据采集的用户成本。

数据收集阶段主要通过传感器感知数据,一方面,通过采用低成本、低功耗、高性能的传感设备,可以提高感知数据质量,同时有效降低群智感知数据的采集成本;另一方面,对于某些需要传感器部署的环境,可以通过优化传感设备部署方案,减少传感器的数量,避免信息冗余,从而实现低成本、全覆盖、高质量的数据采集。

在数据传输阶段,一方面,可以通过无线网络(如 WiFi)代替移动 3G/4G 进行数据传输,该方式功耗低、传输速度快且性能稳定;另一方面,对于一些数据量较小的感知任务,可以在移动用户拨打电话或使用移动应用程序时以间接的方式上传数据,无须设置专用的数据传输通道,有效减少数据传输的通信成本。

数据分析阶段主要分为本地分析和云端分析两种方式。本地分析可以通过设计模型压缩算法,在设备端实现数据的快速处理和分析,避免大量原始数据的传输,有效降低群智平台成本。云端利用分布式计算技术对数据进行处理,通过并行处理各个传感设备上传的数据,综合并整理计算数据,得到最后的计算结果,提高数据处理效率。另外,也可以将本地分析和服务器分析相结合,通过合理分配本地分析与云端分析的数据量,达到一种最优的平衡状态,在降低数据传输成本的同时减少本地设备处理数据的负担。

2.2　群智感知任务模型

任务分配模型[5]是群智感知计算中的关键挑战之一,对数据采集的全面性、任务完成率和数据采集质量等都有重要影响。许多新兴的群智感知应用中涉及的任务是多种多样且多任务并发的,需要同时针对多个感知任务进行任务分配,如同时收集城市的环境信息和公共设施的损坏情况等。如何从泛在、移动的感知源中选择合适的(满足各项约束条件的)参与者,并利用其交互协作完成复杂感知任务,是群智感知任务分配模型的主要工作。

任务模型:面向群智感知的任务分配问题以物理空间位置为基础,选择一组合适的用户完成多个感知任务[6-7],同时满足一定的约束条件,如时间限制(任务须在指定时间内完成)、空间位置限制、预算限制、操作复杂性、任务数量、参与者人数、用户偏好等。具体地,任务分配可以用式(2-1)表示。

$$T : M \rightarrow \max \left(U(S), U(P) \right) \tag{2-1}$$
$$\text{s.t.} G$$

其中,群智感知任务分配(T)通过某种任务分配方式(M),在满足约束条件集(G)的情况下,使服务器平台(S)和参与者(P)的效用(U)达到最大。

根据不同的应用场景,可将任务类型分为紧急任务和非紧急任务。针对不同的任务类型,群智平台定义不同的任务分配模型选择合适的参与者完成任务。本节针对紧急任务和非紧急任务给出两种通用的任务分配模型介绍及实例。

紧急任务:移动群智感知平台上经常有多个任务发布者发布多个不同的感知任务,如监控道路的交通状况,收集道路的积水信息,测量空气的质量情况等。在这些感知任务中,有的任务需要尽快完成,即紧急任务,如测量道路的交通状况,参与者需要提供当前时刻的道路交通状况,平台通过相关处理和整合后,将这些信息及时推送给司机和交通部门,司机可以避免一些拥堵的道路,交通部门可以根据这些信息及时安排交警疏散道路上的车辆。为了按时完成任务,收集有用的信息,平台要求所有参与者在一定范围内完成发布的任务(如两个小时)。对于感知平台来说,为了降低系统成本,需要最小化参与者的激励成本。对于参与者来说,希望可以最大化每个参与者的收益,即在任务个数一定的情况下,选择最少的参与者完成任务。另外,由于紧急任务的时效性,对参与者的感知及时性要求较高,通常会出现用户资源匮乏的情况。例如,某个城市突然下起暴雨,为了保证道路的行驶安全,任务发布者要求用户收集某些道路的排水情况,如一些低洼的道路、隧道等。但是,由于下雨时道路上的行人比较少,所以可供选择的用户较少。因此,针对紧急任务,主要研究在用户资源匮乏和时间约束较高情况下的任务分配模型。具体的应用场景如图 2-3 所示。这些内容在第 4 章任务分配中也有,不过那里除了定义任务,还讲了具体的分配过程。

紧急任务分配:已知移动群智感知平台上有 m 个用户,用户集合表示为 $U = \{u_1, u_2, \cdots, u_i, \cdots, u_m\}$。同时,有 n 个感知任务需要完成,任务集合为 $T = \{t_1, t_2, \cdots, t_j, \cdots, t_n\}$。由于用户资源匮乏,为了尽可能完成多个任务,平台要求每个参与者完成 q 个任务。我们用 $TU_i = \{t_{i1}, t_{i2}, \cdots\}$ 表示参与者 u_i 完成的任务集合,$D(TU_i)$ 为参与者 u_i 完成任务集合 TU_i 的总移动距离。同时,为了避免获得冗余的数据,每个任务 t_j 最多由 p_j 个用户完成。其中 $UT_j = \{u_{j1}, u_{j2}, \cdots\}$ 表示完成任务 t_j 的参与者集合。

紧急任务分配模型的优化目标是:最大化完成任务的个数,以提高任务完成率(见式(2-2))。由于任务的紧急性,所以需要最小化参与者完成任务所移动的总距离,以减少完成任务的时间(见式(2-3))。同时需要满足两个约束条件:$|TU_i| = q$ 表示参与者 u_i 只能完成 q 个任务(见式(2-4)),$|UT_j| \leqslant p_j$ 表示任务 t_j 最多由 p_j 个参与者完成(见式(2-5))。具体的形式化表示如下:

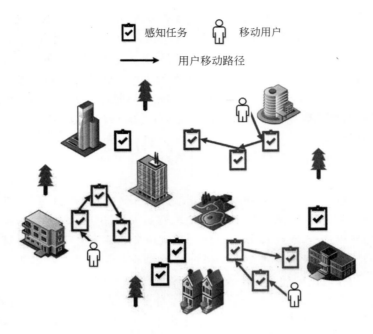

图 2-3　紧急任务下的参与者选择应用场景

目标函数：

$$\max\sum_{i=1}^{m}\mid TU_i\mid \tag{2-2}$$

$$\min\sum_{i=1}^{m}D(TU_i) \tag{2-3}$$

约束条件：

$$\mid TU_i\mid =q\quad(1\leqslant i\leqslant m) \tag{2-4}$$

$$\mid UT_j\mid \leqslant p_j\quad(1\leqslant j\leqslant n) \tag{2-5}$$

非紧急任务：对于一些非紧急任务,如周末街上的用户较多,任务发布者希望获取某些地区公共设施的损坏情况。由于感知任务数量少,覆盖范围小,所以只选择一部分合适的参与者完成即可。一方面,这些非紧急任务不需要参与者立即完成,参与者不需要专门移动到任务位置完成任务,可以顺路完成,因此可以根据用户的移动轨迹分配合适的任务。考虑到用户的隐私,平台不用获取用户的具体位置,用户只需要提前注册所在区域。另一方面,对于平台来说,由于用户资源充足,每个参与者只需完成一个任务,每个任务分配给多个参与者完成,所以有机会在多个用户中选择成本较小的参与者完成任务。针对非紧急任务,主要研究基于用户轨迹行为的机会式的感知任务分配模型。具体的场景如图 2-4所示。

非紧急任务分配：已知移动群智感知平台上的用户注册的区域集合为 $A=\{A_1,A_2,\cdots,A_i,\cdots,A_m\}$,每个区域中有多个用户 $A_i=\{u_1,u_2,u_3,\cdots\}$。任务发布者在平台上发布了 n 个任务, $T=\{t_1,t_2,\cdots,t_j,\cdots,t_n\}$,每个任务需要 p_j 个参与者完成。用 D_{ij} 代表区域 A_i 中的参与者与任务 t_j 之间的距离, C_i 表示区域中每个用户的激励成本,假设用户的激励

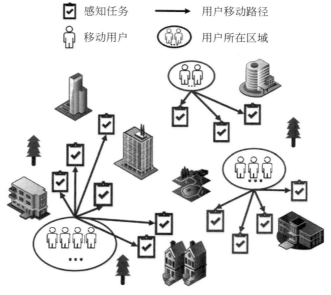

图 2-4　非紧急任务下的参与者选择应用场景

成本与用户所在区域的用户数目成反比。另外,用 x_{ij} 表示区域 A_i 中完成任务 t_j 的用户个数。

非紧急任务分配模型的优化目标是:最小化参与者的激励成本,其中 $\sum_{i=1}^{m} C_i \times \sum_{j=1}^{n} x_{ij}$ 表示参与者完成任务的总激励成本(见式(2-6)),同时,最小化参与者完成任务所移动的总距离,以减少用户的负担,$\sum_{i=1}^{m} \sum_{j=1}^{n} D_{ij} \times x_{ij}$ 表示参与者完成任务的总的移动距离(见式(2-7))。另外,需要满足 3 个约束条件:$\sum_{j=1}^{n} x_{ij} \leqslant |A_i|$ 表示每个区域中完成任务的参与者人数不能超过目前现有的总人数(见式(2-8)),$\sum_{i=1}^{m} x_{ij} = p_j$ 表示任务 t_j 最多由 p_j 个用户完成(见式(2-9)),另外,由于 x_{ij} 表示区域 A_i 中完成任务 t_j 的用户个数,所以必须为正整数(见式(2-10))。具体的形式化表示如下:

目标函数:

$$\min \sum_{i=1}^{m} C_i \times \sum_{j=1}^{n} x_{ij} \tag{2-6}$$

$$\min \sum_{i=1}^{m} \sum_{j=1}^{n} D_{ij} \times x_{ij} \tag{2-7}$$

约束条件:

$$\sum_{j=1}^{n} x_{ij} \leqslant |A_i| \quad (1 \leqslant i \leqslant m) \tag{2-8}$$

$$\sum_{i=1}^{m} x_{ij} = p_j \quad (1 \leqslant j \leqslant n) \tag{2-9}$$

$$x_{ij} \in \mathbf{Z}^n \qquad (2\text{-}10)$$

2.3 用户模型

作为移动群智感知任务的参与者,移动用户的偏好、日常移动路线以及行为模式对群智感知任务的完成效率及质量有十分重要的影响。不同类型的移动用户具有不同的行为特征以及任务偏好,因此对移动用户进行分析和建模非常重要。本节从以下几个部分对用户模型进行介绍和分析。

2.3.1 用户角色及特征

根据不同的职责可将用户分为 3 类:任务发布者、任务执行者以及平台维护者。用户角色的划分并不唯一,可能同一用户在不同场合会担任这 3 种类型中的不同角色,如图 2-5 所示。

图 2-5　用户角色分类

1. 任务发布者

任务发布者主要指使用群智平台进行任务发布,从而收集自己需要的数据或者实现自己目的的用户。所有使用群智平台进行资料收集的用户都是任务发布者,这里面包括个人、组织、企业、机构及国家等。

个人用户使用群智平台进行任务发布或搜集完成一些任务;组织、企业等使用群智平台主要是进行大规模的数据采集,经过平台的简单处理后进行专业的处理,在收集信息或完成任务过程中,都需要利用群智平台发布任务的具体信息,从而传到执行者页面实施。

组织、机构等也可将平台当作一个媒介,利用统一的接口将扩展算法集成到平台上,从而达到其目标,此时移动感知系统主要发挥采集支撑和数据聚合功能。例如,A 公司某部门需要调研市场上顾客对某款产品的满意度,使用群智感知系统可以节省很大的人力和物力,这样就可以将他们的问卷发布到相应的移动应用平台上,利用平台巨大的用户量进行资料的收集,采集结束后也可以将算法接入平台对数据进行专业分析。通常利用应用平台发布任务的详细信息,平台本身具备一定的激励措施,可督促更多用户参与。

2. 任务执行者

任务执行者主要指通过使用群智感知类应用平台,主动或被动在激励作用下完成任务发布者所发布任务的那部分用户。主要参与者是个人用户,当然也包括一些组织、机构。

个人用户属于最主要的任务执行者,他们自愿或者因为激励的原因完成平台上面感兴趣的任务,平台通常存于移动终端,如智能手机或者平板电脑上,有新任务发布时,应用会自动筛选出符合要求的任务执行者,用户会根据自己的情况进行任务的选择性执行,将自己知道的答案填充到发布的任务模板中,确认后上传。任务执行者的特征包括他们通常是分散的、活动性强、覆盖范围广、数据大多是实时上传。个人用户分布比较广泛,聚集性不强,但是,若一个地域内有很多用户,就可以将这个地域进行密集覆盖,这样即可以最大的概率在规定时间内完成任务。

3. 平台维护者

平台维护者及二次开发者的主要任务是开发、研究并且维护平台。这里最主要的是研究和维护平台,平台维护者会根据市场的调研、用户的使用情况以及反馈意见,利用专有的接口对平台进行维护和添加算法。平台的研发者在使用中通过用户以及市场的反馈发现平台的缺点,从而使用专门的接口将优化补丁更新到平台上。平台维护者不仅包括平台的研发者,同时包括任务发布者,如政府组织、公司机构等,有时需要将专业算法集成到应用平台中,这些挂载到应用平台上的算法也需要不断更新迭代。

2.3.2　需求分析

1. 社会团体型用户的需求分析

如图 2-6 所示,社会团体型用户作为任务发布角色,他们对群智的数据需求量大,如可能涉及中国人口数量级的统计数据;感知要求高,社会团体型用户需要任务手机的数据不光只有一两种传感器的感知结果,可能涉及特种传感器对特定事物的感知,甚至需求十几种传感器的交叉感知结果;持续时间长,有的需求可能以季度为感知单位,例如,空气质量检测局需求西安冬天的空气质量感知结果;涉及范围广,例如,国际医药公司对新开发的新药对人体血脂调节效果的需求,这样的感知任务涉及的区域范围以"洲"为单位划分。而作为任务完成方,他们的需求通常是针对特定的任务激励,如为完成群智任务,其他团体型用户提出的商业合作,技术共享等。

社会团体型用户的典型代表有企业、集团、政府部门、学科组织等。他们自身承担的角色可以是发布者、完成者或者维护者。作为发布者,他们发布的任务量级高,任务目标涉及范围广,时间跨度长,所需要感知的信息数据多源且复杂,需求众多传感器的数据,并且所需要的任务结果也只是原生数据集合,不经过处理和分析。而作为完成者,他们提供的感知数据量级高,能够完成的群智任务种类多,但同时需要的任务激励也较高。而作为维护者,他

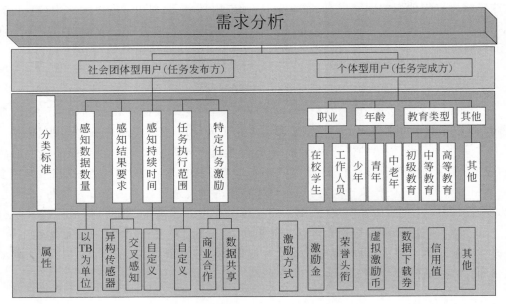

图 2-6　不同类型用户需求分析框图

们承担着群智应用平台能够正确运行的工作。

2. 个体型用户的需求分析

作为任务完成者,个体用户有获取任务激励的需求,而针对不同教育程度、不同职业、不同年龄层次的个体型用户,他们追求的任务激励也大有不同。例如,对于学生更具有吸引力的任务激励是金钱奖励、游戏或者与专业相关的学习机会。而对于已工作型用户,或许虚拟的成就激励更具备吸引力。这部分内容将在任务激励上详细描述。作为任务发布者,其主要需求是通过群智解决当前存在的问题,这类问题也会根据不同的用户模型而不同,相关内容会在任务模型上叙述。

个体型用户,涵盖拥有具备通信功能的移动设备的个人,通过不同的属性进一步建立个体用户模型。他们主要承担的角色是任务发布者和任务参与者。对于个体用户,下面分别从时间自由度、技能以及是否长期参与等方面描述,这些方面可作为刻画用户特征及辅助任务完成的重要因素。

高时间自由度的个体用户包括无职业者、在校大学生、假期中的工作人员、退休人员等;而固定时间的个体用户包括工作时段片内的工作者、中学生等。考虑时间属性,能够更好地优化对时效性要求严格的任务分配,通过用户的角色划分制订任务分配方案。

具有专业技能的用户包括医疗相关人员、环境相关工作人员、公共安全从业者、新闻从业者、文化与教育事业从事者、互联网从业者、高新科技研究者、交通部门工作人员等。通过对职业的细致划分,可以直观推送对应专业领域内的任务,增加任务可完成概率,并降低群智应用为"无效感知"做出的冗余工作量。

对任务激励的吸引力反应不同,或者处于保护隐私的需求,或其他原因,群智的用户会出现长期和临时两种用户。临时用户的经典模式是"游客模式",不需要特定的账号或者绑定真实身份和地域位置,仅完成或者发布当前任务后便不再出现,具有一次任务的短暂时效性。而长期用户则是通过绑定手机等真实身份,同时同意一定程度的数据采集要求协议而注册的群智用户,他们因受到任务激励制度的吸引或其他原因而持久存在。

2.3.3 多侧面用户属性

为了描述群智感知平台中的工作人员(即用户),在平台中将每个用户与一组属性相关联。

1. 用户时空轨迹

用户的时空轨迹是指时间和空间的信息,用于选择合适的参与者,以有效地完成群智感知平台中的任务。首先,平台需要确认工作人员的可用时间,如上班族只能在下班后完成群智感知平台任务。对于用户的空间信息,一些定位技术[8-9],包括室内定位和室外定位技术,用于标识当前位置。用户的空间信息不仅包含当前位置,还包含用户的移动轨迹[10]。通过研究用户的历史运动模式,可以挖掘和获取更多信息,以进行有效的任务分配,如未来运动的路径、兴趣点等。

2. 用户技能

用户可能具有多种技能。用户的技能对应特定技能领域的知识,并且可以用连续量表(例如,量表$[0,1]$)进行量化,以表明工作人员对某个主题的专业水平。例如,技能的值为 0 表示该用户在相应领域中没有专门知识。只有技能水平不低于任务最低知识要求的用户才有机会完成任务。

3. 参与者偏好

在群智感知平台中,用户对完成任务的偏好通常表现在 3 个方面:①对任务类型的偏好。②位置。③时间。对于任务类型,一些用户愿意执行正常的任务,而没有额外的移动负担,但是一些用户倾向完成紧急任务,以获得更多的激励。对于位置和时间的偏爱,不同的人在相应的时间有各种喜欢的地方。例如,年轻人可能更喜欢晚上在购物中心获取信息,而老年人可能更愿意早晨在公园里执行任务。

4. 用户的信用

用户的信用反映了用户正确完成任务的可能性。通常,可以基于完成不同任务类型的历史数据计算用户的信用度。例如,用户已经完成了 10 次任务,其中 8 次任务能按时完成。因此可以得出结论,用户按时完成任务的概率为 80%,信任值为 0.8。

通过与这些属性相关联,对用户可以完成更完整的刻画和表示,为选择最合适的参与者提供支持。

2.3.4 复杂任务模型分析

复杂的群智任务通常需要一组用户协同完成。因此,推荐用户团队从事复杂任务变得很重要。

1. 执行任务团队推荐

Gao 等[11-12]研究了群智任务分配中的团队推荐问题,向用户推荐同时满足空间限制和任务技能要求且价格最便宜的团队。Rahman 等[13]研究了团队的人员构成,划分了执行一项任务所需的一个或多个领域专业知识。

2. 用户之间的合作

对于任何基于群体的人群感知任务而言,核心都是用户之间的成功协作。尽管在群智任务分配中已经有关于小组推荐的初步研究,但用户之间的协作经常被忽略[14]。Rahman等[15]和菲舍尔[16]对用户之间协作的概念进行了调查,确定了成功进行协作的两个关键因素,即用户的亲和力和最高临界质量。前者代表在同一任务上共同努力的用户的"舒适度",亲和力低的群体经常遭受生产力低下的困扰。后者来自组织科学和社会理论,是对小组规模的限制,一旦超出此范围,协作效率就会降低。他们还提出了用于协同众包优化的近似模型或综合模型。Wang 等[17]将每个用户建模为一个单独的实体,用户更喜欢加入可以赚取高收入的盈利团队。他们提出了一种协作组形成方法,该方法允许组成员形成连接的图,以便可以有效地一起工作。

3. 与在线社区的合作

随着 Internet 服务和智能设备的快速发展,人们现在在在线和离线社区中工作。这两种类型的社区是相互联系的,并且具有互补的信息。因此,将它们链接起来并调查与文献[18-20]中的在线社区的合作非常重要。最近有一些研究朝这个方向发展。例如,MoboQ[21]是一种基于位置的问题解答服务,可根据其在线签到或从其帖子中获悉的本地亲密感,向社交媒体(如新浪微博)用户分配空间查询。同样,Bulut 等[22]研究了使用基于位置的服务(如 Foursquare)寻找合适的人回答基于位置的查询的有效性。Mahmud 等[23]提出了一个基于特征的模型,以从用户的推文和社交关系中了解用户对回答问题的偏好。专家发现带有地理标签的社交媒体对于解决基于位置的查询任务至关重要[24]。Jiang 等[25]定义了来自带有地理标签的推文中的本地用户搜索问题,找到了在给定查询区域内发布了与所需关键字相关的推文的用户。

一种是在任务执行前进行分析,一种是在任务完成后进行分析。首先,这部分分析主要是围绕用户使用后的反馈开展的,主要分析用户完成任务的过程中的流畅性及遇到的困难,通过用户返回的数据进行分析,数据是从发布的任务里得到的反馈信息,从而掌握用户的任务完成倾向,分析用户的行为,完善任务模板的结构。其次,从任务发布和任务执行方面进行分析,将在这个过程中发现的用户模型的缺陷进行优化和补充。

2.4 数 据 模 型

本节对群智大数据的基本概念和系统架构进行阐述。首先介绍群智大数据的两种产生模式及数据特点;其次给出群智大数据系统的系统分层;然后给出群智大数据感知、优选及相关内容;最后介绍几个代表性工作。

2.4.1　群智数据产生模式及特点

群智感知中用户的参与性体现为两种模式[26]：线下移动感知参与，通过人在回路（human in the loop）的感知模式贡献数据；在线社交媒体参与，通过各种移动社交媒体贡献数据，移动社交媒体能够实现虚拟空间交互和物理空间元素（如地理签到、活动等）的连接。把群体通过不同参与模式贡献的数据称为"群智大数据"。在信息科学技术不断发展并融入人们日常生活的背景下，人类的行为同时存在于物理和信息空间，因此群智大数据日益呈现出群体广泛参与、数据时空交织、多维目标关联等特征。

群智大数据的两种数据产生模式具有明显的区别，可分别称其为显式感知模式和隐式感知模式。如图 2-7 所示，移动感知参与属于**显式感知模式**，通过需求驱动方式产生感知任务，并进行任务分配和参与者选择，用户则根据任务需求贡献数据。移动社交媒体参与属于**隐式感知模式**，用户在使用各种既有社交服务（如微博、大众点评等）的过程中产生了大量数据，而在贡献数据时并没有明确的感知任务需求，数据后期经过二次加工利用，产生新的服务价值（如通过用户在线签到数据发现城市的热点区域或异常聚集趋势）。

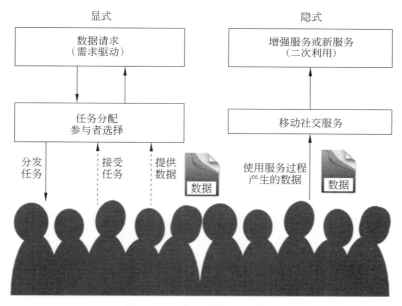

图 2-7　显式及隐式群智感知

由于数据产生过程中人类的参与，群智大数据较传统感知网络数据具有许多新特点。一是群智数据通过人类线上、线下的多种参与方式获得，同时产生于信息空间和物理空间，且由于人类的纽带作用，不同空间数据实现时空交织和语义关联。二是人类行为的不确定性和自发性等特征使得群智数据常包含较多的错误或冗余，质量良莠不齐，给数据的及时准确处理造成极大挑战。三是群智数据体现人、机、物的融合，在数据获取过程中还蕴含丰富的群体智能信息，如群体与感知对象的交互特征（如交互时间、地点、采集情境、采集模式等），为实现人类和机器智能融合，进行高效数据处理提供了基础。

2.4.2　群智数据感知方法

　　群智数据感知依赖参与用户的移动终端具备的各种传感和计算能力等进行感知。与传统感知网络相比,参与式感知节点具有规模大、分布广、能力互补等特点,而任务则具有需求多样、多点并发、动态变化等特征。挑战在于如何选择合适的参与者,以高效完成城市感知任务。需研究针对感知任务需求的参与者优选方法,根据任务的时空特征、技能需求及用户个人偏好、移动轨迹、移动距离、激励成本等设定优化目标和约束,并进行选择。

　　Lee 等[27]采用竞拍机制促进用户参与,用户收集完数据后,在上报过程中,服务器端采用逆向拍卖机制对其进行收购。Chen 等[28]提出基于虚拟货币的激励机制。Kawajiri 等提出结合游戏元素指导和激励用户采集数据的方法。在参与者选择方面,Reddy 等[29]提出面向时空覆盖的参与者优选方法。Zhang 等[30]进一步研究了群智感知任务覆盖概率模型,并在此基础上提出了一种贪婪方法进行最小参与者集合选择。Xiao 等[31]研究了移动社交网络中的任务分配问题,提出了面向任务平均完成时间最小化的参与者选择方法。Karaliopoulos 等[32]研究机会网络中的用户选择问题,在满足所有兴趣点都覆盖的情况下最小化总成本。如何提高用户的参与积极性是群智高效感知的关键研究问题,Guo 等[26]提出了面向质量的动态激励机制提高用户参与性,并实现高质量数据感知;此外,Guo 等[26]对群智感知中的用户社会协作和参与激励机制等进行了深入阐述。

2.4.3　群智数据优选与理解

　　由于不同用户在活动范围上有一定重叠,因此群智感知采集到的数据中可能存在大量冗余。而大量未经训练的用户作为基本感知单元,会带来感知数据多模态、不准确、不一致等质量问题。挑战在于如何在数据冗余、质量良莠不齐情况下实现优质数据选择和收集。下面介绍几种数据优选相关工作和模型。

　　Uddin 等[33]研究了灾后现场照片在容延网络环境下的传输问题,在数据上传前根据时空和内容相似度约束进行照片选择,提高了群智感知数据移交效率。Wang 等[34]基于位置和拍摄角度研究了最大效用和最小选择两种数据选择问题。Wu 等[35]提出了一种带宽和存储约束下的群体图像感知数据传输方法,能通过数据选择有效降低传输成本。Wu 等[36]提出一系列摄影采集规则,实现对群体贡献视频数据的融合和集成。Tuite 等[37]通过群体感知收集建筑物照片,用于城市 3D 建模,它通过向参与者实时可视化呈现已收集到的数据促进参与者实现对感知对象的多角度覆盖。Kawajiri 等[38]采用动态激励机制提高感知任务不同侧面的覆盖。

　　如何对跨空间多源异构群体数据进行关联和融合,并实现对感知目标的高效理解是群智大数据的又一挑战。Chen 等[39]利用群体轨迹数据构建室内地图,通过挖掘的用户访问模式过滤异常数据。Cranshaw 等[40]提取众包用户签到数据中的时空特征和频率信息实现细粒度朋友关系识别。Redi 等[41]采用社交网络中共享的图片信息对兴趣地点进行画像。Zheng 等[42]根据检测图像的 ORB 特征数量对群体贡献图像的模糊度进行评估。微软亚洲研究院的研究人员利用手机数据进行用户相似度匹配和好友推荐[43],并且提出了基于多源用户贡献数据的空气质量预测模型。

2.5　通用群智感知系统架构

典型的群智感知系统基本框架包括数据源层、数据采集与传输层、数据处理与计算层、应用层。图 2-8 是通用的群智感知系统架构图。

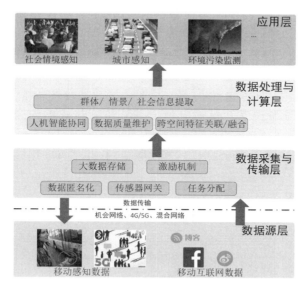

图 2-8　通用的群智感知系统架构图

任务数据的来源主要包括两类。群体通过两种途径上传群智数据,分别为移动感知和移动社交网络。采用云-端融合的方式进行数据存储和处理,可根据需求在本地或服务器端完成数据存储和计算任务。访问控制是本地端的一个重要功能,用户可以决定其数据由谁访问以及访问的范围。

对任务数据的感知方法主要涉及系统的采集与传输层。多种移动网络技术都可以被群智感知利用,包括机会网络(如蓝牙、WiFi)和基于基础设施的网络(如 4G/5G)等。群智感知网络应该使数据上传对参与者透明,并且能够包容不可避免的网络中断。数据采集与传输层还包括任务优化分配和激励任务参与者,实现大数据的存储,数据的匿名化。

系统的数据处理层和计算层对任务数据进行处理与计算。该部分通常采用机器学习、数据挖掘和推理技术等实现对多源异构群体贡献数据的关联、融合和理解,其中人类智能与机器智能的协同计算为关键内容,同时设立数据优选指标对上传数据进行衡量,筛选出高质量数据,利用各类数据处理技术完成对群体、环境和社会信息的提取。

应用层主要包括各类由群智大数据驱动的可视化应用和服务,包括社会情境感知、城市感知、环境污染监测等,并允许用户通过移动群智系统发布相关应用任务。

2.6　小　　结

本章对群智感知计算的基本概念从 3 个维度展开介绍:任务模型、用户模型和数据模型。首先介绍了群智协作的两种主要方式及感知主体的构成,其次对群智感知计算的挑战性问题进行了阐述,最后给出一个通用的群智感知系统架构。本章内容为后续章节问题和方法的介绍提供了基础支撑。

习 题

1. 除了本章所介绍的紧急任务、非紧急任务之外,群智感知任务还可以划分为哪些类型的任务? 对应的任务分配方法有何不同?

2. 用户模型中的用户属性与任务模型中的任务需求具有何种对应关系? 这种对应关系对任务分配会有哪些方面的影响?

3. 试分析任务分布者、任务执行者、平台维护者三者之间具有哪些交互关系。

4. 显式感知模式与隐式感知模式有何异同? 与参与式感知、机会式感知的区别是什么?

5. 试举例说明一个典型的群智感知计算实际应用,并结合通用系统架构分析其内在的各个组成及其功能。

本章参考文献

[1] Liu Yun Hao.Crowd sensing and computing[J].Communications of the CCF,2012,8(10):38-41.

[2] Burke J A, Estrin D, Hansen M, et al. Participatory sensing[J]. Center for Embedded Network Sensing, 2006:1-5.

[3] Lazer D,Pentland A, Adamic L, et al. Social science. Computational social science[J]. Science (New York, NY), 2009, 323(5915):721-723.

[4] Guo Bin, Liu Yan, Wu Wenle, et al. Activecrowd: A framework for optimized multitask allocation in mobile crowdsensing systems[J]. IEEE Transactions on Human-Machine Systems, 2016, 47(3): 392-403.

[5] Reddy S, Estrin D, Srivastava M. Recruitment framework for participatory sensing data collections [C]//International Conference on Pervasive Computing. Springer Berlin Heidelberg, 2010:138-155.

[6] Reddy S, Parker A, Hyman J, et al. Image browsing, processing, and clustering for participatory sensing: lessons from a DietSense prototype[C]//Proceedings of the 4th workshop on Embedded networked sensors, 2007:13-17.

[7] Guo Xiansheng, Chu Lei, Sun Xiang. Accurate localization of multiple sources using semidefinite programming based on incomplete range matrix[J]. IEEE Sensors Journal, 2016, 16(13):5319-5324.

[8] Wang Gang,Cai Shu, Li Youming, et al. A bias-reduced nonlinear WLS method for TDOA/FDOA-based source localization[J]. IEEE transactions on vehicular technology, 2015, 65(10):8603-8615.

[9] Gambs S, Killijian M O, Del Prado Cortez M N. Next place prediction using mobility markov chains [C]//Proceedings of the first workshop on measurement, privacy and mobility, 2012:1-6.

[10] Gao Dawei, Tong Yongxin, She Jieying, et al. Top-k team recommendation in spatial crowdsourcing [C]//International Conference on Web-Age Information Management. Springer, Cham, 2016: 191-204.

[11] Gao Dawei, Tong Yongxin, She Jieying, et al. Top-k team recommendation and its variants in spatial crowdsourcing[J]. Data Science and Engineering, 2017, 2(2):136-150.

[12] Rahman H，Thirumuruganathan S，Roy S B，et al. Worker skill estimation in team-based tasks[J]. Proceedings of the VLDB Endowment，2015，8(11)：1142-1153.

[13] Ludwig T，Kotthaus C，Reuter C，et al. Situated crowdsourcing during disasters：Managing the tasks of spontaneous volunteers through public displays[J]. International Journal of Human-Computer Studies，2017，102：103-121.

[14] Rahman H，Roy S B，Thirumuruganathan S，et al. Task assignment optimization in collaborative crowdsourcing[C]//2015 IEEE International Conference on Data Mining. IEEE，2015：949-954.

[15] Fishiel R. The whole is greater than the sum of its parts.[J]. Critical Care Medicine，2007，35(10)：2431-2432.

[16] Wang Wanyuan，Jiang Jiuchuan，An Bo，et al. Toward efficient team formation for crowdsourcing in noncooperative social networks[J]. IEEE transactions on cybernetics，2016，47(12)：4208-4222.

[17] Guo Bin，Yu Zhiwen，Zhang Daqing，et al. Cross-community sensing and mining[J]. IEEE Communications Magazine，2014，52(8)：144-152.

[18] Guo Bin，Chen Chao，Zhang Daqing，et al. Mobile crowd sensing and computing：when participatory sensing meets participatory social media[J]. IEEE Communications Magazine，2016，54(2)：131-137.

[19] Avvenuti M，Bellomo S，Cresci S，et al. Hybrid crowdsensing：A novel paradigm to combine the strengths of opportunistic and participatory crowdsensing[C]//Proceedings of the 26th international conference on World Wide Web companion，2017：1413-1421.

[20] Liu Yefeng，Alexandrova T，Nakajima T. Using stranger as sensors：temporal and geo-sensitive question answering via social media[C]//Proceedings of the 22nd international conference on World Wide Web，2013：803-814.

[21] Bulut M F，Yilmaz Y S，Demirbas M. Crowdsourcing location-based queries[C]//2011 IEEE International Conference on Pervasive Computing and Communications Workshops (PERCOM Workshops). IEEE，2011：513-518.

[22] Mahmud J，Zhou M，Megiddo N，et al. Optimizing the selection of strangers to answer questions in social media[J]. arXiv preprint arXiv：1404，2013，2014.

[23] Shankar P，Huang Yunwu，Castro P，et al. Crowds replace experts：Building better location-based services using mobile social network interactions[C]//2012 IEEE International Conference on Pervasive Computing and Communications. IEEE，2012：20-29.

[24] Jiang Jinling，Lu Hua，Yang Bin，et al. Finding top-k local users in geo-tagged social media data [C]//2015 IEEE 31st International Conference on Data Engineering. IEEE，2015：267-278.

[25] Guo Bin，Wang Zhu，Yu Zhiwen，et al. Mobile crowd sensing and computing：the review of an emerging human-powered sensing paradigm[J]. ACM computing surveys (CSUR)，2015，48(1)：1-31.

[26] Lee J，Hoh B. Sell your experiences：a market mechanism based incentive for participatory sensing [C]//2010 IEEE International Conference on Pervasive Computing and Communications (Per Com). IEEE，2010：60-68.

[27] Chen Binbin，Chan M C. Mobicent：a credit-based incentive system for disruption tolerant network [C]//2010 Proceedings IEEE INFOCOM. IEEE，2010：1-9.

[28] Reddy S，Estrin D，SRIVASTAVA M. Recruitment framework for participatory sensing data collections[C]//International Conference on Pervasive Computing. Springer，Berlin，Heidelberg，2010：138-155.

[29]　Zhang Daqing, Xiong Haoyi, Wang Leye, et al. CrowdRecruiter: selecting participants for piggyback crowdsensing under probabilistic coverage constraint[C]//Proceedings of the 2014 ACM International Joint Conference on Pervasive and Ubiquitous Computing, 2014: 703-714.

[30]　Xiao Mingjun, Wu Jie, Huang Liusheng, et al. Multi-task assignment for crowdsensing in mobile social networks[C]//2015 IEEE Conference on Computer Communications (INFOCOM). IEEE, 2015: 2227-2235.

[31]　Karaliopoulos M, Telelis O, Koutsopoulos I. User recruitment for mobile crowdsensing over opportunistic networks[C]//2015 IEEE Conference on Computer Communications (INFOCOM). IEEE, 2015: 2254-2262.

[32]　Uddin M S, Wang Hongyan, Saremi F, et al. Photonet: a similarity-aware picture delivery service for situation awareness[C]//2011 IEEE 32nd Real-Time Systems Symposium. IEEE, 2011: 317-326.

[33]　Wu Yibo, Wang Yi, Hu Wenjie, et al. Smartphoto: a resource-aware crowdsourcing approach for image sensing with smartphones[J]. IEEE Transactions on Mobile Computing, 2015, 15(5): 1249-1263.

[34]　Wu Yibo, Wang Yi, Hu Wenjie, et al. Resource-aware photo crowdsourcing through disruption tolerant networks[C]//2016 IEEE 36th International Conference on Distributed Computing Systems (ICDCS). IEEE, 2016: 374-383.

[35]　Wu Yue, Mei Tao, Xu Yingqing, et al. Movieup: automatic mobile video mashup[J]. IEEE Transactions on Circuits and Systems for Video Technology, 2015, 25(12): 1941-1954.

[36]　Tuite K, Snavely N, Hsiao D Y, et al. PhotoCity: training experts at large-scale image acquisition through a competitive game[C]//Proceedings of the SIGCHI Conference on Human Factors in Computing Systems, 2011: 1383-1392.

[37]　Kawajiri R, Shimosaka M, Kashima H. Steered crowdsensing: incentive design towards quality-oriented place-centric crowd sensing[C]//Proceedings of the 2014 ACM International Joint Conference on Pervasive and Ubiquitous Computing, 2014: 691-701.

[38]　Chen Si, Li Muyuan, Ren Kui, et al. Crowd map: accurate reconstruction of indoor floor plans from crowdsourced sensor-rich videos[C]//2015 IEEE 35th International conference on distributed computing systems. IEEE, 2015: 1-10.

[39]　Cranshaw J, Toch E, Hong J, et al. Bridging the gap between physical location and online social networks[C]//Proceedings of the 12th ACM international conference on Ubiquitous computing, 2010: 119-128.

[40]　Redi M, Quercia D, Graham L T, et al. Gosling. Like partying? your face says it all: predicting the ambiance of places with profile pictures[C]//Proceedings of the International AAAI Conference on Web and Social Media, 2015, 9(1).

[41]　Zheng Yuanqing, Shen Guobin, Li Liqun, et al. Travi-navi: Self-deployable indoor navigation system[J]. IEEE/ACM transactions on networking, 2017, 25(5): 2655-2669.

[42]　SHETH A. Citizen sensing, social signals, and enriching human experience[J]. IEEE Internet Computing, 2009, 13(4): 87-92.

[43]　Zheng Yu, Liu F, Hsieh H P. U-air: When urban air quality inference meets big data[C]//Proceedings of the 19th ACM SIGKDD international conference on Knowledge discovery and data mining, 2013: 1436-1444.

第 3 章 移动群智感知任务单目标优化分配

任务分配是移动群智感知系统中的一个基础问题,其主要解决群智感知任务与用户资源之间的适配问题,即针对定制化的感知任务,基于任务需求与用户感知能力之间的匹配计算挑选最合适的用户执行任务。一般而言,移动群智感知任务分配的基本流程是:从任务的需求多样性、多点并发性、动态变化性等特征出发,根据任务的时空特征、技能需求及用户个人偏好、移动轨迹、移动距离、激励成本等设定优化目标和约束,进而实现群智感知任务的优化分配。可以说,移动群智感知任务分配对数据采集的全面性、任务完成率和数据采集质量等都具有重要影响[1-2]。

在任务分配阶段,往往涉及多个不同的优化目标。例如,在保证任务质量的前提下,通过最小化任务参与者的数量,可以有效节省群智感知的数据采集成本[3-4];在给定用户激励成本的约束下,最大化移动群智感知的时空覆盖率,可以有效改善群智感知任务的完成质量[5];在给定需要完成的任务总量前提下,通过最小化参与者完成任务移动的总距离,可以降低群智感知数据采集的用户成本等[6]。按照任务分配中所考虑的优化目标的个数,将这部分工作分为基于单目标优化的任务分配和基于多目标优化的任务分配,分别在第 3 章、第 4 章进行详细介绍。

3.1 面向即时任务的多任务工作者选择

3.1.1 问题分析

为移动群智感知任务选择合适的执行者是任务能否顺利完成的关键。对于多任务而言,移动群智感知通用任务平台中的所有任务共享平台"候选用户池"中的资源,考虑到不同任务在时间-空间以及技能需求方面的差异性需求,在众多的工作者中选择一个最合适的用户子集无疑是一个极具挑战性的问题。面向单任务的工作者选择已有较多研究且相对简单,但对于一个通用化的任务平台而言,任意时刻可能存在多个并发的感知任务需要处理,因此对多任务场景下的工作者选择研究十分必要。由于任务之间在时空上可能相邻,因此一次性分配多个任务给工作者不仅可以提高工作者的收益,也能提高任务的完成效率,提升平台的整体效能。

移动群智感知通用任务平台中有一部分任务需要在短时间内完成,本文将这类任务称为"即时任务"。例如,暴风雨过后,收集积水街道的信息;观测重要路口的交通状况,报告交通事故信息等[7-8]。这些任务都具有高实时性这一特点。在这种场景下,通用感知平台需要选择一组工作者,让他们有目的地前往任务点进行感知数据的收集,如图 3-1 所示。为了最大化地利用工作者资源,并且提升感知数据的质量,本文规定:一个工作者可以完成多个任务,同时一个任务需要多个工作者完成。假设任务的激励与工作者移动的总距离成正比,那么,为了最小化平台成本,工作者选择的目标在于选择一组工作者,使得所有任务被完成时所有参与工作者的移动总距离最小。

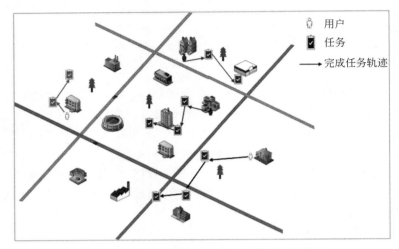

图 3-1　面向即时任务的多任务工作者选择图示

为了解决面向即时任务的多任务工作者选择问题(Worker Selection for Time-sensitive Tasks,WSTS),本文将对问题进行形式化描述,进而根据问题的特点设计有效的算法进行求解。

3.1.2　问题定义

假设待分配的任务集合为 $T=\{t_1,t_2,\cdots,t_n\}$,对于第 $i(1\leqslant i\leqslant n)$ 个任务,其任务地点为 tl_i,需求工作者数量为 p_i。对于即时任务来说,需要获取备选工作者的当前位置。备选的工作者全集为 $W=\{w_1,w_2,\cdots,w_m\}$,每个工作者 w_j 的当前位置是 $wl_j(1\leqslant j\leqslant m)$。为保证任务的完成质量,设每个工作者一次最多可以分配到 q 个任务。WSTS 就是寻求一个最佳的任务分配方式,使得所有任务被完成时工作者移动的总距离最小。

本文使用工作者当前的地理位置以及任务的地理位置计算工作者完成任务需要移动的空间距离。在智慧城市场景下,考虑到工作者需要穿越城市的街区完成任务[9],本文使用曼哈顿距离计算两点之间的距离。如果任务和工作者的地理位置用经纬度表示,那么,两个位置点 $l_1(lat_1,lon_1),l_2(lat_2,lon_2)$ 之间的曼哈顿距离由式(3-1)计算,其中 α、β 分别是单位纬度和单位经度与距离的换算因子。

$$\mathrm{dist}(l_1,l_2)=\mid lat_1-lat_2\mid*\alpha+\mid lon_1-lon_2\mid*\beta \tag{3-1}$$

本文使用 $tu_1,tu_2,\cdots,tu_m$ 表示每个工作者分配到的任务集合,$\mathrm{dist}(ul_i,tu_i)$ 表示第 i 个工作者完成其分配到的任务集合 tu_i 时的移动距离。基于以上定义,WSTS 可以形式化为式(3-2)。

$$\min\sum_{j=1}^{m}\mathrm{dist}(ul_i,tu_i) \tag{3-2}$$

满足条件:

$$\mid tu_j\mid\leqslant q\quad(1\leqslant j\leqslant m) \tag{3-3}$$

$$|\{u_j \mid u_j \in W, t_i \in tu_j\}| = p_i \tag{3-4}$$

WSTS 是一个组合优化问题且是一个 NP[9-10] 难问题,它可以被规约为经典的旅行商问题(Travelling Salesman Problem,TSP):假设每个任务需求的工作者数量是 1,并且每个工作者能完成的任务数量超过任务的总数量,这样 WSTS 就转化成为一个工作者寻找一条最短路径遍历所有任务的问题。WSTS 问题的解空间非常大[11],假设任务和工作者的数据分别是 10 和 20,那么 WSTS 的潜在分配方案规模将会是 20×10!,这是一个不可能计算出的结果,因此需要寻找高效的解决方法对 WSTS 问题进行求解。

3.1.3 贪心解法 NearsFirst

贪心算法是解决许多 NP 难问题普遍采用的策略,本章将针对 WSTS 提出的贪心算法称为 NearsFirst,因为算法每次选择与给定任务距离最近的一组工作者执行任务。NearsFirst 算法的伪代码如下。

算法 1　NearsFirst 算法

输入:任务集合,工作者集合,每个工作者可以获得的任务数的限制。
输出:分配结果<任务,工作者>元组。

1. 计算任意 $t \in T$,$w \in W$ 和 w 之间的距离,构建距离矩阵 $\boldsymbol{D}_{|T| \times W}$。
2. 对于 $\boldsymbol{D}_{|T| \times W}$,do。
3. 在矩阵 $\boldsymbol{D}$ 中选择距离最近的元组<t,w>,将 t 分配给 w。
4. 去除已经拥有足够工作者的任务和已有 q 任务的工作者。
5. 更新距离矩阵 $\boldsymbol{D}_{|T| \times W}$。
6. 循环执行 2～5 步。
7. 直至 $T \neq \varnothing$,$W \neq \varnothing$ 与 t 还没有被分配给 w 这 3 个条件有一个条件不满足。
8. 结束。

在每一次迭代过程中,对于每一对"任务-工作者"组合<task,worker>,算法计算它们之间的曼哈顿距离;然后遍历所有组合,选出距离最近的一对组合作为问题求解的方案。接下来,算法对刚刚被分配的任务,将其需求人数减 1。如果此时该任务的需求人数变为 0,则该任务分配完毕,对于刚刚分配到任务的工作者,将其已分配任务数加 1;如果此时该工作者已获得任务数量达到阈值 q,则该工作者不再被分配任务。如果没有任务需要被分配或者没有工作者可以被选择,则算法终止。

NearsFirst 无法得到全局最优的解,因为它每次仅选择当前最优的组合进行分配,因此需要设计全局搜索能力更强的算法。正如在问题定义中所述的,WSTS 问题的解空间非常大,传统的组合优化算法难以解决,因此本文采用智能进化算法[2](遗传算法)进行问题的求解。

3.1.4 遗传算法

遗传算法是一种模拟自然界优胜劣汰的启发式算法,能够以较低的运算时间复杂度解决大规模的组合优化问题。在问题定义部分,本文已经提到 WSTS 可以规约为普通的旅行商问题,已有的研究文献中也有将遗传算法应用到节点数非常大的旅行商问题中[12]的情况。

在遗传算法中,一个群体经数次更新迭代后,逐渐收敛到具有某个适应度值的个体上。

在每一代,具有最优适应度的个体将有更高的概率存活下来并且保留到下一代中。遗传算法中的每一个个体称为一段基因,一种基因就是问题的一个可行解(不一定是最优的)。每一次的更新迭代就是要淘汰较差的个体,保留较好的个体。一次更新迭代包括下面 3 种操作。

(1)选择操作(selection operator):选择操作就是选择较好适应度的个体,根据一定的规则淘汰适应度差的个体。

(2)交叉操作(crossover operator):利用选择操作留下来的个体,通过交叉操作产生新的个体,以补充在选择操作中被淘汰的个体。

(3)变异操作(mutation operator):为了避免个体陷入局部解空间,通过变异操作改变现有种群中的部分个体。

为了保证上述操作顺利进行,遗传算法需要定义个体基因的编码表示方式以及个体适应度的评价方法。基因的表示是指采用何种数学形式编码和表示问题的解[13],常用的个体编码方式有二进制编码、实数编码、向量编码、矩阵编码等。个体的适应度是衡量个体优劣的函数,一般是个体编码到实数值的映射,也需要根据问题具体定义。

总体来说,遗传算法将初始生成的个体尽量均匀地散布在解空间[14],然后根据个体适应度计算的结果,通过选择、交叉、变异操作,使整个种群中的个体不断向当前种群中适应度优的个体靠近,最终达到整个种群都逼近最优解的目的。但是,由于 WSTS 问题的解空间[15]非常大,一个种群内的个体基本很难有机会靠近最优解或者次优解,因此,在种群的初始化上,传统的随机初始化[16]便不再适用。已有的研究表明,在基本的遗传算法基础上,结合一些其他的启发式方法,能够减小种群进化过程中的随机性,加快收敛的速度[17]。考虑到上面所述贪心解法 NearsFirst 的解可以使用到遗传算法的种群初始化中,因此本章提出结合贪心算法和遗传算法的混合式优化求解方法解决 WSTS 问题。

3.1.5　融合贪心策略的遗传算法(GGA-I)

将贪心算法的输出解运用到遗传算法的输入中,本文提出融合贪心策略的遗传算法(greedy-enhanced genetic algorithm for intentional movement,GGA-I)用于解决面向即时任务的多任务分配问题。GGA-I 以 NearsFirst 算法的输出结果为基础构建初始解,因此其最终解的质量将不低于 NearsFirst 算法。图 3-2 是 GGA-I 算法的流程图。GGA-I 算法的

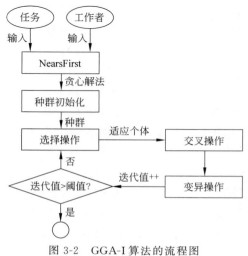

图 3-2　GGA-I 算法的流程图

伪代码见算法 2,算法中的具体细节将在下文介绍。

1. 个体编码

WSTS 问题是在给定移动群智感知任务与可用工作者之间搜寻一个最优匹配解,为了表示任务与工作者之间的分配关联关系,本文使用矩阵编码表示每个候选个体:个体中行代表每个工作者,列表示给定的任务集合;矩阵中的元素值 (i,j) 为"1"表示将 j 任务分配给 i 工作者,为"0"则表示不分配。图 3-3 所示矩阵就是 GGA-I 个体编码的一个示例,表示当任务数为 6,工作者数量为 8 时的个体编码结构。

算法 2　GGA-I 算法

输入:NearsFirst 算法的输出,任务集合 T,工作者集合 W,迭代次数阈值 g_{thld}。

输出:分配结果<任务,工作者>元组。

1. 根据 NearsFirst 算法的结果构建任务分配矩阵 $A_{m \times n}(m=|T|, n=W)$,矩阵形式与个体编码方式一致。
2. 初始化种群,建立种群的表示矩阵 $p_{c \times m \times n}$,c 是种群中个体的数量。
3. 设置迭代次数为 0,执行。
4. 计算 $p_{c \times m \times n}$ 所有个体的适应度 $f(i_k)(0 \leqslant k < c)$。
5. 更新当前最好适应度的个体 I。
6. 根据选择操作选择种群中的优胜个体。
7. 根据交叉操作复制个体填充 $p_{c \times m \times n}$ 中被淘汰的个体。
8. 对 $p_{c \times m \times n}$ 执行交叉操作。
9. 迭代次数增加 1。
10. 循环执行 4～9 步。
11. 直至迭代次数达到阈值 g_{thld}。
12. 根据 I 输出分配结果<任务,工作者>元组。
13. 结束。

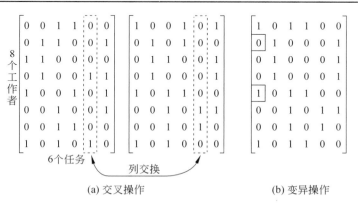

(a) 交叉操作　　　　　　　　　(b) 变异操作

图 3-3　GGA-I 算法的交叉操作和变异操作示意图

根据 WSTS 问题的定义,特别是式(3-3)和式(3-4),这里对个体的编码定义两个限制条件:任务可行性和工作者可行性。只有当一个个体的编码同时满足任务可行性和工作者可行性时,该个体才是一个可行解;否则,便不是可行解。本文使用的遗传算法中的选择、交叉及变异操作均需保证在种群进化过程中个体的可行性。

- 任务可行性：每一列元素的和等于该列对应任务的工作者需求数量,任务可行性保证每个任务都分配到数量足够的工作者。
- 工作者可行性：每一行元素的和不超过工作者可以获得的最大任务数,工作者可行性保证每个工作者获得的任务数量不超过上限限制。

2. 种群初始化

初始种群对遗传算法的结果具有显著的影响,因为它是遗传算法个体更新和演化的基础。一般情况下,初始种群中的个体应该均匀分布在解空间,但由于 WSTS 问题的解空间巨大,均匀分布的个体可能离最优解差距很大[18],所以 GGA-I 使用 NearsFirst 的结果初始化种群。

3. 适应度函数

在 WSTS 中,需要优化的目标是所有任务被完成时工作者移动的总距离,这个总距离是所有获得任务的工作者移动距离之和。GGA-I 中的每一个个体对应一种任务分配方案,该方案下工作者移动的总距离是确定的。因此,GGA-I 中个体的适应度与个体对应的总移动距离相关。设种群中的所有个体是 $I=\{i_1,i_2,\cdots,i_n\}$,第 k 个个体从 $i_k(1\leqslant k\leqslant n)$ 对应的总移动距离为 $Td(i_k)$,那么个体 i_k 的适应度 $f(i_k)$ 可以用式(3-5)计算:

$$f(i_k)=\frac{Td(i_k)}{\sum_{j=1}^{n}Td(i_j)} \tag{3-5}$$

由于优化的目标是求最小值,所以个体适应度值越小,个体对应的解越优。

4. 选择操作

选择操作的作用是将具有较好适应度的个体传承到下一代。但由于适应度较劣的个体中仍然可能包含较好的基因片段,所以 GGA-I 使用轮盘赌(roulette wheel)方法进行个体的选择[19],其选择个体的原则是具有较优适应度的个体有较大的概率保留到下一代,具有较差适应度的个体有较低的概率保留到下一代。具体来说,在每一代的选择操作时,首先累加所有个体的适应度得到适应度之和,然后计算每个个体的适应度与适应度之和的比值,该比值就是该个体被选中的概率。

5. 交叉操作

交叉操作用于繁衍新的个体,它模拟自然界中生物的基因重组过程[20]。交叉操作的使用也需要根据个体的编码方式以及问题的定义进行。对于我们所定义的 WSTS 问题,GGA-I 使用个体编码矩阵对应列交换的方式进行交叉操作,即交换两个父母个体对应列的元素得到两个子个体,图 3-3(a)是交叉操作的一个示例。之所以选择这样的方式,是因为这种交叉操作产生的两个子个体一定是满足任务可行性的。所以,在这种方式下只需要考虑所交换的列,使得交换之后产生的新个体也可同时满足工作者可行性。

6. 变异操作

如果遗传算法中缺少变异操作,那么整个种群可能会陷入局部最优,无法向更好的结果逼近,变异操作则带来了这种转变的机会。在 GGA-I 中,本文随机选择一个值为"1"的元素,将其值变为"0",为保证这样改变之后,个体仍然满足任务可行性和工作者可行性,本文挑选与改变元素同一列的另外一个值为"0"的元素,将其值变为"1",如图 3-3(b)所示。

3.1.6　实验验证

我们提出的多任务工作者选择方法针对的是位置相关的感知任务,因此,为了模拟工作者在城市中的位置以及移动规律,采用了一个公开的电信通话记录数据集 D4D。该数据集包含法国 Orange 电信公司在科特迪瓦黄金海岸地区 50 000 名客户两个星期的通话数据记录。每一条记录由匿名化的用户 ID、通话日期和时间,以及通话发生时的基站 ID 组成。所有基站的数目是 1 231 个。考虑到科特迪瓦首都阿比让地区的基站密度最大(347 个),人的地理位置的精确度最好,因此仅筛选了阿比让地区的通话数据记录进行实验,如图 3-4 所示。

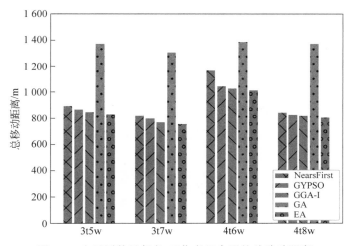

图 3-4　在不同数量任务-工作者组合下的总移动距离

为了评价本章提出的方法的优劣,也对其他 3 种算法进行了对比。

GA:表示传统的遗传算法[21],以未融合贪心算法的结果作为种群的初始化。

EA:表示枚举算法[22]。为了评估前面提出算法的真实性能,实现了枚举算法来搜索问题的整个解空间,以获取问题的最优解。鉴于多任务的选人问题 WSDT 和 WSTS 解空间都非常大,本文只在任务数和工作者数量比较小的时候运行出实验结果。

GYPSO:粒子群优化(Particle Swarm Optimization,PSO)算法是另一种常见的组合优化算法[23]。它同样是一种进化算法,是通过模拟鸟类觅食行为而建立起来的一种基于群体协作的随机搜索算法。与遗传算法一样,粒子群优化算法进化的基础也是种群,它们之间的区别是,粒子群优化算法没有选择、交叉和变异操作。粒子群优化算法中的个体通过对比自身当前状态与全局最优和当前种群最优状态,向这两种最优状态靠近,类似于鸟群中的个体通过观察其他鸟的行为调整自己当前的搜索策略。为与融合了贪心算法和遗传算法的

GGA-I 对比,本文也使用贪心算法的结果初始化粒子群算法的种群。

　　WSTS 问题的优化目标是所有任务完成时工作者的总移动距离,图 3-4 显示了在 4 种不同的任务-工作者组合下 5 种算法的实验结果(为方便描述,使用 3t5w 这样的记法表示在 5 个工作者中分配 3 个任务,下文同理)。针对每种任务-工作者数量,本文重复 20 次实验得到平均值。图 3-4 显示出 GGA-I 较其他 4 种算法选择的工作者更优。特别地,GGA-I 在结果上优于 NearsFirst,表明在贪心算法的结果上进行遗传算法中的进化操作确实能提高 NearsFirst 的效果。另一方面,GGA-I 大大优于单一的 GA 算法,说明其采用贪心算法的结果初始化群对获取到更优解有很大益处。此外,GGA-I 可以取得比 GYPSO 更好的效果,因为粒子群算法更容易陷入一个局部最优解中。在当前任务数和工作者数量较少的情形下,EA 的结果可以计算出来。可以看到,GGA-I 的结果很接近 EA 的结果,表明使用 GGA-I 算法的结果比较接近最优解。

　　5 种算法的时间复杂度随工作者数量的增加对比结果如图 3-5 所示。图中,纵轴显示的是时间复杂度的对数。每种工作者数量下任务数量保持为 4。可以看出,尽管 EA 的工作者选择能够得到最优解,但是其时间复杂度比其他 4 种算法大很多,且时间复杂度随着工作者的数量呈指数级增长。GGA-I 比 NearsFirst、GYPSO 和 GA 的时间复杂度稍大,但是 GGA-I 能取得更准确的结果。因此,综合考虑时间复杂度和计算结果有效性,GGA-I 表现更优。

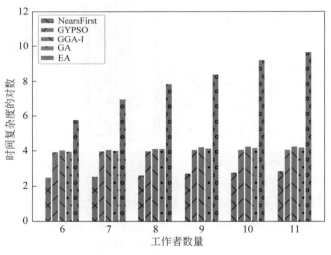

图 3-5　各种算法的时间复杂度的对数

　　图 3-6 中,WSTS 问题的解空间随着问题规模的增大急剧扩张,但是 GGA-I 的运算时间并没有增加很多,表 3-1 中的实验结果更加清晰地表明了这一点。因此,当较大数目的感知任务需要被分配时,GGA-I 会取得更好的效果。

　　任务的完成时间对于即时任务很重要,完成时间越短越好。本文比较了 4 种算法工作者选择结果的任务完成时间。从图 3-7 中可以看出,GGA-I 的任务完成时间最短,这主要是因为 GGA-I 中工作者的总移动距离最短。

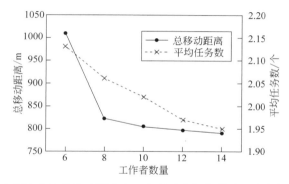

图 3-6　GGA-I 算法中的总移动距离和工作者平均任务数随工作者数量的变化关系

表 3-1　GGA-U 一次迭代的运行时间

任务-工作者	10t20w	20t40w	30t60w	40t80w	50t100w
一次迭代的运行时间/s	0.034	0.043	0.056	0.072	0.089

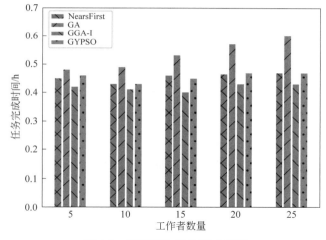

图 3-7　不同算法任务完成时间

3.2　面向容延任务的多任务工作者选择

3.2.1　问题分析

在另外一种感知应用场景下,移动群智感知通用任务平台中存在时间容延这一类型的感知任务。该类任务的特点是:区别于即时任务对任务完成时间的紧迫性(如 1~2h 内),容延任务允许任务执行者在未来相对较长的一段时间内完成任务。一般而言,这类任务较多针对状态稳定/变化缓慢的感知对象。例如,对某个区域内的植物进行拍照研究植物生长与气候变化[24]之间的关系,或是收集一个商业街最近的打折销售信息[25]等。对于这一类任务,平台可以选择在日常行程中可能经过任务位置点的工作者完成任务,工作者无须特意前往位置点,如图 3-8 所示。在这种情况下,工作者完成一个任务的代价相对较小,因此,为了提高每个工作者的收益,同时提高工作者资源的利用效率,对于平台而言,最佳的选择是利用最少的工作者完成多个不同的任务。

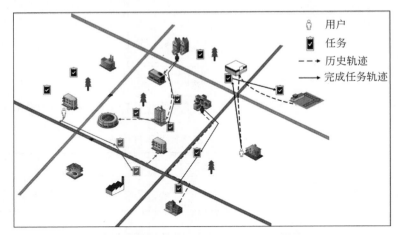

图 3-8　面向容延任务的多任务工作者选择图示

为了解决上述面向容延任务的多任务工作者选择问题(Worker Selection for Delay-tolerant Tasks,WSDT),下面将首先对该问题进行形式化描述,并根据问题的性质分析提出求解方法。

3.2.2　问题定义

WSDT 为了减轻工作者的负担,倾向为工作者分配其日常行为轨迹上的感知任务。为此,需要根据工作者的历史轨迹预测其未来一段时间内的地理位置,所以 WSDT 问题的解决需要通过下面两个阶段完成。

- 工作者移动预测:建立工作者的移动模式,预测工作者是否会经过任务地点。
- 优化的工作者选择策略:基于工作者移动预测,选择最少的工作者完成感知任务。

1. 工作者移动预测

设工作者 w 的历史地理位置记录为 $lr = \{r_1, r_2, \cdots, r_s\}$,其中每一个地理位置记录 r_i 由时间 rt_i 和地理位置 rl_i 组成,任务 t 的位置用 tl 表示。为了简化起见,假设所有任务都需要在 24 小时内完成且所有任务的起止时间区间一致。针对移动位置预测[26],已有的研究提出了多种相应的方法,这里采用一种较为简单的基于统计的预测方法——以统计的该工作者的历史地理位置记录中经过任务地点的频次作为工作者未来经过该任务地点的概率。具体而言,工作者 w 经过 tl 的概率可以用式(3-6)计算。在该公式中,$|\{rt | rt \in \{rt_1, rt_2, \cdots, rt_s\}\}|$ 是工作者地理位置记录中的所有时段片数目,$|\{rt_i | tl = rl_i\}|$ 是时段片内工作者位置记录出现任务地点的所有时段片数目。

$$p(w, t) = \frac{|\{rt_i | tl = rt_i\}|}{|\{rt | rt \in \{rt_1, rt_2, \cdots, rt_s\}\}|} \tag{3-6}$$

为了保证工作者选择方案的基本质量,本文定义阈值 R_{thld},只有当工作者经过任务地点的概率大于该阈值时,任务才能被分配给工作者;反之,则不会。若一个工作者 w 能被分配任务 t,本文称 w 可以完成 t,或者说 t 可以被 w 覆盖。

2. 问题形式化

给定一个待分配的任务集合 $T=\{t_1,t_2,\cdots,t_n\}$,对于第 $i\,(1\leqslant i\leqslant n)$ 个任务,其任务地点为 tl_i,需求的工作者数量为 p_i。备选的工作者全集为 $W=\{w_1,w_2,\cdots,w_m\}$,最终选择的工作者集合为 $WS=\{w_1,w_2,\cdots,w_s\}$,工作者 w_i 得到的任务集合为 tu_i。依据以上定义,WSDT 问题可以定义为

$$\min |WS| \tag{3-7}$$

满足条件:

$$\forall t_i,|\{w_j \mid w_j \in WS, t_i \in tu_j\}|=p_i \tag{3-8}$$

$$\forall <t_i,w_j>,t_i \in tu_j,p(t_i,w_j)\geqslant R_{\mathrm{thld}} \tag{3-9}$$

式(3-8)保证每个任务有足够数量的工作者完成,式(3-9)保证工作者经过每个分配给她/他的任务地点的概率都大于阈值 R_{thld}。很显然,WSDT 是一个 NP 难问题,事实上,它可以被规约到经典的集合覆盖问题(set cover problem):假设每个任务需要的工作者数量为 1,每个工作者可以完成若干个任务,即任务全集的子集,这样 WSDT 问题就转化成寻求一个工作者集合,使得整个工作者集合可以覆盖到整个任务全集,这就是集合覆盖问题。

与 WSTS 不同,WSDT 问题的数学形式有一些不同的性质。给定 W 的任意子集 WS,可以定义一个 WS 的效用函数 $f(WS)$ 衡量 WS 中的工作者可以覆盖任务全集的程度,也就是 WS 中的工作者可以完成多少任务。可以证明 $f(WS)$ 函数具有非负性、单调递增性和子模性[27]。

3.2.3　贪心算法 MostFirst

算法 3　MostFirst 算法

输入:任务集合 T,工作者集合 W,工作者途径任务地点的概率阈值 R_{thld}。

输出:分配的<任务,工作者>元组。

1. 对于所有 $t\in T$,$w\in W$,计算 w 经过 t 的概率 $p(w,t)$。
2. 对于每个工作者 $w_i\in W$,计算集合 $\{j \mid p(w_i,t_j)\geqslant R_{\mathrm{thld}},0\leqslant j<|T|\}$ 的模 c_i。
3. 选择 c_i 值最大的工作者 w,则 w 可以完成的任务分配给 w,将 w 从 W 中移除。
4. 如果任务 t 分配到足够的工作者,则将 t 从 T 中移除。
5. 循环执行 3～4 步。
6. 直至 $T=\varnothing$ 或者 $W=\varnothing$。
7. 结束。

对于 WSDT,首先提出贪心算法 MostFirst。MostFirst 首先计算所有"任务-工作者"组合中,工作者经过任务地点的概率。WSDT 的优化目标是最小化工作者选择的数量,因此算法每次选择时挑选能完成任务数量最多的工作者。算法的伪代码见算法 3。

与 NearsFirst 类似,MostFirst 的结果也是次优的。因此,本文将继续提出结合贪心算法和遗传算法的方法进一步解决 WSDT,从而获得更好的结果。

3.2.4　融合贪心算法的遗传算法(GGA-U)

与 WSTS 问题的求解类似,这里同样设计一个融合了贪心算法和遗传算法的方法解决

面向容延任务的多任务工作者选择问题,简称为 GGA-U(Greedy-enhanced Genetic Algorithm for Unintentional movement)。GGA-U 的遗传算法部分的输入也是 MostFirst 的结果。下面是 GGA-U 算法的基本流程。

- 个体编码:在 WSDT 中,一旦一个工作者被选择,他将获得所有自己能完成的任务。对于一个备选工作者而言,本文使用"1"表示其被选中,用"0"表示其未被选中。因此,一个 0-1 表示的向量即可用来表示 WSDT 的解,向量的维度就是备选工作者全集的模值。

- 种群初始化:与 GGA-I 类似,GGA-U 使用 MostFirst 算法的结果初始化种群;首先获取 MostFirst 算法的结果,然后根据结果中任务的分配情况得到对应的个体编码结果。

- 适应度:WSDT 问题的优化目标是最小化所有选择的工作者的数量,因此个体中选择的工作者数量越少,适应度越好。个体的编码向量中使用"1"表示工作者被选择,所以一个个体的适应度与其向量编码方式中"1"的个数有关。设种群中的所有个体是 $I = \{i_1, i_2, \cdots, i_n\}$,个体 $i_k \{1 \leqslant k \leqslant n\}$ 中"1"的个数是 c_k,则个体 i_k 的适应度 $f(i_k)$ 可以用式(3-10)计算:

$$f(i_k) = \frac{c_k}{\sum\limits_{j=1}^{n} c_j} \tag{3-10}$$

$f(i_k)$ 值越小,个体的适应度越好。

- 选择操作(selection operator):选择操作淘汰适应度差的个体,与 GGA-I 类似,GGA-U 也采用轮盘赌的方法淘汰个体。

- 交叉操作(cross over operator):GGA-U 采用交换个体编码向量部分片段的方式进行交叉操作,如图 3-9 所示。

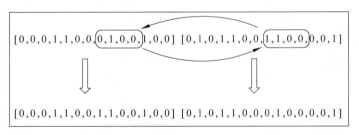

图 3-9 GGA-U 算法的交叉操作示意图

- 变异操作(mutation operator):GGA-U 使用随机选取个体向量编码部分的元素,将元素的值取反,即将"1"转换为"0",将"0"转换为"1"。

3.2.5 实验验证

在 WSDT 问题中,根据工作者的移动模式进行最优工作者的选择。当任务地点确定后,使用 D4D 数据集建模工作者的移动模式,预测工作者在未来 24h 内是否会经过任务地点。如果在 D4D 数据集中,工作者确实在 24h 内在任务地点有通话记录数据,则该工作者具备完成该任务的条件。每个任务需要的工作者数量同样随机地分布在 2～4。

工作者移动预测准确率是指根据工作者的历史地理位置记录,选择的工作者会经过任务地点的平均概率(预测概率),移动预测的准确率也就是任务的预测完成率;任务的实际有效完成率是指工作者最终确实完成了分配给他的任务的比率,例如,有 100 个单位任务分配 100 人次完成,若最终这 100 个单位任务有 92 个被完成,则任务实际有效完成率为 92%。很显然,工作者移动模式预测的准确率影响任务的实际完成率,因为不准确的预测会导致一些不会经过任务地点的人被选中执行该任务。本文测试了多种情形下的移动预测准确率和任务实际有效完成率。图 3-10 显示了随着阈值 R_{thld} 的增加,任务的预测完成率和实际有效完成率的变化情况。可以看到,任务的实际有效完成率与任务的预测完成率很接近,表明本文使用的移动预测方法是有效的(根据移动预测结果选择的工作者基本能够完成任务)。任务的预测完成率和实际有效完成率始终大于阈值 R_{thld},这是因为 R_{thld} 只是工作者能够被选择的基础值,只有工作者经过任务地点的概率被预测大于 R_{thld} 时,任务才会被分配给工作者。

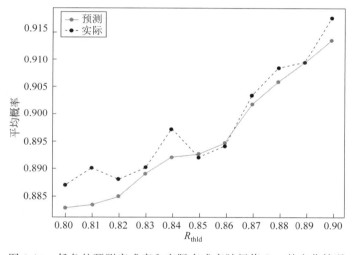

图 3-10　任务的预测完成率和实际完成率随阈值 R_{thld} 的变化情况

本文研究了在 3 种不同任务地理分布下工作者选择数量的变化情况(见表 3-2),分别是集中分布、分散分布以及混合分布。实验中设定需要被分配的任务数目是 20,采取了 R_{thld} 的两种值:80%,90%。对于每一种任务分布,实验都生成了 3 个不同的任务集合,在表中标注为 1、2 和 3。实验结果见表 3-2,可以看到,在所有组合情形下,GGA-U 算法选择的工作者人数少于 MostFirst 算法选择为的工作者人数。当阈值 R_{thld} 较小时,两种算法选择的工作者数量更少,这是因为 R_{thld} 越小相当于工作者得到一个任务的条件更宽松,那么工作者可以完成的任务就可能越多,因此总的人数便会减小。同时表明,当 R_{thld} 达到一定值后,R_{thld} 值的增大对任务的预测完成率和实际有效完成率并不会带来较大的影响。因此,使用一个较低的阈值 R_{thld},可以使得 GGA-U 选择的工作者数量变少,同时对于任务的实际有效完成率不会有太大影响。

表 3-2　算法选择的工作者的数量

(a) 集中分布			(b) 分散分布			(c) 混合分布		
任务集	GGA-U	Mostfirst	任务集	GGA-U	Mostfirst	任务集	GGA-U	Mostfirst
$R_{thld}=90\%$			$R_{thld}=90\%$			$R_{thld}=90\%$		
1	36	40	1	38	41	1	38	41
2	36	42	2	37	44	2	36	42
3	39	45	3	40	48	3	40	47
平均值	37	42.3	平均值	38.3	44.3	平均值	38	43.3
$R_{thld}=80\%$			$R_{thld}=80\%$			$R_{thld}=80\%$		
1	32	35	1	34	36	1	34	36
2	31	34	2	34	37	2	33	36
3	31	36	3	32	37	3	33	35
平均值	31.3	35	平均值	33.3	36.7	平均值	33.3	35.7

　　一般来说,在任务的 3 种分布形式中,当任务集中分布时,GGA-U 选择的工作者数量最少,这主要因为人们在日常生活中更倾向在一个局部的范围内活动,而不是在大范围内转移。当任务分散分布时,任务同时出现在工作者路径上的概率变小,因此更多的工作者会被选中。图 3-11 展示了随着任务数量的增加,GGA-U 和 MostFirst 两种算法选择的工作者数量的变化趋势。MostFirst 选择的工作者数量始终比 GGA-U 多,而且随着任务数量的增加,MostFirst 选择的工作者数量增长得更快。

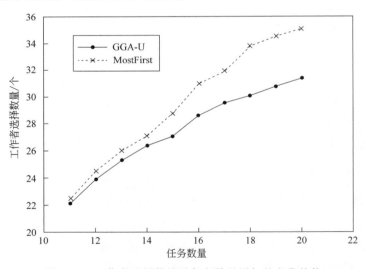

图 3-11　工作者选择数量随任务数量增加的变化趋势

3.3　基于移动社交网络的群智感知社群化任务分发

　　现有的移动群智感知运行框架绝大多数基于"平台-用户"的运行模式,即移动群智感知平台直接面向参与用户分发移动感知任务,参与用户执行感知任务并将感知数据(如状态数据、文本数据、图像数据以及音视频数据等）上传至群智感知平台。通过对上述"平台-用户"
MCS 任务分发模式的分析，发现该模式以感知任务的预期任务完成评估为导向，分发方案
制订之后不再更改，缺乏对用户实际执行感知任务情况的灵活、有效的过程监督与适时干
预。一旦构建的用户未来行为预测模型存在较大偏差，或是实际的任务执行场景产生显著
变化，则该模式难以有效保障感知任务执行的鲁棒性，因此会造成任务完成率低下的问题。
而在现实应用场景中，参与用户行为的随机性与动态性将有可能进一步凸显并加剧这一
问题。

　　考虑到离线任务分配场景下用户预测模型精度的有限性所导致的指定用户拒绝执行任
务，以及任务执行过程中由于各种突发情况所导致的任务执行失败两种不同的场景，提出以
任务完成率为优化目标的基于移动社交网络的群智感知任务分发方法。具体流程如下：基
于不同移动社群所表征的空间位置偏好，移动群智感知平台将不同的空间感知任务初次分
发给相应的社群（社群组织者）[28]。社群组织者参照所在社群内部从属者对于相应空间位
置的偏好程度、活跃程度以及与社群组织者之间的社交亲密度，以一种随机生成概率方式将
任务二次分发给特定的用户进行感知任务的执行。在任务执行过程中，若选定的用户由于
现实因素无法继续执行所分派的任务，则其可通知所在社群的组织者重新选择任务执行者，
或是利用移动社交网络将该任务传递给高亲密度社交用户（好友）委派其执行感知任务[29]。
在感知结果的回收过程中，利用移动社交网络的机会式通信方式，感知结果将由源节点（任
务执行者）通过单跳或是多跳方式传递给社群组织者[30]，再由社群组织者将结果进行初步
统计发送给群智感知平台。整个方案的结构流程如图 3-12 所示。

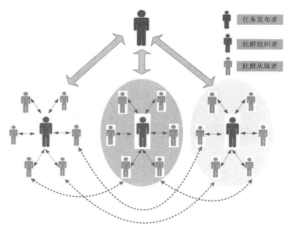

图 3-12　移动群智感知社群化任务分发组织流程图

3.3.1　问题定义

　　给定 n 个群智感知个体用户集合 $W=\{w_1,w_2,\cdots,w_n\}$，任一用户 w_i 的历史移动轨迹
数据表示为 $Tr_{w_i}=<loc_j,t_j,day_j>$，其中 loc_j 为时间戳 t_j 时刻的空间位置，day_j 为相应
的日期信息。移动群智感知平台接收任务发布者所发布的 MCS 任务集合 $T=\{t_1,t_2,\cdots,t_m\}$，其中任务 $t_i=<loc_j,ti_j,cont_j>$ 表示任务 t_i 需要在指定的空间位置 loc_j 和时间间隔
ti_j 内完成任务描述为 $cont_j$ 的感知任务。对于任意给定的 MCS 任务集合 $T=\{t_1,t_2,\cdots,$

t_m},任务分发问题的目标在于从潜在可用的参与用户集合 $W=\{w_1,w_2,\cdots,w_n\}$ 中寻找一个合适的子集 W^* 以实现对 T 中所包含任务的执行以及执行结果的回收过程。按照问题定义以及基本流程描述,形式化表示移动群智感知任务分配问题,具体如式(3-11)。

$$\begin{cases} Arg:\ \max_{W^*\subset W}\ \dfrac{\sum\limits_{i=1}^{n}\partial_i}{n} \\[4mm] s.t.:\ \sum\limits_{i=1}^{k}\sum\limits_{j=1}^{n}x_{i,j}*mg_i=n \end{cases} \tag{3-11}$$

其中,∂_i 为标量,表示任务 t_i 是否完成,如果 t_i 完成,则 $\partial_i=1$;反之,$\partial_i=0$。mg_i 表示所划分的任意一个移动用户社群,$x_{i,j}=1$ 表示将任务 t_j 分配给社群 mg_i;反之,有 $x_{i,j}=0$。

3.3.2　基于移动行为相似度的社群动态划分

1. 移动行为特征

移动行为特征反映用户在给定时间间隔内,在不同空间位置上的移动时空行为分布特征。本文选择用户的空间出现频次与停留时间长度作为移动行为特征的刻画,具体可表示为式(3-12):

$$f(w_j,loc_i)=\frac{fre(w_j,loc_i)}{fre(w_j,loc)}\times\frac{dur(w_j,loc_i)}{dur(w_j,loc)} \tag{3-12}$$

其中 $f(w_j,loc_i)$ 表示用户 w_j 在空间位置 loc_i 上的移动行为特征,$fre(w_j,loc_i)$ 与 $fre(w_j,loc)$ 分别表示用户 w_j 在 loc_i 上的访问频次以及在所有空间位置 loc 上的访问频次,$dur(w_j,loc_i)$ 与 $dur(w_j,loc)$ 分别表示 w_j 在 loc_i 上的停留时长以及在所有空间位置 loc 上的停留时长。用户 w_j 在所有空间位置上的移动行为特征分布构成 q 维矢量 $Vec(w_j,loc)=\{f(w_j,loc_1),f(w_j,loc_2),\cdots,f(w_j,loc_q)\}$。特征分布刻画的是用户对不同空间位置的"偏好程度"。实际中,不同用户在空间位置上的时空分布绝对值是不同的,即 $fre(w_j,loc_i)$ 与 $dur(w_j,loc_i)$ 具有显著的差异性,以此为基础,提出社群内用户移动活跃度的概念。

2. 移动活跃度

移动活跃度是相对于移动行为特征分布而言的,本质上移动行为特征属于相对值,而移动活跃度属于绝对值。定义移动活跃度为用户 w_j 在不同空间位置上的累次访问频次与停留时长的乘积,表示为式(3-13):

$$act(w_j,loc)=\sum_{i=1}^{q}fre(w_j,loc_i)\times\sum_{i=1}^{q}dur(w_j,loc_i) \tag{3-13}$$

3. 移动时空社群

给定离散时间间隔 ti_i 以及用户集合 W 的历史移动轨迹数据集 Tr_w,基于不同用户在 ti_i 内的在不同空间位置上的移动行为特征计算,将用户集合划分为有限个社群 $MG=\{mg_1,mg_2,\cdots,mg_k\}$,$mg_k=\{w_{i1},w_{i2},\cdots,w_{ix}\}$,其中 $w_{ij},1\leqslant j\leqslant x$ 对应第 i 个划分的社群 mg_i,且同一社群内的参与用户具有相似的移动行为特征分布,不同社群内的用户具有不同的移动行为特征分布。

下面将对移动时空社群的划分过程进行详细阐述。利用移动行为特征的计算公式,可得出每一个参与用户对于不同空间位置的偏好特征值 $f(w_j, loc_i)$,逐一对用户 w_j 在不同空间位置 $loc_i (1 \leqslant i \leqslant q)$ 计算特征值,并将得到的偏好值以矩阵的形式表示为式(3-14):

$$\boldsymbol{M} = \begin{bmatrix} m_{11} & m_{12} & \cdots & m_{1q} \\ m_{21} & m_{22} & \cdots & m_{2q} \\ \vdots & \vdots & & \vdots \\ m_{n1} & m_{n2} & \cdots & m_{nq} \end{bmatrix} \qquad (3\text{-}14)$$

其中,$m_{ji} = f(w_j, loc_i)$。对矩阵 $\boldsymbol{M}$ 的任意两行矢量进行基于余弦相似度的计算,具体如式(3-15):

$$\cos\theta_{j1,j2} = \frac{\sum_{i=1}^{n} (f(w_{j1}, loc_i) \times f(w_{j2}, loc_i))}{\sqrt{\sum_{i=1}^{n} (f(w_{j1}, loc_i)^2)} \times \sqrt{\sum_{i=1}^{n} (f(w_{j2}, loc_i)^2)}} \qquad (3\text{-}15)$$

其中,$\cos\theta_{j1,j2}$ 表示用户 w_{j1} 与 w_{j2} 在所有空间位置上基于移动行为特征分布的相似度。以该相似度值为基础,利用 k 均值聚类算法对上述 n 个参与用户进行社群划分,最终得到 k 个不同的移动社群 $MG = \{mg_1, mg_2, \cdots, mg_k\}$。如上所述,在每一个划分的移动社群 mg_k 中利用移动活跃度计算,确定唯一的社群组织者作为与群智感知平台的任务接收与数据上传的终端超级用户,同时作为所在社群内不同用户从属者之间的任务协调者。

对于所划分的社群在空间位置上的偏好映射,本文以社群内所有用户空间偏好矢量值的平均值表征社群对空间位置的偏好,以间接达到利用社群对空间位置进行分组的目的,即若社群结构为 $mg_k = \{w_{i1}, w_{i2}, \cdots, w_{ip}\}$,则社群对空间位置的偏好 $pf(mg_k, loc)$ 表示为式(3-16):

$$pf(mg_k, loc) = \frac{1}{p} \sum_{x=i1}^{ip} \boldsymbol{Vec}(w_x, loc) = \frac{1}{p} \sum_{x=i1}^{ip} \{f(w_x, loc_1), \cdots, f(w_x, loc_n)\} \qquad (3\text{-}16)$$

3.3.3 移动群智感知社群化任务分发

1. 概率性随机分发策略

通过对传统群智感知任务的分发流程分析可知,这一模式大多建立在对用户未来行为的统计性认识之上,进而以统计性概率值进行排序操作,按照从高到低的顺序依次选择相应的参与用户执行给定任务[31]。尽管基于历史数据所发掘的行为统计规律具有一定程度上的稳定性,但是不可忽视的是身处复杂社会环境下的移动用户其行为往往具有很大的随机性、突发性与不确定性,这些特征对于确定性的传统任务分发的稳健运行构成了潜在的威胁。此外,移动群智感知中的用户组织结构松散与参与自发等特点[32]又进一步强化了用户随机性行为对群智感知平台运行的不利影响,使得移动群智感知平台的脆弱性进一步加深。移动群智感知用户行为特征模式具有天然的不确定特征,而传统的任务分发模式其本质却为使用稳定的、确定性的计算方法预测、匹配不确定的行为模式[33],这本身就是矛盾的。为此,我们考虑使用不确定的分发机制以随机生成概率进行任务的分发。

2. 感知任务的初次分发

感知任务的初次分发指 MCS 平台根据给定任务的空间属性,以所划分社群对空间位置的偏好 $pf(mg_k,loc)$ 为依据将任务分派给特定社群(社群组织者)。按照上述概率性随机分发策略,对于给定的 MCS 任务 $t_i=<loc_i,ti_i,cont_i>$,以时间间隔 ti_i 对所有可用参与用户进行动态社群划分过程,得到 k 个划分结果 $MG=\{mg_1,mg_2,\cdots,mg_k\}$。对于每个社群 mg_x,计算其相对于空间位置 loc_i 的偏好相对程度 $pf'(mg_x,loc_i)$,如式(3-17)所示。

$$pf'(mg_x,loc_i)=\frac{pf(mg_x,loc_i)}{\sum_{x=1}^{k}pf(mg_x,loc_i)} \tag{3-17}$$

按照 k 个社群对于位置 loc_i 的偏好 $pf'(mg_x,loc_i)$ 以随机概率产生的方式确定任务执行的社群。具体做法为:先将所有偏好值进行归一,$\sum_{x=1}^{k}pf'(mg_x,loc_i)=1$,依次将每个社群的偏好值进行 $[0,1]$ 区间排列,进而在 $[0,1]$ 区间生成随机数,若该随机数落在第 x 个社群的偏好值范围内,则选择 mg_x 作为该任务的执行社群,同时将该任务分发给选定社群的组织者。为了保障感知数据的真实性,本文采用通用的冗余采样方式,将同一任务独立分发给不同的 g 个社群执行(独立重复上述过程 g 次,若产生相同的社群,则继续该过程,直至产生不同的 g 个社群为止),最后将 g 个社群的感知结果进行组合,验证最终产生的结果。

3. 感知任务的二次分发

当平台将任务 t 分发给社群 mg_x,在社群内部,社群组织者按照社群从属者用户对于给定任务空间的活跃度以及与其社交的亲密度确定具体的任务执行者,其中活跃度保证所选择的具体任务执行者对于给定任务区域具有较高的访问概率,后者保证具体任务执行者在任务结果数据回收阶段有较大的概率与组织者相遇[34]。下面定义社交亲密度概念。

社交亲密度是量化移动社交网络环境中,不同参与用户基于时空维度上的共处现象而形成的一种亲近程度刻画,见式(3-18):

$$clos(w_x,w_y)=\frac{\sum_{i=1}^{q}fre(w_x,loc_i)\bigcap fre(w_y,loc_i)}{\sum_{i=1}^{q}fre(w_x,loc_i)+\sum_{i=1}^{q}fre(w_y,loc_i)}\times$$
$$\frac{\sum_{i=1}^{q}dur(w_x,loc_i)\bigcap dur(w_y,loc_i)}{\sum_{i=1}^{q}dur(w_x,loc_i)+\sum_{i=1}^{q}dur(w_y,loc_i)} \tag{3-18}$$

其中,$\sum_{i=1}^{q}fre(w_x,loc_i)\bigcap fre(w_y,loc_i)$ 表示用户 w_x 与用户 w_y 共处的频次,$\sum_{i=1}^{q}dur(w_x,loc_i)\bigcap dur(w_y,loc_i)$ 表示用户 w_x 与用户 w_y 共处的时长。相应地,具体的执行者适应度的计算可表示为式(3-19):

$$fre(w_x,t_i)=\alpha\times act(w_x,loc_i)+(1-\alpha)\times clos(w_x,w_y) \tag{3-19}$$

其中参数 α 表示对活跃度以及亲密度指标的折中加权。本文中,α 取值 0.5,w_y 表示社群的组织者。

在群智感知任务执行阶段,若选定的执行者任务失败,则执行者可选择其将信息告知社群组织者,由组织者重新在当前社群中(剔除该执行者)按照上述流程选择新的任务执行者;或是在移动社交网络中选择亲密度最高的用户进行任务信息传递,由该亲密度最高的用户替补完成感知任务,并将任务信息移交给该亲密度最高者所在的社群。在数据回收阶段,任务执行者按照数据规模的大小选择 3G/4G 网络进行直接通信或机会式短距离通信。

3.3.4　实验结果及分析

本文以 WTD 公开数据集为实验数据,该数据集记录了加州大学圣地亚哥分校校园内 275 个携带 PDA(Personal Digital Assistant)设备的用户与部署的 AP 间约 11 周的通信数据。利用该数据集对所提出的面向移动社交网络的群智感知社群化任务分发方式进行性能验证。由于 WTD 数据集中不同用户数据的稀疏性,本次实验选择其中 140 个 AP 节点作为空间位置,选取其中 68 个用户作为参与用户。首先,对移动社群行为特征分布以及基于亲密度的用户连接网络进行实验测试,其中参数 k 取值为 9,具体结果分别如图 3-13 和图 3-14 所示。图 3-13 中的横轴与纵轴分别表示 AP 空间位置以及相应的参与用户。

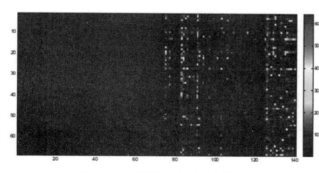

图 3-13　社群移动行为特征分布　　　　图 3-14　基于亲密度的社交连接网络

其次,分别对任务执行效果、任务分发次数以及任务回收能耗进行测试,随机产生 100～400 个移动群智感知任务,感知任务的空间位置从 140 个 AP 点随机选取,时间间隔从 0:00—24:00 随机选取。相关参数的设置具体为:用户以概率 0.3 执行任务失败,社群组织者以概率 0.5 重新选择新的执行者,以概率值 0.5 通过社交网络传递任务;在传递任务的情况下,被传递者以其亲密程度为概率值执行任务或拒绝执行任务,在任务结果回收过程中,通过直接网络将数据传输能耗系数设置为 1,通过机会式网络将数据传输能耗设置为 0.4。由于现有任务分发工作缺乏对任务执行过程的干预,因此以传统任务分发模式为基础,构建基准算法(baseline algorithm)。流程阐述如下:基于用户的历史移动时空行为特征构建预测模型,以预测其在未来某个时段片访问给定空间位置的概率,按照概率值的大小排序,选择 g 个用户作为任务的执行者($g=3$),在任务的执行过程中若发生执行失败情况,则平台按照上述概率值排序,依次选择新的用户作为感知任务的执行者,对于同一任务,若连续选择 3 次执行者均失败,则将该任务作为失效任务不再进行分发。图 3-15 显示了随机分发策略与传统的排序分发策略的比较实验,以及任务执行失败后不同的干预策略实验。其中,随机分发策略与传统的排序分发策略的比较实验中未对失败任务进行用户的替补重选,如果选定的用户在第2天相应的时间间隔未出现在任务中指定的空间区域,则意味着该分发任务执行失败,由图3-15可以看出,本文提出的随机分发策略显著优于传统的随机分发策略,且分别在100~400个MCS任务情况下均性能稳定。任务执行失败后不同的干预策略实验中所列举的3种策略分别为本文提出的社群式分发-失败用户社群内替补、社群式分发-基于社交关系的亲密度用户传递、传统"平台-用户"的全部用户重新选取。由图3-15可知,社群式分发-基于社交关系的亲密度用户传递策略的任务完成率最高,其次为社群式分发-失败用户社群内替补策略以及传统"平台-用户"的全部用户重新选取策略。需要注意的是,由于WTD数据分布非常稀疏,极少数AP位置(如图书馆、宿舍等)集中了大量的位置数据,同时极少数超级活跃用户贡献了大量的数据,因此实验验证的任务完成率总体数值较低,但该值对不同算法的性能评测无影响。

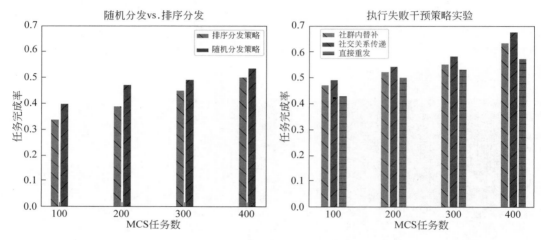

图 3-15　MCS 任务分发实验 1

图 3-16 所示为任务执行失败干预策略实验下任务的分发次数统计结果,感知数据回收能耗仿真实验结果。失败干预策略实验下任务的分发次数统计结果显示社群式分发-基于社交关系的亲密度用户传递分发次数最少,依次是社群式分发-失败用户社群内替补、传统"平台-用户"的全部用户重新选取。其原因在于,基于社交关系亲密度的用户传递分发具有较高的任务接收与执行率,在上述实验之外,作者同时进行了模拟真实校园环境的问卷调查统计,通过对 97 名在校生的统计显示,约 89.73% 的受访者在接到关系亲密的好友任务请求时会接受并完成该任务,这一数据与 WTD 实验的测试结果基本相符。而失败用户社群内替补优于传统"平台-用户"的全部用户重新选取的原因在于,基于时空移动行为的动态社群划分将具有相近移动行为的用户进行聚类划分,因此可以在相对较小的可选用户范围内搜寻合适的用户进行替补执行。感知数据回收能耗仿真实验结果显示失败用户社群内替补策略最优,依次为基于社交关系的亲密度用户传递分发、传统"平台-用户"的全部用户重新选取。其原因在于,社群内替补策略最优,在最大程度上利用机会式移动社交网进行短距离通信,因此能耗最少,而基于社交关系的亲密度用户传递分发次之,传统"平台-用户"的全部用户重新选取全部采用 3G/4G 通信方式进行数据上传/下载,其能耗最高。

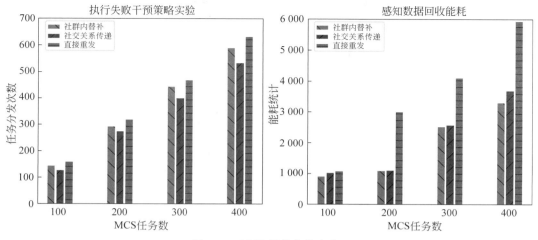

图 3-16　MCS 任务分发实验 2

3.4　本章小结

　　本章主要介绍了移动群智感知单目标任务分配的相关工作,具体介绍了面向即时任务的多任务工作者选择、面向容延任务的多任务工作者选择方法,以及基于移动社交网络的群智感知社群化任务分发这 3 个具体的研究工作。

　　面向即时任务的多任务工作者选择,以执行任务的整体移动距离最小化为优化目标,按照对问题的形式化描述与分析,将贪心算法的输出解运用到遗传算法的输入中,提出了融合贪心策略的遗传算法 GGA-I。面向容延任务的多任务工作者选择,以最小化执行用户的数量为优化目标,先后设计了工作者移动预测模型,以及任务执行者优化选择策略。通过对电信通话数据的实验分析,从任务的预测完成率和实际完成率随阈值的变化情况以及工作者选择数量随任务数量增加时的变化趋势反映出 GGA-U 算法的有效性。基于移动社交网络的群智感知社群化任务分发从最大化任务完成率这一目标出发,给出移动行为相似度的社群动态划分概念,进而对感知任务进行初次分发和二次分发。最后使用通信数据对提出的面向移动社交网络的群智感知社群化任务分发方式进行性能验证。实验结果解释了社群式分发-基于社交关系的亲密度用户传递这一策略在任务完成率以及任务回收能耗方面的优势。

习　　题

　　1.列举移动群智感知任务分配中可能的优化目标。

　　2.将贪心算法融入进化算法中可以改善进化算法的哪些性能?

　　3.比较即时任务与容延任务在任务分配阶段各需要考虑哪些因素。

　　4.如何组建有效的形式利用社交网络实现群智感知任务的优化分配?

　　5.除了平台-用户之间的交互关系之外,基于社交网络的群智感知任务分配还考虑了用户-用户之间的交互关系,这种用户-用户之间的交互关系对任务分配会带来哪些方面的影响?

本章参考文献

[1] Ganti R K, Ye F, Lei H. Mobile crowdsensing: current state and future challenges[J]. IEEE communications Magazine, 2011, 49(11): 32-39.

[2] Reddy S, Burke J, Estrin D, et al. A framework for data quality and feedback in participatory sensing [C]//Proceedings of the 5th international conference on Embedded networked sensor systems. Sydney, Australia: ACM, 2007: 417-418.

[3] Wang Liang, Yu Zhiwen, Zhang Daqing, et al. Heterogeneous multi-task assignment in mobile crowdsensing using spatiotemporal correlation[J]. IEEE Transactions on Mobile Computing, 2018, 18(1): 84-97.

[4] Zhang Daqing, Xiong Haoyi, Wang Liang, et al. CrowdRecruiter: selecting participants for piggyback crowdsensing under probabilistic coverage constraint[C]//Proceedings of the 2014 ACM International Joint Conference on Pervasive and Ubiquitous Computing. Seattle, Washington: ACM, 2014: 703-714.

[5] Cardone G, Foschini L, Bellavista P, et al. Fostering participaction in smart cities: a geo-social crowdsensing platform[J]. IEEE Communications Magazine, 2013, 51(6): 112-119.

[6] 刘琰,郭斌,吴文乐,等. 移动群智感知多任务参与者优选方法研究[J]. 计算机学报, 2017, 40(8): 1872-1887.

[7] Sudou T, Hishigaki Y, Kondou S, et al. Road traffic weather observation system and self-emission road sign system: U.S. Patent 6,812,855[P]. 2004-11-2.

[8] Liu B S. Association of intersection approach speed with driver characteristics, vehicle type and traffic conditions comparing urban and suburban areas[J]. Accident Analysis & Prevention, 2007, 39(2): 216-223.

[9] Sharma P K, Moon S Y, Park J H. Block-VN: A distributed blockchain based vehicular network architecture in smart City[J]. JIPS, 2017, 13(1): 184-195.

[10] Tindell K W, Burns A, Wellings A J. Allocating hard real-time tasks: an NP-hard problem made easy[J]. Real-Time Systems, 1992, 4(2): 145-165.

[11] Finkel A, Goubault Larrecq J. Forward analysis for WSTS, part I: Completions[J]. arXiv preprint arXiv: 0902.1587, 2009.

[12] 叶多福,刘刚,何兵. 一种多染色体遗传算法解决多旅行商问题[J]. 系统仿真学报, 2019(1): 36-42.

[13] Forrest S. Genetic algorithms: principles of natural selection applied to computation[J]. Science, 1993, 261(5123): 872-878.

[14] Weare R, Burke E, Elliman D. A hybrid genetic algorithm for highly constrained timetabling problems[J]. Department of Computer Science, 1995: 605-610.

[15] Geeraerts G, Raskin J F, Van B L. Expand, Enlarge and Check: New algorithms for the coverability problem of WSTS[J]. Journal of Computer and system Sciences, 2006, 72(1): 180-203.

[16] Wang Hui, Wu Zhijian, Wang Jing, et al. A new population initialization method based on space transformation search[C]//2009 Fifth International Conference on Natural Computation. Tianjin,

China：IEEE，2009：332-336.

[17]　Xie Jinxing，Dong Jiefang. Heuristic genetic algorithms for general capacitated lot-sizing problems [J]. Computers & Mathematics with applications，2002，44(1-2)：263-276.

[18]　Ho S L，Yang Shiyou，Ni Guangzheng，et al. A particle swarm optimization-based method for multiobjective design optimizations[J]. IEEE Transactions on Magnetics，2005，41(5)：1756-1759.

[19]　Hoffman J R，Wilkes M S，Day F C，et al. The roulette wheel：An aid to informed decision making [J]. PLoS medicine，2006，3(6)：e137.

[20]　Li Kewen，Zhang Zilu，Kou Jisong. Breeding software test data with genetic-particle swarm mixed algorithm[J]. Journal of computers，2010，5(2)：258-265.

[21]　Baluja S，Caruana R. Removing the genetics from the standard genetic algorithm[M]//Machine Learning Proceedings 1995. Morgan Kaufmann，1995：38-46.

[22]　Kelk S M，Olivier B G，Stougie L，et al. Optimal flux spaces of genome-scale stoichiometric models are determined by a few subnetworks[J]. Scientific reports，2012，2(1)：580.

[23]　Shi Y，Eberhart R C. Empirical study of particle swarm optimization[C]//Proceedings of the 1999 Congress on Evolutionary Computation-CEC99 (Cat. No. 99TH8406). IEEE，1999：1945-1950.

[24]　Goldman J，Shilton K，Burke J，et al. Participatory Sensing：A citizen-powered approach to illuminating the patterns that shape our world[J]. Foresight & Governance Project，White Paper，2009：1-15.

[25]　Deng Linda，Cox L P. Livecompare：grocery bargain hunting through participatory sensing[C]// Proceedings of the 10th workshop on Mobile Computing Systems and Applications. Santa Cruz， California：ACM，2009：1-6.

[26]　Harri J，Filali F，Bonnet C. Mobility models for vehicular ad hoc networks：a survey and taxonomy [J]. IEEE Communications Surveys & Tutorials，2009，11(4)：19-41.

[27]　Goundan P R，Schulz A S. Revisiting the greedy approach to submodular set function maximization [J]. Optimization online，2007：1-25.

[28]　Ramakrishnan A，Singh G，Zhao Henan，et al. Scheduling data-intensiveworkflows onto storage-constrained distributed resources[C]//Seventh IEEE International Symposium on Cluster Computing and the Grid (CCGrid'07). Rio De Janeiro，Brazil：IEEE，2007：401-409.

[29]　Beach A，Gartrell M，Akkala S，et al. Whozthat? evolving an ecosystem for context-aware mobile social networks[J]. IEEE network，2008，22(4)：50-55.

[30]　Li Huan，Shenoy P，Ramamritham K. Scheduling messages with deadlines in multi-hop real-time sensor networks [C]//11th IEEE Real Time and Embedded Technology and Applications Symposium. California，USA：IEEE，2005：415-425.

[31]　Yang Jiang，Adamic L A，Ackerman M S. Crowdsourcing and knowledge sharing：strategic user behavior on taskcn[C]//Proceedings of the 9th ACM conference on Electronic commerce. Chicago， USA：ACM，2008：246-255.

[32]　Sayama H. Robust morphogenesis of robotic swarms [application notes][J]. IEEE Computational Intelligence Magazine，2010，5(3)：43-49.

[33]　Rizvandi N B，Taheri J，Moraveji R，et al. A study on using uncertain time series matching algorithms for MapReduce applications[J]. Concurrency and Computation：Practice and Experience， 2013，25(12)：1699-1718.

[34]　Mclurkin J，Yamins D. Dynamic Task Assignment in Robot Swarms[C]. Robotics：Science and Systems，2005：129-136.

第 4 章　移动群智感知任务多目标优化分配

第 3 章主要针对移动群智感知的单任务分配优化问题进行了阐述,本章将分 3 个方面对移动群智感知任务的多目标优化分配问题进行介绍,包括用户资源匮乏情况下的参与者选择问题、用户资源充足情况下的参与者选择问题,以及机会式的参与者选择问题。本章将详细介绍各个多目标优化问题的形式化描述及求解方法,并通过实验评估进行验证和理论分析。

4.1　用户资源匮乏情况下的任务分配

4.1.1　问题背景

移动群智感知平台上通常有不同的任务发布者所发布的类型多样、需求不一的感知任务集合,如道路交通状况监控任务、城市关键位置点积水状况收集任务、噪声地图构建任务等。对于这些待处理的移动群智感知任务而言,可用的用户资源往往是有限的,甚至是匮乏的。这主要有两方面原因:①不同的感知任务具有差异化的时间、空间以及用户技能/背景知识等方面的需求,这些多样化的任务需求潜在地会成为移动群智感知用户资源的约束条件,从而降低候选用户的可用性。②时间敏感的移动群智感知任务需要在短时间内召集众多的任务执行者,这在时间维度上又进一步加剧了用户资源的有限性。

考虑到上述客观现实,本文研究了一类用户资源匮乏情况下的移动感知任务分配问题 FPMT(Few Participants,More Tasks)。该问题的基本假设为:①移动群智感知平台不考虑用户的位置隐私,即可直接获取用户的实时空间位置,同时要求参与者专门移动到任务位置完成感知任务。②为了最大限度地完成较多的感知任务,每个参与者都需要承担不止一个任务。此外,为了保障任务的完成质量以及用户之间的公平性,要求每个参与者完成的任务个数相同,但数量不宜过多。③为了保证任务的完成质量,采用“冗余分配”的策略,即要求每个任务由多个参与者完成,最终对多个参与者提交的感知结果进行融合处理。由于不同感知任务的难易程度不同,因此每个感知任务要求的参与者人数不尽相同,如收集公共设施损坏情况的任务需要的参与者会多一些,以最大程度反映设施的整体情况。具体的应用场景如图 4-1 所示。总体而言,FPMT 是一个典型的多目标优化问题,任务分配的主要优化目标为最大化任务完成率;同时,由于参与者需要专门移动到具体感知任务所指定的空间位置,所以另一个优化目标为最小化参与者完成任务所移动的总距离,以减少完成任务的时间。

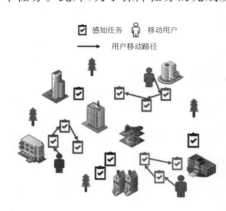

图 4-1　用户资源匮乏情况下的
任务分配应用场景

4.1.2　问题定义

已知移动群智感知平台上有 m 个用户,用户集合为 $U=\{u_1,u_2,\cdots,u_i,\cdots,u_m\}$。同时,有 n 个感知任务需要完成,任务集合为 $T=\{t_1,t_2,\cdots,t_j,\cdots,t_n\}$。由于用户资源匮乏,为了尽可能完成多个任务,平台要求每个参与者完成 q 个任务。用 $TU_i=\{t_{i1},t_{i2},\cdots\}$ 表示参与者 u_i 完成的任务集合,$D(TU_i)$ 为参与者 u_i 完成任务集合 TU_i 的总移动距离。同时,为了避免获得冗余的数据,每个任务 t_j 最多由 p_j 个用户完成。其中 $UT_j=\{u_{j1},u_{j2},\cdots\}$ 表示完成任务 t_j 的参与者集合。

FPMT 问题的优化目标是:最大化完成任务的个数,以提高任务完成率(见式(4-1)),由于任务的紧急性,需要最小化参与者完成任务所移动的总距离,以减少完成任务的时间(见式(4-2))。同时需要满足两个约束条件:$|TU_i|=q$ 表示参与者 u_i 只能完成 q 个任务(见式(4-3)),$|UT_j|\leqslant p_j$ 表示任务 t_j 最多由 p_j 个参与者完成(见式(4-4))。具体的形式化表示如下:

目标函数:

$$\max\sum_{i=1}^{m}|TU_i| \tag{4-1}$$

$$\min\sum_{i=1}^{m}D(TU_i) \tag{4-2}$$

约束条件:

$$|TU_i|=q \quad (1\leqslant i\leqslant m) \tag{4-3}$$

$$|UT_j|\leqslant p_j \quad (1\leqslant j\leqslant n) \tag{4-4}$$

4.1.3　问题分析

求解 FPMT 问题主要有两个方面的挑战:第一个是该问题中的每个参与者需要完成多个感知任务,任务完成的序列将会对优化目标产生影响;另一个是该问题包含两个优化目标函数,因此问题的求解需要在这两个相互矛盾的目标之间彼此权衡。

对于第一个挑战而言,如果每个用户完成多个感知任务,那么前一个完成的任务就会对下一个将要完成的任务产生影响(前一个任务的空间位置将成为用户完成下一个任务的出发点)。所以,为了尽可能完成多个任务,减少用户的移动负担,在任务分配时需要考虑用户和任务之间的组合关系,如尽可能分配距离用户较近的多个任务。FPMT 问题的一个优化目标是最小化参与者完成任务所移动的总距离,因此,对于每个参与者来说,相当于求解一个最短路径问题。但是,求解最短路径问题的前提条件是需要确定每个参与者完成的任务集合,即在任务个数和位置确定的情况下,参与者需要寻找一条最短的路径以最小化移动距离,完成这些感知任务,总的来说,FPMT 问题不仅需要求解用户和任务之间的组合优化问题[1],还需要求解每个用户完成任务的最短路径问题[2]。如果同时考虑组合优化问题和最短路径问题,很难找到一个合适的算法得到 FPMT 问题的最优结果。但是,如果将 FPMT 问题中的组合优化问题和最短路径问题分开考虑,则可以找到一个可行的方法求解 FPMT 问题,如提前列举出每个参与者所有可能完成的任务组合,然后计算每个组合的最短路径,最后基于计算出的移动距离获得组合优化问题的期望结果。

第二个挑战是 FPMT 问题,具体包含两个优化目标:**最大化完成的任务个数和最小化完成任务所需的移动总距离**。现实中,这两个优化目标是相互矛盾的,因为完成的任务数越多,参与者的移动距离将会越大。因此,不可能存在一个最优解可以同时满足这两个优化目标。为了得到 FPMT 问题的相对最优解,需要平衡完成的任务个数和移动总距离两个目标函数之间的关系。然而,对于平台而言,这两个优化目标并非处于同等优先级。一般而言,其主要的优化目标应当为最大化完成的任务个数;在保证完成的感知任务个数最多的情况下,平台需要确定一种最优的分配方式以最小化移动距离,减少用户的移动负担。

4.1.4 算法设计

基于对该问题的分析,本文提出 3 个算法求解用户资源匮乏情况下的任务分配问题:MT-GrdPT、MT-MCMF 和 MTP-MCMF 算法。具体的算法介绍如下。

1. MT-GrdPT 算法

MT-GrdPT 算法主要以用户为中心进行选择。因为本问题是在用户资源匮乏的情况下选择参与者,所以,为了最大化参与者完成的任务个数,需要所有的可用用户完成感知任务,因此求解该参与者选择问题转化为确定每个参与者完成的任务集合。同时,由于每个参与者只能完成 q 个任务,所以该算法的主要目标是确定每个参与者完成的 q 个任务。确定每个参与者完成的任务集合最简单的方法是以用户为中心,基于距离标准确定每个参与者可完成的感知任务集合。

算法 4.1　MT-GrdPT

输入:用户集合 $U=\{u_1,u_2,\cdots,u_i,\cdots,u_m\}$,任务集合 $T=\{t_1,t_2,\cdots,t_j,\cdots,t_n\}$。
输出:参与者集合 P 及其完成的任务集合 T'。

---

1. 随机选择用户集合 U 中的一个用户 u_i,计算用户 u_i 到任务集合 T 中每个任务 t_j 的距离 S_{ij}。
2. 选择距离最短的任务 t_{ij} 作为用户 u_i 完成的一个任务,并且更新用户 u_i 的当前位置,即任务 t_{ij} 的位置。
3. 判断完成任务 t_{ij} 的参与者人数,如果参与者人数等于 p,则将该任务 t_{ij} 从任务集合 T 中剔除。
4. 循环执行 2~4 步,直至用户 u_i 完成 q 个任务,即用户 u_i 完成任务集合 T_i,并将用户 u_i 从用户集合 U 中剔除。
5. 循环执行 1~5 步,直至用户集合 U 中的所有用户完成任务。
6. 输出选择的参与者集合 P,及其完成的任务集合 $T'=T_1\bigcup T_2\cdots\bigcup T_i$。
7. 结束。

MT-GrdPT 算法首先确定用户集合 U 中未完成感知任务的用户 u_i,然后计算用户 u_i 到任务集合 T 中每个任务 t_j 的距离 S_{ij}。在这些任务中,选择距离最短的任务 t_{ij} 作为用户 u_i 完成的第一个任务。由于参与者需要移动到感知任务所在的位置完成任务,所以当参与者完成分配的任务后,其当前的位置变为完成的任务 t_{ij} 的位置。接下来选择距离用户 u_i 当前位置最近的任务作为完成的第二个任务。因为每个参与者需要完成 q 个感知任务,所

以以同样的方法迭代选择 q 次,即确定用户 u_i 完成的任务集合 T_i。选择完成后,由于用户 u_i 已经完成了 q 个感知任务,不能再次完成其他感知任务,所以需要将用户 u_i 从用户集合 U 中剔除。同样,还需要判断完成任务 t_j 的参与者人数,如果参与者人数等于 p,则将该任务从任务集合 T 中剔除。第一次选择完成后可以确定用户 u_i 完成的任务集合,接下来用同样的方法选择其他参与者及其完成的任务集合,直至用户集合 U 中的所有用户都完成任务。最后,MT-GrdPT 算法输出选择的参与者集合 P 及其完成的感知任务集合 $T' = T_1 \bigcup T_2 \bigcup \cdots \bigcup T_i$。

2. MT-MCMF 算法

由于 FPMT 问题包含两个优化目标:最大化完成的任务个数和最小化移动距离,所以本文采用最小费用最大流模型[3]求解该问题。最小费用最大流模型是一种求解双目标优化问题的经典方法:在一个网络图中,每段路径都有"容量"和"费用"两个限制条件,该模型旨在寻找一条从起点到终点的最优路径,同时需要满足该路径上的流量最大和费用最小的约束条件[4]。该问题与之类似,即如何选择最优的参与者完成感知任务,以最小化移动距离和最大化完成任务个数。因此,本文的求解思路为针对该问题的优化目标和约束条件,构造最小费用最大流模型,其中参与者完成的任务个数表示流量,参与者完成任务的移动距离代表费用。需要注意的是,本问题构造的最小费用最大流模型是一个有向图,每条边都有容量、流量和费用 3 个属性,其中边的容量指的是该条边可以通过的最大流量,即图中的每条边都有最大流量的限制条件。

由于 FPMT 问题的多个约束条件,本文不能直接采用最小费用最大流模型求解该问题。具体地,构造该问题的最小费用最大流模型主要存在以下 3 个问题需要解决:①虽然该问题只包含参与者和感知任务两个对象,但是网络图中只表示出参与者和任务节点是不可行的,因为这两种节点不能表示一个完整的网络图。②因为每个参与者需要完成多个任务,所以需要在网络图中表示出参与者完成多个任务的路径,即完成任务的顺序。但是,网络图中的每个对象都是唯一的,所以在图中表示多个对象之间的组合关系比较困难。③需要在网络图中表示参与者和任务的多个约束条件,如每个任务最多由 p 个参与者完成。考虑到上面提到的这 3 个问题,本文重新构造了最小费用最大流模型,并且做了以下几点改进。相应的最小费用最大流模型如图 4-2 所示。

(1) 在网络图中添加源点 s 和汇点 t,构成完整的网络图。

一方面,对于源点和参与者节点之间的边来说,每条边的容量为 q,因为每个参与者最多只能完成 q 个任务;每条边的费用为 0,因为这些边只用于从起点流入,参与者没有完成任务,所以移动距离为 0。另一方面,从参与者节点和任务节点流入汇点 t 的流量应该反映感知任务的完成情况。对于汇点来说,流入汇点的流量最大值为 $n \times p$,其中任务节点和汇点之间的每条边的容量为 p,因为每个任务最多需要 p 个参与者完成。

(2) 在网络图中添加第二层节点表示每个参与者完成的任务集合。

我们提前列出了每个参与者可能完成的所有任务集合,因为每个参与者只能完成 q 个任务,所以从 n 个任务中选择 q 个任务组成一个任务集合。因此,一共有 C_n^q 个任务集合,每个参与者可以完成其中一个任务集合的 q 个感知任务,所以第一层节点和第二层节点之间边的容量为 q。由于该网络图中的任务集合节点不能反映参与者完成任务的具体路径,

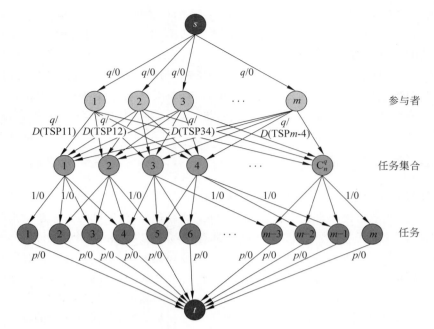

图 4-2 最小费用最大流模型

所以需要提前计算参与者完成每个任务集合中所有任务的最短路径,类似于求解旅行商问题(TSP)。因此,参与者节点和任务节点之间边的费用为该参与者完成任务集合中所有任务的最短距离。

(3) 在网络图中添加第三层节点表示任务的完成情况。

由于每个参与者只能完成其中一个感知任务集合,并且每个任务集合中的任务不相同,所以任务集合节点和任务节点之间边的容量为 1。因为每个任务最多需要 p 个参与者完成,所以将任务节点和汇点之间边的容量设为 p,通过每条边的流量大小代表完成该任务的参与者人数。

求解最小费用最大流模型的方法一般有两种:一种是保持解的可行性,即在保证最大流的基础上不断优化总体的费用,向具有最小费用的最优解推进;另一种是保持解的最优性,即不断迭代选择费用最小的路径,直到最终的路径符合最大流的要求。

由于该问题在用户资源匮乏的情况下选择参与者,所以每个用户都需要参与到移动群智感知任务中,以最大化完成任务的个数。因此,网络图中源点和参与者节点之间的边充满流,即达到最大流,具体的证明见引理 1。基于这些分析,本文采用第二种方法,在保持解的最优性基础上求解该问题,即最小化参与者完成任务的移动距离。但是,还有一个重要的问题需要解决:因为每个任务集合节点都包含 q 个任务,所以参与者节点和任务集合节点之间边的流量只能为 q 或者 0(q 表示参与者完成该任务集合中的 q 个任务,0 表示参与者不完成该任务集合,所以完成的任务个数为 0)。传统的求解最小费用最大流模型的方式是:针对被选择路径中的边,以单位流量进行不断的调整,直到达到最优的效果。基于上述分析,本文提出 MT-MCMF 算法求解 FPMT 问题。

引理 1：如果平台中的用户资源匮乏，那么源点和参与者节点之间的边将被充满流。

证明：从图 4-2 可以看出，在用户资源匮乏的情况下，由于每个用户需要完成多个任务以最大化完成的任务个数，所以，从源点流入参与者节点的最大流为 $m \times q$。假设在最终结果中，源点和参与者节点之间边的流小于最大流，根据流网络的相关理论可知[3]，该网络中不存在增广路径。这里的增广路径指的是残存网络（去掉原网络中已经充满流的边）中从源点到汇点的一条路径。由于源点和参与者节点之间边的流量大小只能为 0 或者 q，所以，在最终结果中一定存在一条在源点和参与者节点之间的边没有充入流。因此，网络图中一定存在至少一条增广路径，表示还有参与者可以完成相关的感知任务，与前面的假设矛盾。因此可以得出：如果平台中的用户资源匮乏，那么源点和参与者节点之间的边将被充满。

算法 4.2　MT-MCMF

输入：用户集合 $U = \{u_1, u_2, \cdots, u_i, \cdots, u_m\}$，任务集合 $T = \{t_1, t_2, \cdots, t_j, \cdots, t_n\}$。

输出：参与者集合 P 及其完成的任务集合 T'。

1. 在任务集合 T 中的 n 个任务中选择 q 个任务，组成 C_n^q 个任务-任务组合 TT。
2. 将用户集合 U 中的 m 个用户分别加入 C_n^q 个任务-任务组合 TT，组成 $m \times C_n^q$ 个用户-任务组合 PT。
3. 计算每个用户-任务组合 PT 中 TSP 的最短路径，如用 Christofides 方法计算最短路径。
4. 构造最小费用最大流模型中的网络图 $G = (V, E, C, W)$。
5. 将流 f 初始化为 0。
6. 如果残存网络 G_f 中存在增广路径，则选择其中一条具有最小费用的增广路径 p^*。
7. 将增广路径 p^* 上的流 f 调整为 $C_f(p^*) = q$。
8. 循环执行 6～8 步，直至残存网络 G_f 中不存在增广路径。
9. 返回最终流 f，输出选择的参与者集合 P，及其完成的任务集合 T'。
10. 结束。

MT-MCMF 算法主要包含两部分：第一部分构造最小费用最大流模型中的网络图 G；第二部分在网络图中寻找最优解，即具有最小费用和最大流的路径。已知平台中有 m 个用户和 n 个感知任务，MT-MCMF 算法首先对任务集合 T 中的 n 个任务进行组合，即从 n 个任务中选择 q 个任务，一共有 C_n^q 个任务-任务组合 TT。确定所有的任务组合后，需要将用户和任务组合联系起来，所以 MT-MCMF 算法将用户集合 U 中的 m 个用户分别加入 C_n^q 个任务-任务组合 TT，组成 $m \times C_n^q$ 个用户-任务组合 PT，即确定所有可能的任务完成情况。在每个用户-任务组合 PT 中，有一个用户和 m 个感知任务，需要确定该用户完成这些感知任务的移动距离。为了得到用户完成多个任务的最短移动距离，我们将其看作一个 TSP，然后计算 TSP 的最短路径，通过 Christofides 方法[5]计算 TSP 的最短路径。

通过前面的计算可以得到每个参与者完成任务所有可能的情况，接下来需要在所有可能的任务组合中选择最优的任务组合。因此，MT-MCMF 算法构造最小费用最大流模型中的网络图 $G = (V, E, C, W)$，然后在该网络图中寻找最优解，其中 C 代表网络图中每条边的容量，即每个参与者最多完成的任务个数，W 代表每条边的总体费用，即参与者完成任务的移动距离。具体的求解过程如下：首先将初始流设为 0，然后不断在残存网络 G_f 中选择从源点 s 到汇点 t、具有最小费用的增广路径 p^*，接下来将增广路径 p^* 中的流量调整为 $C_{f(p^*)}$，直至残存网络 G_f 中不存在增广路径，即网络图中达到最大流。需要注意的是 $C_{f(p^*)}$ 等于 q，因为参与者节点和任务组合节点之间边的流量只能为 0 或者 q。最终，可以确定每个参与者完成的任务集合，MT-MCMF 算法输出选择的参与者集合 P 及其完成的任务集合 T'。

对于求解 FPMT 问题，MT-MCMF 算法的时间复杂度为 $O(mC_n^q q^3) + O(mq(m+n+C_n^q))$。其中 $O(mC_n^q q^3)$ 表示 Christofides 方法计算 TSP 中最短路径的时间复杂度，而 $O(mq(m+n+C_n^q))$ 表示求解最小费用最大流模型的时间复杂度。需要注意的是，MT-MCMF 算法的时间复杂度随着任务个数的增加而急剧增加，因为随着 n 的增加，C_n^q 呈指数级增长。

3. MTP-MCMF 算法

由于 MT-MCMF 算法在参与者所有可能完成的任务集合中寻找参与者和任务集合之间最优的组合关系，所以搜索的解空间比较大。但是，在很多情况下不需要考虑所有的任务集合。因为对于参与者来说，为了减少完成任务的距离，一般只完成附近的任务。因此，本文提出 MTP-MCMF 算法求解 FPMT 问题，与 MT-MCMF 算法不同的是，MTP-MCMF 算法在一部分可能的任务组合中搜索最优解，因此可以降低求解问题的复杂度。

类似于 MT-MCMF 算法，MTP-MCMF 算法同样包含两部分：首先构造网络图，然后在网络图中搜索从源点到汇点满足约束条件的最优路径。由于 MT-MCMF 算法构造的网络图包含 C_n^q 个任务集合，造成较高的计算复杂度，因此，MTP-MCMF 算法构造了一个新的网络图，即每个参与者节点只需要连接一部分任务集合，而不是所有的任务集合。具体来说，MTP-MCMF 算法中的每个参与者只与最近的 k 个任务组成的 C_k^q 个任务集合进行组合，因此一定程度上减小了解空间。

已知平台中有 m 个用户和 n 个感知任务，对于平台中的每个用户 u_i，MTP-MCMF 算法首先计算该用户到任务集合 T 中所有任务的距离，然后选择前 k 个距离最短的任务作为该用户可以完成的任务。为了最小化参与者完成任务的移动距离，大部分用户只完成较近的任务，所以，为了减小该问题的解空间，MTP-MCMF 算法只选择 k 个任务作为参与者可能完成的任务。接下来，从 k 个任务中分别选择 q 个任务，作为该参与者可以完成的任务-任务组合 TT，可以计算出一共有 C_k^q 任务集合。确定所有的任务集合后，需要将用户和这些任务集合联系起来，MTP-MCMF 算法将用户集合 U 中的 m 个用户分别加入 C_k^q 个任务-任务组合 TT，组成 $m \times C_k^q$ 个用户-任务组合 PT。每个用户-任务组合 PT 表示用户完成该任务集合中的所有任务。类似于 MT-MCMF 算法，MTP-MCMF 算法通过 Christofides 方法计算用户完成这些任务的最短路径。基于前面的计算结果，MTP-MCMF 算法构造了一个新的网络图 $G' = (V', E', C', W')$，然后在该网络图中寻找最优解。具体的搜索最优路径的方法与 MT-MCMF 算法相同。

算法 4.3　MTP-MCMF

输入：用户集合 $U = \{u_1, u_2, \cdots, u_i, \cdots, u_m\}$，任务集合 $T = \{t_1, t_2, \cdots, t_j, \cdots, t_n\}$。

输出：参与者集合 P 及其完成的任务集合 T'。

1. 对于用户集合 U 中的每个用户 u_i，计算用户 u_i 到任务集合 T 中每个任务 t_j 的距离 S_{ij}，然后选择前 k 个距离最短的任务。

2. 从 k 个任务中选择 q 个任务，组成 C_k^q 个任务-任务组合 TT，然后将用户 u_i 加入任务-任务组合 TT 中，组成用户-任务组合 PT。

3. 循环执行 1～3 步，确定 m 个用户可能完成的任务组合，即组成 $m \times C_k^q$ 个用户-任务组合 PT。

4. 计算每个用户-任务组合 PT 中 TSP 的最短路径，如用 Christofides 方法计算最短路径。

5. 构造最小费用最大流模型中的流网络 $G' = (V', E', C', W')$。

6. 将流 f 初始化为 0。

7. 如果残存网络 G_f 中存在增广路径，则选择其中一条具有最小费用的增广路径 p^*。

8. 将增广路径 p^* 上的流 f 调整为 $C_f(p^*) = q$。

9. 循环执行 7～9 步，直至残存网络 G_f 中不存在增广路径。

10. 返回最终流 f，输出选择的参与者集合 P，及其完成的任务集合 T'。

11. 结束。

4.1.5　实验验证

基于真实数据集进行实验评估，首先介绍实验数据集和相关的实验设置，然后对最终的实验结果进行分析。

实验数据集和实验设置的详细介绍如下。

1. 实验数据集

实验评估采用的数据集为 D4D 数据集[6]。D4D 数据集包含两种类型的数据：一种是科特迪瓦 1 324 个基站的数据，包括基站的 ID、经纬度；另一种是该区域 50 000 个用户 5 个月内的通话记录。这里，我们基于基站和用户位置信息设计实验。具体来讲，基于基站的位置信息模拟感知任务的位置信息，手机用户打电话所在的基站位置为用户当前的具体位置。

2. 实验设置

本问题中的每个感知任务最多需要 p 个参与者完成，考虑到 p 值的大小不影响最终的实验结果，所以在下面的实验中将 p 设为 6。另外，为了研究参与者完成的任务个数对最终任务完成效果的影响，本次实验将每个参与者完成的任务个数范围设定为 2～7。为了测量参与者完成感知任务所花费的时间，本文假设参与者步行每分钟移动 70m。本次实验在目标区域随机选择一部分基站位置作为需要完成的感知任务位置，然后在目标区域通话的所有用户中选择合适的参与者完成感知任务。考虑到不同的感知任务分布可能会对任务的完成效果产生一定的影响,本次实验研究了3种典型任务分布下的任务分配情况,具体的任务分布如图4-3所示。

    (a) 用户分布   (b) 集中式任务分布   (c) 分散式任务分布   (d) 混合式任务分布

图4-3   用户和3种任务分布

3. 实验结果及分析

FPMT 问题的优化目标是最大化参与者完成感知任务的个数,同时最小化参与者的总移动距离。因为本问题中的用户资源匮乏,平台要求每个参与者完成 q 个感知任务,所以,为了最大化完成的任务个数,所有 m 个用户都需要完成感知任务,即完成的感知任务个数的最大值为 $m \times q$。在下面的实验中,由于每个算法中参与者完成的感知任务个数都达到最大值,因此,完成的感知任务个数不再是评价每个算法性能好坏的重要标准。本次实验主要通过比较不同情况下参与者完成任务的移动距离、花费时间等评估不同算法的性能,如不同的任务个数、不同的参与者人数、不同的任务分布等。

(1) 实验一:不同的任务个数。

实验一主要研究随着任务个数的增加,不同算法性能的变化情况。本次实验一共有10个用户,每个用户需要完成5个任务,其中任务个数从10增加到20,每个任务最多需要5个参与者完成。因为 FPMT 问题不仅包含最短路径问题,还包含组合优化问题,因此,为了减少实验的时间成本,本次实验将任务个数的变化范围设置为较小。

从图4-4(a)中可以看出,随着感知任务个数的增加,参与者完成任务的移动距离不断减小。因为在参与者人数一定的情况下,参与者完成的总任务个数不变,但是,随着任务个数的增加,任务相互之间的距离变小,所以参与者完成这些任务的移动距离减小。MTP-MCMF 算法和 MT-MCMF 算法中参与者的移动总距离小于 MT-GrdPT 算法中参与者的移动总距离,并且随着任务个数的增加,MT-GrdPT 算法的性能变得越来越差。MTP-MCMF 算法中参与者的移动总距离和 MT-MCMF 算法中参与者的移动总距离相差很小,但是 MT-MCMF 算法的运行时间远大于 MTP-MCMF 算法的运行时间,如图4-4(b)所示。因为 MT-MCMF 算法考虑了所有感知任务的组合情况并确定每个任务组合的最短路径,因此算法的运行时间随着任务个数的增加而急剧增加。而 MTP-MCMF 算法只是在所有的感知任务中选择了一部分最有可能完成的任务,虽然不一定得到最优解,但是能以较短的时间得到问题的较优解。

(2) 实验二:不同的 k 值。

本次实验主要研究不同的 k 值对 MTP-MCMF 算法性能的影响,以及不同因素对合适

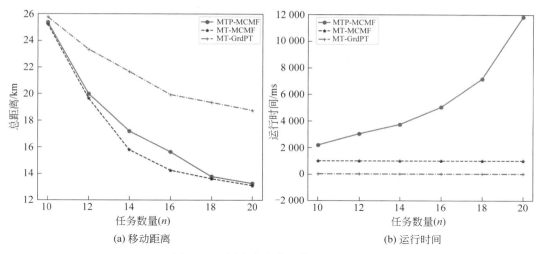

图 4-4　不同任务个数的算法性能比较

的 k 值的影响，其中 k 值代表 MTP-MCMF 算法在所有 n 个感知任务中选择距离用户最近的 k 个任务进行任务组合，因此 k 不能大于 n。本次实验一共有 15 个感知任务和 10 个用户，其中每个参与者需要完成 5 个感知任务，k 的取值范围为 7～15。

从图 4-5(a) 中可以看出，随着 k 值的增加，MTP-MCMF 算法中参与者的移动总距离先不断减少，减到最小值后不再变化，但是，MTP-MCMF 算法的运行时间随着 k 的增加而不断增加。因为 MT-MCMF 算法在所有 C_{15}^5 个任务组合中选择最优的结果，虽然总的移动距离最小，但是算法的运行时间较长，如图 4-5(b) 所示。而 MTP-MCMF 算法在 C_k^5 个完成可能性较高的一部分任务组合中选择较优的结果，虽然不能保证得到最优解，但是可以在一定程度上减少算法的运行时间。如图 4-5(a) 所示，当 k 等于 12 时，MTP-MCMF 算法和 MT-MCMF 算法中参与者的移动总距离相等，但是 MT-MCMF 算法的运行时间却远远大于 MTP-MCMF 算法的运行时间。因此，可以得出：基于合适的 k 值，MTP-MCMF 算法可以在较短的运行时间下得到问题的最优解。

从上面的分析可知，MTP-MCMF 算法性能的好坏主要依赖 k 的取值，因此，如何确定合适的 k 值是一个需要研究的问题。下面主要分析不同的任务个数和不同的 q 值对 k 取值的影响，这里 k 的取值大小是 MTP-MCMF 算法在较短的运行时间下得到问题最优解的 k 值大小。从图 4-6(a) 中可以看出，随着感知任务个数的增加，k 不断增加，最后保持不变。因为在每个参与者完成任务个数一定的情况下，参与者只需要完成附近的感知任务，以最小化移动距离。由于 MTP-MCMF 算法中参与者在 k 个最近的感知任务中选择其中 q 个任务完成，因此，随着 q 的增加，k 不断增加，并且大约是 q 的两倍，如图 4-6(b) 所示。

（3）实验三：不同的 q 值。

本次实验主要分析不同的 q 值对参与者选择的影响，其中 q 值表示每个参与者需要完成 q 个感知任务。如图 4-7 所示，随着 q 的增加，参与者完成感知任务的总移动距离增加，因为在用户人数不变的情况下，参与者完成的总任务个数与 q 成正比，所以参与者完成的任务个数越多，移动的总距离越远。MT-GrdPT 算法的性能最差，即参与者移动的总距离最长，并且随着 q 的增加，MT-GrdPT 算法的移动距离与其他两个算法的差值越来越大。因

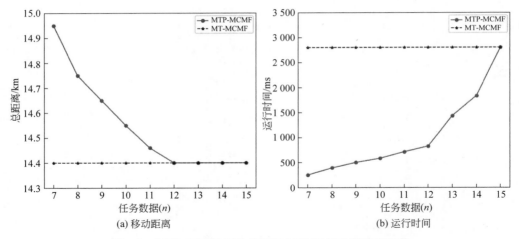

图 4-5　MTP-MCMF 算法和 MT-MCMF 算法的性能比较

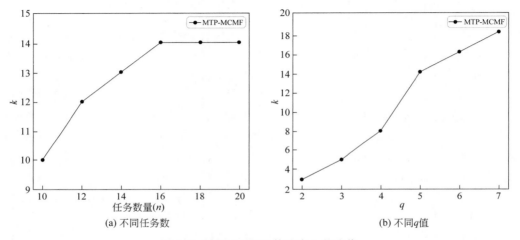

图 4-6　MTP-MCMF 算法中 k 的取值

为 MT-GrdPT 算法以参与者为中心迭代选择多个感知任务,因此可以在较短的时间内得到局部最优解。但是没有考虑任务之间的组合关系,所以随着 q 的增加,MT-GrdPT 算法的性能越来越差。从图 4-7(a)可以看出,MTP-MCMF 算法和 MT-MCMF 算法中参与者的移动总距离相差很小,因为基于前面的实验结果选择了合适的 k 值,因此 MTP-MCMF 算法可以在较短的运行时间下得到问题的最优解。通过本次实验可知,平台可以根据任务的不同要求设置每个参与者完成的任务个数,如对于一些紧急任务,可以减少每个参与者完成的任务个数,以减少任务的完成时间。

(4) 实验四:不同的参与者人数。

本次实验主要研究不同的参与者人数对任务分配的影响。随机选择 20 个感知任务,其中每个参与者完成 5 个感知任务。如图 4-8(a)所示,参与者人数越多,完成的感知任务个数越多,参与者的移动总距离越长,因为参与者完成的总任务个数与参与者人数成正比,并且完成的任务个数越多,移动总距离越长。从图 4-8(b)可以看出,每个参与者完成 5 个感知任务的时间基本保持不变,因为总的任务个数和任务分布没有改变,所以完成任务的移动距

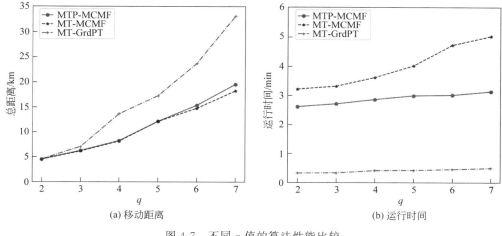

(a) 移动距离　　　　　　　　　　　　　　(b) 运行时间

图 4-7　不同 q 值的算法性能比较

离也基本不变。在本次实验的任务分布下,平均每个参与者需要花费 20～30min 的时间完成 5 个任务。

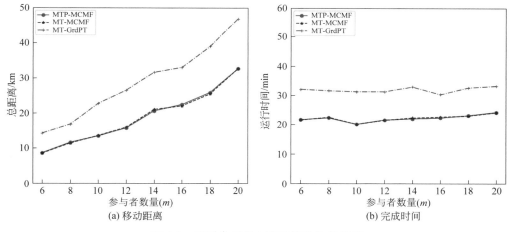

(a) 移动距离　　　　　　　　　　　　　　(b) 完成时间

图 4-8　不同参与者人数的算法性能比较

(5)实验五:不同的任务分布。

本次实验主要研究不同的任务分布对参与者选择的影响,选择了 3 种典型的任务分布情况:集中式、混合式、分散式、从图 4-9(a)中可以看出,参与者完成分散式任务的移动距离最长,而完成集中式任务的移动距离最短。因为相对于其他两种任务分布情况,分散式分布中每个任务之间的距离较长,因此参与者需要移动较远的距离完成多个感知任务,花费较长的时间,如图 4-9(b)所示。总的来说,不同的任务分布情况影响用户完成感知的移动距离和时间。在 3 种不同的任务分布中,MTP-MCMF 算法和 MT-MCMF 算法的性能都优于MT-GrdPT 算法。

本次实验还研究了在 3 种不同的任务分布下,MTP-MCMF 算法中感知任务的完成情况,如图 4-10 所示。本次实验中,每个任务最多由 6 个参与者完成,每个参与者只能完成 5 个任务。首先假设在 3 种不同的任务分布下分别有 12 个感知任务和 8 个参与者,如图 4-10(a)所

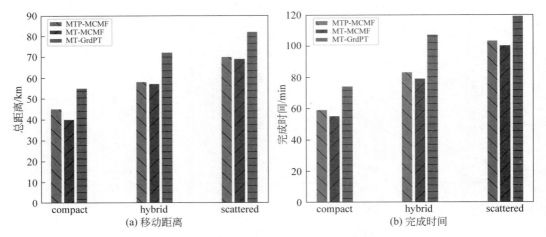

图 4-9　不同任务分布的算法性能比较

示,完成每个感知任务的参与者人数不相等,其中集中式和分散式分布中参与者人数差别相对较大。对于平台来说,希望完成每个感知任务的参与者人数分布均匀,以提高任务的完成效果。因此,我们研究了不同情况下参与者完成感知任务的总体效果,即通过计算方差的大小表示完成每个感知任务的参与者人数的分布情况,方差越小,表示参与者人数分布越均匀,如图 4-10(b)所示。本次实验选取了 4 种任务完成情况,其中 8P12T 表示感知平台有 8 个参与者和 12 个感知任务。从图 4-10 中可以看出,在 4 种情况中,混合式分布中的方差值都是最小的,即完成每个感知任务的参与者人数分布相对均匀。因为混合式分布中感知任务分布与参与者分布相似,所以参与者有能力完成大部分感知任务。总的来说,任务分布和参与者分布之间的相似性是影响任务完成总体效果的主要因素,分布越相似,任务完成的总体效果越好。

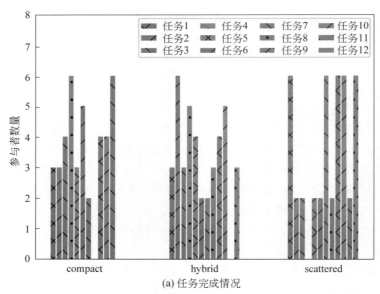

图 4-10　不同情况的任务完成效果

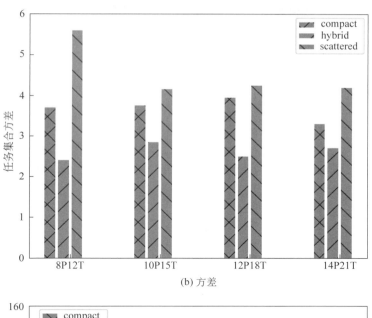

(b) 方差

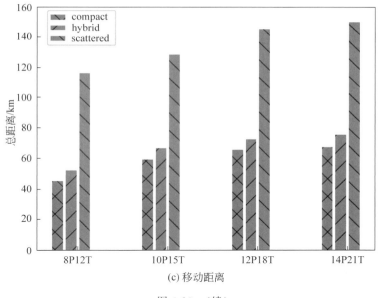

(c) 移动距离

图 4-10　（续）

4.2　用户资源充足情况下的任务分配

4.2.1　问题背景

在移动群智感知平台中，当前待分配的感知任务数量与当前可用的候选用户规模均处于不断的变化中。如果当前需要完成的感知任务相对较少，也就是说，候选用户资源比较充足，那么平台只需选择一部分用户作为任务参与者完成感知任务。显而易见，不同于用户资源匮乏情况下的"全民参与"模式,在用户资源相对充足的条件下,任务分配模式也将相应地发生变化。

针对上述情况,本文研究了一类在用户资源充足情况下的移动群智感知任务分配问题,即 MPFT。该问题的基本假设为:①考虑到用户隐私问题,平台不直接获取用户的具体位置,用户只需要提前注册其所在区域。②由于用户资源充足,每个参与者只须完成一个任务,每个任务分配给多个参与者完成。具体的场景如图 4-11 所示。总的来说,在 MPFT 问题中,由于用户资源充足,感知任务可以被参与者全部完成,**所以主要的优化目标为最小化参与者的激励成本**。另外,由于参与者需要专门移动一定的距离完成感知任务,所以**另一个优化目标为最小化参与者完成任务所移动的总距离**,以减少用户的负担。

图 4-11　用户资源充足情况下的参与者选择应用场景

4.2.2　问题定义

已知移动群智感知平台上的用户注册的区域集合为 $A=\{A_1,A_2,\cdots,A_i,\cdots,A_m\}$,每个区域中有多个用户 $A_i=\{u_1,u_2,u_3,\cdots\}$。任务发布者在平台上发布了 n 个任务,$T=\{t_1,t_2,\cdots,t_j,\cdots,t_n\}$,每个任务需要 p_j 个参与者完成。用 D_{ij} 代表区域 A_i 中的参与者与任务 t_j 之间的距离,用 C_i 表示区域中每个用户的激励成本,假设用户的激励成本与用户所在区域的用户数目成反比,用 x_{ij} 表示区域 A_i 中完成任务 t_j 的用户个数。

该问题的优化目标是:最小化参与者的激励成本,其中 $\sum_{i=1}^{m}C_i\times\sum_{j=1}^{n}x_{ij}$ 表示参与者完成任务的总激励成本(见式(4-5)),同时,最小化参与者完成任务移动的总距离,以减少用户的负担,$\sum_{i=1}^{m}\sum_{j=1}^{n}D_{ij}\times x_{ij}$ 表示参与者完成任务总的移动距离(见式(4-6))。另外,需要满足 3 个约束条件:$\sum_{j=1}^{n}x_{ij}\leqslant|A_i|$ 表示每个区域中完成任务的参与者人数不能超过目前现有的

总人数(见式(4-7)),$\sum\limits_{i=1}^{m}x_{ij}=p_j$ 表示任务 t_j 最多由 p_j 个用户完成(见式(4-8))。另外,由于 x_{ij} 表示区域 A_i 中完成任务 t_j 的用户个数,所以必须为正整数(见式(4-9))。具体的形式化表示如下。

目标函数:

$$\max \sum_{i=1}^{m} C_i \times \sum_{j=1}^{n} x_{ij} \tag{4-5}$$

$$\min \sum_{i=1}^{m} \sum_{j=1}^{n} D_{ij} \times x_{ij} \tag{4-6}$$

约束条件:

$$\sum_{j=1}^{n} x_{ij} \leqslant |A_i| \quad (1 \leqslant i \leqslant m) \tag{4-7}$$

$$\sum_{i=1}^{m} x_{ij} = p_j \quad (1 \leqslant j \leqslant n) \tag{4-8}$$

$$x_{ij} \in Z^n \tag{4-9}$$

4.2.3　问题分析

求解该问题的主要难点是有两个相互矛盾的优化目标:最小化参与者的激励成本和完成任务所移动的总距离。例如,城市中心区域候选用户分布较多,移动群智感知平台可以较为容易地招募参与者完成感知任务,因此用户的平均激励成本相应较低;反之,由于边远地区的用户资源分布较少,因此用户的平均激励成本相应高一些。对于这类多目标优化问题来说,通常最优解不止一个,而是一个最优解集。因此,本文采用多目标优化理论[7]求解该问题,主要思路是将双目标优化问题合成为单目标优化问题。本文主要采用两种方法进行求解:线性加权法[8]和约束法[9]。

首先是线性加权法,其主要思想是:通过给不同的目标函数赋予相应的权重,将所有的目标函数进行线性加权,用一个综合的效用函数代表总体优化的目标。其优点是用户可以针对实际情况设置不同的权重,得到最优解。而另外一种约束方法比较简单——选择其中一个优化目标作为主要目标,其余目标则转化为附加的约束条件。基于问题的形式化可知,该单目标优化问题是一个标准的整数线性规划问题,所以本文采用分支定界法[10]求解整数线性规划问题。

4.2.4　算法设计

具体的算法介绍如下。

1. 线性加权法(W-ILP)

线性加权法的主要思想是通过确定不同的权重,将多个优化目标加起来。由于本问题的两个优化目标:成本和距离,是不同维度的数据,数值范围不同,所以不能简单地相加。因此,首先对原始的目标函数值进行归一化处理,然后通过不同的权重累加。本文采用式(4-10)中的归一化模型[11]对原始目标函数进行归一化处理:其中 $f(x)$ 表示目标函数值,

$f^{\max}$ 和 $f^{\min}$ 分别是目标函数 $f(x)$ 的最大值和最小值。

$$f'(x) = \frac{f(x) - f^{\min}}{f^{\max} - f^{\min}} \tag{4-10}$$

接下来,构造两个变量 k_1 和 k_2,分别代表激励成本和移动距离的权重,通过调节不同的权重大小,可以达到不同的优化效果。例如,平台考虑到成本原因,希望激励尽可能小,因此可以将成本的权重设置得较大一些;当任务需要尽快完成时,平台就可以将距离的权重设置得较大一些,以尽可能地缩小移动距离。

调整后的目标函数如式(4-11)所示。

$$\min k_1 \times \frac{\sum\limits_{i=1}^{m} C_i \times \sum\limits_{j=1}^{n} x_{ij} - C_{\min}}{C_{\max} - C_{\min}} + k_2 \times \frac{\sum\limits_{i=1}^{m} \sum\limits_{j=1}^{n} D_{ij} \times x_{ij} - D_{\min}}{D_{\max} - D_{\min}} \tag{4-11}$$

W-ILP 算法主要包含两部分:第一部分计算激励成本和移动距离的最大值和最小值,然后通过线性加权法将多目标优化问题转化为单目标优化问题;第二部分通过分支定界法求解该单目标优化问题。

首先是第一部分:W-ILP 算法首先确定参与者完成感知任务的最小激励成本 $C_{\min}$,即针对任务集合 T 中的任务 t_j,计算用户区域集合 A 中所有用户完成该任务的激励成本,然后选择激励成本最小的参与者完成任务,不断迭代选择激励最小的参与者,直到所有任务都被完成。由于每次选择只考虑参与者完成的激励成本,没有考虑完成任务的移动距离,所以我们将该情况下的移动距离作为完成任务的最大移动距离 $D_{\max}$。W-ILP 算法进而确定参与者完成感知任务的最短移动距离 $D_{\min}$,即针对任务集合 T 中的每一个任务 t_j,计算用户区域集合 A 中所有用户区域中的用户完成该任务的移动距离,然后选择移动距离最小的参与者完成任务。类似地,这种情况下的激励成本为完成任务的最大激励成本 $C_{\max}$。基于上面的计算结果,W-ILP 算法将多目标优化问题转化为单目标优化问题。

算法 4.4　W-ILP

输入:用户区域集合 $A = \{A_1, A_2, \cdots, A_i, \cdots, A_m\}$,任务集合 $T = \{t_1, t_2, \cdots, t_j, \cdots, t_n\}$。
输出:参与者集合 P 及其完成的任务集合 T'。

1. 针对任务集合 T 中的每一个任务 t_j,计算用户区域集合 A 中所有用户完成该任务的激励成本,然后选择激励成本最小的用户完成任务,并更新相关数据:
$$C_{\min} \leftarrow C_i + C_{\min}; \quad D_{\max} \leftarrow D(u_i, t_i) + D_{\max}$$

2. 针对任务集合 T 中的每一个任务 t_j,计算用户区域集合 A 中所有用户完成该任务的移动距离,然后选择移动距离最小的用户完成任务,并更新相关数据:
$$C_{\max} \leftarrow C_i + C_{\max}; \quad D_{\min} \leftarrow D(t_i, u_i) + D_{\min}$$

3. 通过线性加权法将双目标优化问题转化为一个单目标优化问题:
$$\min k_1 \times \frac{\sum\limits_{i=1}^{m} C_i \times \sum\limits_{j=1}^{n} x_{ij} - C_{\min}}{C_{\max} - C_{\min}} + k_2 \times \frac{\sum\limits_{i=1}^{m} \sum\limits_{j=1}^{n} D_{ij} \times x_{ij} - D_{\min}}{D_{\max} - D_{\min}}$$

4. 确定原始整数线性规划问题的松弛问题,并且计算该松弛问题的初始最优解,基于该初始最优解形成一棵根树。

5. 如果初始最优解的取值不是整数,则

分支：任选一个非整数解的变量 x_{ij}，在松弛问题中加上两个约束条件，$x_{ij} \leqslant [b_{ij}]$ 和 $x_{ij} \geqslant [b_{ij}] + 1$，组成两个新的松弛问题，即分支；

定界：确定整数线性规划问题最优解的下界，即松弛问题的最优解为原整数线性规划问题最优解的下界；

修剪：搜索树的所有分支，如果某个分支的解是整数，并且目标函数值小于其他分支的目标函数值，则将其他分支剪去。

6. 如果还存在非整数解，并且目标值小于整数解的目标值，则循环执行 6～9 步，直到找到最优解。

7. 输出完成每个任务的参与者集合。

8. 结束。

然后是第二部分：W-ILP 算法通过分支定界法求解整数线性规划问题。W-ILP 算法首先确定原始整数线性规划问题的松弛问题，并且计算该松弛问题的初始最优解，如果该松弛问题的最优解满足整数要求，则得到整数规划的最优解，如果不满足，则继续进行求解。首先基于松弛问题的初始最优解形成一棵根树，然后进行分支、定界和修剪，直到松弛问题的最优解满足整数约束条件。具体步骤为：首先是分支，即任选一个非整数解的变量 x_{ij}，在松弛问题中加上两个约束条件，$x_{ij} \leqslant [b_{ij}]$ 和 $x_{ij} \geqslant [b_{ij}] + 1$，组成两个新的松弛问题。然后是定界，由于本问题需要最小化目标函数值，所以需要确定整数线性规划问题的最优解的下界，即松弛问题的最优解为原整数线性规划问题最优解的下界。最后是修剪，即搜索树的所有分支，如果某个分支的解是整数，并且目标函数值小于其他分支的目标值，则将其他分支剪去。最终，W-ILP 算法通过分支定界法得到该单目标优化问题的最优解，同时输出完成每个感知任务的参与者集合，即每个区域中的参与者人数。

2. 约束法（C-ILP）

虽然线性加权法可以通过设定不同的权重获取不同的结果，但是提前设定合适的权重比较困难，因为很小的权重差别可能导致很大的结果差异。所以，一般利用线性加权法提前求解出多种不同权重分布的结果，以供用户选择其中一种可行的结果。但是，这种方法会带来运算时间与资源的浪费，因此，下面利用约束方法进行问题的求解。由于在该问题中相对于距离来说，成本约束更容易设定，因此将激励成本转换为约束条件，则目标函数为最小化参与者完成任务所移动的总距离，这里设定激励成本约束为 C。

$$\min \sum_{i=1}^{m} \sum_{j=1}^{n} D_{ij} \times x_{ij} \qquad (4\text{-}12)$$

$$\sum_{i=1}^{m} C_i \times \sum_{j=1}^{n} x_{ij} \leqslant C \qquad (4\text{-}13)$$

C-ILP 算法的输入包括用户的信息、任务的信息，以及激励成本的约束 C_i。需要注意的是，激励成本的约束值由平台提供。C-ILP 算法首先基于激励成本的约束值将双目标优化问题转化为单目标优化问题，即该问题的优化目标为最小化完成任务的移动距离。接下来，通过分支定界法求解该单目标优化问题。具体方法如下：

首先确定原始整数线性规划问题的松弛问题，并且计算该松弛问题的初始最优解，如果该松弛问题的最优解满足整数要求，则得到整数线性规划问题的最优解，如果不满足，则继续求解。首先基于松弛问题的初始最优解形成一棵根树,然后进行分支、定界和修剪,直到松弛问题的最优解满足整数约束条件。最终,C-ILP算法通过分支定界法得到该单目标优化问题的最优解,同时输出完成每个任务的参与者集合,即每个区域中的参与者人数。

算法 4.5　C-ILP

输入：用户区域集合 $A=\{A_1,A_2,\cdots,A_i,\cdots,A_m\}$,任务集合 $T=\{t_1,t_2,\cdots,t_j,\cdots,t_n\}$,激励成本 C_i。

输出：参与者集合 P 及其完成的任务集合 T'。

1. 通过约束方法将该问题转化为单目标优化问题：

$$\min \sum_{i=1}^{m}\sum_{j=1}^{n} D_{ij} \times x_{ij}$$

$$\sum_{i=1}^{m} C_i \times \sum_{j=1}^{n} x_{ij} \leqslant C$$

2. 确定原始整数线性规划问题的松弛问题,并且计算该松弛问题的初始最优解,基于该初始最优解形成一棵根树。

3. 如果初始最优解的取值不是整数,则

  分支：任选一个非整数解的变量 x_{ij},在松弛问题中加上两个约束条件,$x_{ij} \leqslant \lfloor b_{ij} \rfloor$ 和 $x_{ij} \geqslant \lfloor b_{ij} \rfloor + 1$,组成两个新的松弛问题,即分支。

  定界：确定整数线性规划问题的最优解下界,即松弛问题的最优解为原整数线性规划问题最优解的下界。

  修剪：搜索树的所有分支,如果某个分支的解是整数,并且目标函数值小于其他分支的目标值,则将其他分支剪去。

4. 如果还存在非整数解,并且目标值小于整数解的目标值,则循环执行 4～7 步,直到找到最优解。

5. 输出完成每个任务的参与者集合。

6. 结束。

4.2.5　实验验证

本文通过 D4D 数据集进行实验评估,具体的数据信息在 4.1.5 节有详细介绍,本节主要介绍本次实验相关的实验设置和实验结果。

1. 实验设置

考虑到用户的隐私问题,平台不直接获取用户的具体位置信息,用户只需要提供一个所在区域的位置信息。在下面的实验中,我们将整个城市划分为 6 个区域,并且模拟每个区域的用户人数,即随机选择 10～100 的数据作为每个区域的用户人数。同时,设定每个区域中用户的激励成本值在 1～10,具体的激励成本大小与每个区域的用户人数呈反比。另外,考虑到本问题中感知任务个数较少,本次实验随机选择 20 个均匀分布在城市中的感知任务,每个任务需要 5 个参与者完成,以保证收集的数据质量。具体的用户分布和任务分布如图 4-12 所示。

(a) 用户分布　　　　　　　　　　　　　　(b) 任务分布

图 4-12　用户分布和任务分布

2. 实验结果及分析

MPFT 问题的优化目标是最小化完成感知任务的激励成本和移动总距离。对于多目标优化问题来说，最终得到的是多组非劣解，称为帕累托解[12]。因此，在下面的实验中通过分析不同情况下参与者的激励成本和移动总距离评估不同算法的性能。

（1）实验一：线性加权法。

线性加权法通过设置不同的权重将两个优化目标加起来转化为一个优化目标，其中 K_c 代表激励成本的权重，K_d 代表移动距离的权重。权重的大小是影响算法性能的一个重要因素。为了充分研究不同的权重大小对算法性能的影响，本次实验将激励成本的权重变化范围设置为 0～1，其中以 0.1 为单位增加，则移动距离的权重为 $K_d = 1 - K_c$。

图 4-13 表示不同权重下 W-Grd 算法和 W-ILP 算法的激励成本和移动距离的变化情况。其中 W-Grd 算法是求解单目标优化问题的贪心算法。可以看出，随着激励成本权重的增加，参与者的激励成本不断减到最小值，而完成感知任务的移动总距离却不断增加到最大值。因为激励成本的权重越大，表示该优化目标在混合目标函数中的比重越大，因此，为了最小化混合目标函数值，需要尽可能地最小化激励成本。需要注意的是，不同的权重值对结果的影响较大，因为很小的权重差值可能导致最终结果出现很大的差别。如图 4-14 所示，当激励权重在 0～0.5 的变化范围内，激励成本和移动距离进行比较缓慢的变化，而当激励权重在 0.5～0.7，激励成本和移动距离急剧变化。另外，W-Grd 算法和 W-ILP 算法的结果相差很小，即 W-Grd 算法的结果接近最优解。因为 W-Grd 算法每次迭代选择使混合目标函数值最大的参与者完成任务，因此可以最小化混合的目标函数。

图 4-14 表示了 W-ILP 算法得到的多组非劣解，即上述实验中在不同权重下得到的多个结果。从图中可以看出，不存在一组最优解的激励成本最小和移动距离最短，因为激励成本越小，移动距离越大。如果从激励成本的角度选择，第一组非劣解是一个相对较好的选择。相反，如果从移动距离的角度选择，应该选择最后一组非劣解。总之，如果需要同时考虑激励成本和移动距离，那么第 5 组非劣解（三角点）是一个可以选择的最终结果。因此，对于平台来说，可以根据不同的情况设置不同的权重大小，平衡两个目标之间的权重关系。例

如,对于紧急任务,可以将移动总距离的权重设置得较高一些,以尽可能最小化移动距离,减少任务的完成时间。

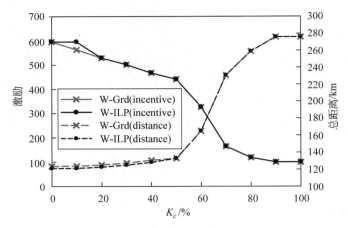

图 4-13 不同权重的算法性能比较

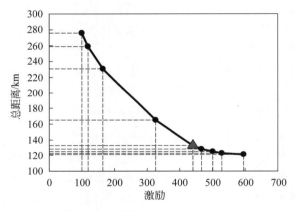

图 4-14 不同权重的非劣解分布

(2) 实验二:约束法。

约束法是将参与者的激励成本转化为约束条件,将参与者完成感知任务的移动距离作为优化目标。因此,下面的实验主要研究不同的激励成本约束对任务完成的影响,通过相关的计算可以确定最小和最大的激励成本,所以本次实验中激励成本约束的变化范围是 100~900。其中,最大的激励成本值是通过将最小化移动距离作为问题的优化目标计算得出的,而最小的激励成本值是通过将最小化激励成本作为问题的优化目标计算得出的。

从图 4-15 中可以看出,随着激励成本约束值的增加,参与者完成这些感知任务的移动距离不断减小,直到最小值,而参与者的激励成本不断增加到最大值。因为约束法的优化目标是最小化参与者完成感知任务的移动距离,因此激励成本的约束值越大,参与者完成感知任务的移动总距离越短,最后保持不变是因为移动距离已经达到最小值。总体看,C-ILP 算法优于 C-Grd 算法(C-Grd 算法是求解单目标优化问题的贪心算法),虽然 C-Grd 算法中参

与者的移动距离与 C-ILP 算法中参与者的移动距离基本相等,但是激励成本却大于 C-ILP
算法的激励成本。

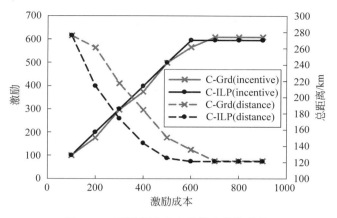

图 4-15　不同激励成本的算法性能比较

图 4-16 表示 C-ILP 算法中不同激励成本约束下的多组非劣解。从图中可以看出,参与
者的激励越大,移动距离越短。如果从激励成本的角度选择,第一组非劣解是一个相对较好
的选择。另一方面,如果从移动距离的角度考虑,应该选择最后一组非劣解。总之,如果需
要同时考虑激励成本和移动距离,那么第 4 组非劣解(三角点)是一个可以选择的最终结果。
对于平台来说,可以根据任务发布者提供的激励成本设置合适的约束值,然后选择合适的参
与者完成任务。

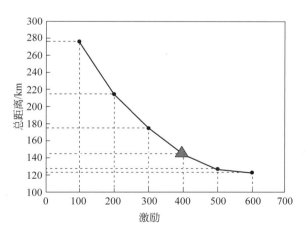

图 4-16　不同激励成本的非劣解分布

与线性加权法不同的是,约束法中的激励成本约束条件容易确定,因此可以得到较好的
结果。虽然线性加权法可以通过设置不同的权重得到不同的结果,但是激励成本和移动距
离的权重值很难提前确定,因为不同的权重值对结果的影响较大,很小的权重差值可能导致
最终结果很大的差别。

4.3　机会式的参与者选择

4.3.1　问题背景

移动群智感知中用户完成感知任务的方式一般有两种：一种是用户不遵循自身既定的移动路线，专门移动到任务所在的位置完成感知任务。这种任务完成方式有利于完成一些紧急任务，以收集及时有效的数据信息。但是，这种任务完成方式会影响用户既定的移动路线，从而在一定程度上增加用户的移动负担。另一种是用户遵循既定的移动路线，只完成分布在移动路线上的感知任务。这种任务完成方式主要适用于一些延迟任务，即适用于对时间要求不高、不需要立即完成的任务。例如，检测公共设施的损坏情况，用户在一天内完成即可，不需要专门移动到任务位置立即完成感知任务。由于这种"非侵入式"或"机会式"的任务完成方式对用户的及时性要求不高，也不会增加用户的移动负担，所以总体的任务完成成本低。接下来介绍机会式的参与者选择问题（Human Mobility-based Task Allocation，HMTA）。

首先，介绍 HMTA 的问题定义。对于平台来说，由于需要根据用户的移动路线选择参与者，因此平台提前获取用户的历史移动轨迹，然后，根据历史的移动轨迹预测用户潜在的移动路线，最后，根据预测的移动路线选择合适的参与者。其中，每个参与者可以完成多个感知任务，同时，考虑到参与者完成任务的质量，每个参与者完成的任务个数不宜过多；为了保证任务完成质量，任务发布者要求每个任务由多个参与者完成，由于不同感知任务的难易程度不同，所以要求的参与者人数不同；另外，为了避免过多的参与者收集到冗余的数据，完成一个任务的参与者人数不能超过一定的数量。具体的问题场景描述如图 4-17 所示。

图 4-17　机会式的参与者选择应用场景

总之，在 HMTA 问题中，由于感知任务不需要立即完成，只在一定的时间要求内（如一天内）完成即可，所以用户不需要专门移动到任务所在的位置完成感知任务，只完成自己移动路线上的任务即可。因此，该问题的主要优化目标为最大化任务完成率。另外，为了最大化利用平台中现有的用户资源，该问题的另一个优化目标为最小化完成任务的参与者人数。

4.3.2　问题定义

已知移动群智感知平台上有 m 个用户，用户集合为 $U=\{u_1, u_2, \cdots, u_i, \cdots, u_m\}$，同时，有 n 个任务需要完成，任务集合表示为 $T=\{t_1, t_2, \cdots, t_j, \cdots, t_n\}$。为了避免同一用户完成过多的任务，要求每个参与者最多完成 q_i 个任务。同时，为了保证收集到的数据的准确性，每个感知任务可以由多个参与者完成,但是,为了避免收集到冗余的感知数据,要求每个任务最多由 p_j 个参与者完成。用户 u_i 完成的任务集合为 $TU_i = \{t_{i1}, t_{i2}, t_{i3}, \cdots\}$,用 $UT_j = \{u_{j1}, u_{j2}, u_{j3}, \cdots\}$ 表示完成任务 t_j 的参与者集合,则完成任务集合中 n 个感知任务的参与者集合表示为 $UT = UT_1 \cup UT_2 \cup \cdots \cup UT_j \cup \cdots \cup UT_n$。

该问题有两个优化目标:一个优化目标是最大化完成任务的个数,$\sum_{i=1}^{m} |TU_i|$ 表示 m 个用户完成的总任务个数(见式(4-14));另一个优化目标是最小化参与者人数,UT 表示选择完成任务的参与者集合(见式(4-15))。同时需要满足两个约束条件:$|TU_i| = q_i$ 表示用户 u_i 只能完成 q_i 个任务(见式(4-16)),$|UT_j| \leqslant p_j$ 表示任务 t_j 最多由 p_j 个用户完成(见式(4-17))。具体的形式化表示如下。

目标函数:

$$\max \sum_{i=1}^{m} |TU_i| \tag{4-14}$$

$$\min |UT| \tag{4-15}$$

约束条件:

$$|TU_i| \leqslant q_i \quad (1 \leqslant i \leqslant m) \tag{4-16}$$

$$|UT_j| \leqslant p_j \quad (1 \leqslant j \leqslant n) \tag{4-17}$$

4.3.3　问题分析

HMTA 问题根据用户的移动轨迹选择参与者,所以平台首先需要获取用户的历史移动轨迹,然后根据历史移动轨迹预测用户潜在的移动路线,最后根据预测的移动路线选择合适的参与者完成感知任务。总的来说,求解该问题主要包含两部分:第一部分是预测用户的移动路线;第二部分是选择合适的参与者完成任务。

1. 预测用户的移动路线

由于本问题只需要确定用户可以完成哪些任务,不需要用户具体的移动路线,因此只预测用户出现在任务位置的可能性即可。同时,由于平台可以通过用户的通话数据获取用户的历史移动路线,所以本文基于用户的历史通话数据预测用户的移动路线。因为用户在基站打电话的序列服从非均匀的泊松分布[13],所以本文利用泊松分布预测用户的移动路线,即预测每个用户在一天内经过多个不同基站的概率。

假设用户打电话序列服从非均匀泊松分布,那么用户 u 在基站 t 打 n 个电话的概率为

$$p_t(u, n) = e^{-\lambda_{u,t}} \times \frac{\lambda_{u,t}^n}{n!} \tag{4-18}$$

其中,$\lambda_{u,t}$ 是泊松强度,通过用户 u 在基站 t 打电话的平均次数进行估计。利用上述公式可以预测:用户 u 在基站 t 至少打一个电话的概率(即用户访问该基站的概率):

$$p_t(u) = \sum_{n=1}^{+\infty} p_t(u, n) = 1 - e^{-\lambda_{u,t}} \tag{4-19}$$

虽然通过泊松分布可以预测用户经过某个基站（或者任务）的概率，概率大小可以反映用户完成任务的可能性大小，但是并不能确定该用户是否可以完成任务。为了反映多个用户完成任务的效果，定义了一个概率阈值 R_{th}，具体表示为：若 $p_t(u) \geqslant R_{th}$，则认为用户 u 有能力完成任务 t；否则认为用户 u 不能完成任务 t。注意：概率阈值 R_{th} 越大，任务完成的效果越好，即用户完成任务的可能性越大。

2. 选择合适的参与者完成任务

本问题的优化目标是最大化完成任务的个数和最小化选择的参与者人数。由于该问题是双目标优化问题，为了求解 HMTA 问题，我们对问题进行了改进，并且提出了 3 个策略选择合适的参与者。

策略一：将问题进行一定的简化，即只考虑其中一个优化目标。如果该问题只是最小化参与者人数，不考虑完成的任务个数，那么最优的选择就是不选择任何用户完成任务。很显然，这种选择方式是不可行的，因为没有任务被完成。相对于参与者人数，本文主要考虑完成的任务个数，以最大化完成平台发布的感知任务。因此，策略一在选择参与者时，只考虑最大化完成的任务个数，不考虑选择的参与者人数。

策略二：将问题看作一个覆盖问题，因为参与者完成感知任务的本质是参与者覆盖任务所在的位置。与一般覆盖问题不同的是，本问题中的每个感知任务需要多个参与者完成，即该问题是一个多次覆盖的问题。由于覆盖问题主要考虑任务被覆盖（被完成）的概率，因此，策略二基于任务被覆盖的概率选择合适的用户。

策略三：将双目标优化问题转化为单目标优化问题。因为该问题的两个优化目标分别为最大化完成任务的个数和最小化参与者人数，如果将两者相除，可以得到最大化每个用户完成的任务个数。因此，策略三基于每个用户完成的任务个数进行选择。

4.3.4 算法设计

基于前面对该问题的分析，本文提出 4 个算法解决机会式的移动群智感知任务分配问题：UT-NT、UTS-CT、UTS-NTP 和 UTS-CNTP 算法。具体的算法介绍如下。

1. UT-NT 算法

UT-NT 算法基于策略一进行参与者选择，即只考虑完成任务的个数，不考虑选择的参与者人数。为了最大化完成的任务个数，UT-NT 算法以任务为中心，针对每个感知任务，选择可以完成这些任务的参与者。

算法 4.6 UT-NT

输入：用户集合 $U = \{u_1, u_2, \cdots, u_i, \cdots, u_m\}$，任务集合 $T = \{t_1, t_2, \cdots, t_j, \cdots, t_n\}$，概率阈值 R_{th}。

输出：参与者集合 P 及其完成的任务集合 T'。

1. 计算用户集合 U 中每个用户 u_i 访问任务集合 T 中每个任务 t_j 的概率 p_{ij}。

2. 针对每一个任务 t_j，在用户集合 U 中选择可以完成任务 t_j 的候选者集合 S_j $(p_{ij} \geqslant R_{th})$。

3. 如果候选者集合 S_j 中的用户人数大于 p，则选择前 p 个概率较大的用户作为完成任务 t_j 的参与者集合 P_j；否则，候选者集合 S_j 中的所有用户都作为完成任务 t_j 的参与者集合 P_j。

4. 判断被选择的用户 u_i 完成的任务个数是否大于或等于 q，如果是，则将该用户从用户集合 U 中剔除。

5. 循环执行 2～5 步，直至遍历完成任务集合 T 中的所有任务。

6. 输出选择的参与者集合 $P = P_1 \cup P_2 \cup \cdots \cup P_j$，以及其完成的任务集合 T'。

7. 结束。

UT-NT 算法首先基于泊松分布计算用户集合 U 中每个用户 u_i 在一天内经过不同任务 t_j 的概率 p_{ij}，然后基于该概率值选择合适的参与者。具体的选择方法为：UT-NT 算法首先确定一个任务集合 U 中没有被参与者完成的任务 t_j，然后在用户集合中选择可以完成该任务的多个候选者，候选者集合表示为 S_j，这些候选者需要满足两个条件：一个是候选者完成任务的概率 $p_{ij} \geqslant R_{th}$；另一个是候选者完成的任务个数不超过 q。接下来需要在这些候选者中选择完成当前任务 t_j 的参与者：因为平台要求每个任务最多由 p 个参与者完成，所以，如果候选者集合 S_j 中的用户人数大于 p，则选择前 p 个概率较大的用户作为完成任务 t_j 的参与者集合 P_j；否则，候选者集合 S_j 中的所有用户都作为完成任务 t_j 的参与者集合 P_j。另外，由于每个参与者最多只能完成 q 个感知任务，所以每次迭代选择完成后，需要判断每个参与者完成任务的情况：如果参与者 u_i 完成的任务个数大于或等于 q，则说明该用户不能继续完成其他任务，所以将该用户从用户集合 U 中剔除。经过针对任务 t_j 的参与者选择后，可以确定完成该任务的参与者集合 P_j。然后针对感知任务集合 T 中的其他任务，不断迭代选择参与者。最后，可以确定完成感知任务的参与者集合 $P = P_1 \cup P_2 \cup \cdots \cup P_j$。

2. UTS-CT 算法

UTS-CT 算法基于策略二进行参与者选择，即将问题看为一个覆盖问题，主要考虑用户完成任务的概率，即任务被覆盖的概率。由于 UTS-CT 算法主要考虑用户完成任务的概率，所以本文定义了一个概率覆盖函数 $TC(P)$，表示参与者集合 P 覆盖所有任务的概率。因此，UTS-CT 算法主要基于该函数选择合适的参与者。

已知用户集合 $(P \cup \{u\})$，该算法可以计算出用户集合 $(P \cup \{u\})$ 覆盖任务的总概率：

$$TC(P \cup \{u\}) = \sum_{t \in T} C_t(P \cup \{u\}) \tag{4-20}$$

其中，$C_t(P \cup \{u\})$ 表示每个任务 t 被覆盖的概率，即任务 t 被完成的概率：

$$C_t(P \cup \{u\}) = 1 - \prod_{\forall v \in P \cup \{u\}} (1 - P_t(v)) \tag{4-21}$$

$p_t(v)$ 表示用户 v 在任务 t 位置至少打一个电话的概率（即用户 v 访问基站 t 的概率）。

引理 2：函数 $TC(P)$ 是一个非负和非递减的子模性集合函数（submodular set

function)。

证明：具体的证明过程包含两步。首先，证明函数 $TC(P)$ 是一个非负和非递减的函数，其次，证明该函数具有子模性。

（1）函数 $TC(P)$ 是一个非负和非递减的函数。

非负：

因为 $\forall P \subseteq U$，且 $\forall u \in P$，所以 $0 \leq p_t(u) \leq 1$，所以 $C_t(P \cup \{u\}) \geq 0$。

非递减：

因为 $\forall u' \in U \backslash P$，$C_t(P \cup \{u'\}) = 1 - (1 - C_t(P) * (1 - P_t(u')) \geq C_t(P)$，所以 $C_t(P)$ 是非递减的函数。

函数 $TC(P)$ 是 $C_t(P)$ 的加和，所以 $TC(P)$ 也是非负和非递减的函数。

（2）函数 $TC(P)$ 具有子模性。

$$C_t(P \cup \{u', u''\}) - C_t(P \cup \{u'\})$$
$$= \prod_{\forall u \in P} (1 - P_t(u)) * (1 - P_t(u')) * (1 - P_t(u''))$$
$$\leq \prod_{\forall u \in P} (1 - P_t(u)) * (1 - P_t(u''))$$
$$= C_t(P \cup \{u''\}) - C_t(P)$$

通过上面的证明可以确定函数 $C_t(P)$ 是一个子模性集合函数，根据子模性的相关定义[14]：因为 $TC(P)$ 是 $C_t(P)$ 的加和，所以函数 $TC(P)$ 也是一个子模性集合函数。

根据子模性函数的相关理论[15]可知，UTS-CT 算法可以在较低的计算复杂度下得到近似最优解。假设 S_c 表示 UTS-CT 算法选择的参与者集合，S_o 表示具有最大概率覆盖函数的最优解（参与者集合），那么根据相关的理论可以确定：

$$TC(S_c) \geq (1 - 1/e) \times TC(S_o) \approx 0.63 \times TC(S_o)$$

算法 4.7　UTS-CT

输入：用户集合 $U = \{u_1, u_2, \cdots, u_i, \cdots, u_m\}$，任务集合 $T = \{t_1, t_2, \cdots, t_j, \cdots, t_n\}$，概率阈值 R_{th}。

输出：参与者集合 P 及其完成的任务集合 T'。

1. 计算用户集合 U 中每个用户 u_i 访问任务集合 T 中每个任务 t_j 的概率 p_{ij}。
2. 初始化参与者集合 $P = \varnothing$。
3. 针对用户集合 U 中的每个用户 u_i，计算

$$TC(P \cup \{u_i\}) = \sum_{t \in T} \left(1 - \prod_{\forall v \in P \cup \{u_i\}} (1 - P_t(v))\right)$$

4. 选择 $TC(P \cup \{u_i\})$ 值最大的用户作为候选者 p_i，并且确定该候选者完成的任务集合 $T_i (p_{ij} \geq R_{th})$。
5. 如果完成的任务个数增加，则将候选者 p_i 加入参与者集合 P 中，并将该用户从用户集合 U 中剔除；否则结束选择。
6. 循环执行 3～6 步，直至完成的任务个数不增加。
7. 输出选择的参与者集合 P，及其完成的任务集合 $T' = T_1 \cup T_2 \cup \cdots \cup T_i$。
8. 结束。

UTS-CT 算法首先基于泊松分布计算出用户集合 U 中每个用户 u_i 在一天内经过不同任务 t_j 的概率 p_{ij}，然后基于该概率值选择合适的参与者。具体的选择方法为：UTS-CT 算法首先初始化选择的参与者集合 P 为空集，然后针对用户集合 U 中没有被选择的每一个用户 u_i，计算 $TC(P \bigcup \{u_i\})$ 的数值，即用户集合 $P \bigcup \{u_i\}$ 完成所有任务的覆盖率。需要注意的是，每个用户覆盖任务的概率 p_{ij} 需要大于或等于 R_{th}。另外，每个参与者最多只能覆盖 q 个感知任务。然后，在这些用户中，选择 $TC(P \bigcup \{u_i\})$ 值最大的用户作为候选者 p_i，并且确定该候选者完成的任务集合 T_i。接下来需要确定该候选者是否能完成任务，即完成的任务个数是否增加，如果增加，则将候选者 p_i 加入参与者集合 P 中。由于该用户已经被选择完成任务，不能再次被选择完成其他任务，所以需要将其从用户集合 U 中剔除。经过一次选择后，可以确定一个参与者及其完成的任务集合 T_i。接下来需要继续迭代选择参与者，直到完成的任务个数不再增加。用户完成的任务个数在两种情况下不再增加：一种是所有任务都已经被选择的参与者完成；另一种是已经没有可用的用户可以完成剩余的任务。最后，UTS-CT 算法确定选择的参与者集合 P 及其完成的任务集合 T'。

3. UTS-NTP 算法

UTS-NTP 算法基于策略三进行参与者选择，即同时考虑该问题的两个优化目标（最大化完成任务的个数和最小化参与者人数），即最大化每个用户完成的任务个数。由于 UTS-NTP 算法主要基于每个用户完成的任务个数进行选择，所以本文定义一个任务完成函数 $TQ(P)$，表示参与者集合 P 完成的总任务个数。因此，UTS-NTP 算法主要基于该函数选择合适的参与者。

已知用户集合 $(P \bigcup \{u\})$，该算法可以计算出用户集合 $(P \bigcup \{u\})$ 完成的总任务个数：

$$TQ(P \bigcup \{u\}) = \sum_{t \in T} Q_t(P \bigcup \{u\}) \tag{4-22}$$

其中 $Q_t(P \bigcup \{u\})$ 表示任务 t 被完成的次数，即完成任务 t 的参与者人数：

$$Q_t(P \bigcup \{u\}) = \min \left(p_t, \sum_{\forall v \in P \bigcup \{u\}} C_t(v) \right) \tag{4-23}$$

p_t 表示每个任务最多需要 p_t 个用户完成。$C_t(v)$ 表示用户 v 完成任务 t 的情况，$C_t(v)=1$ 表示用户 v 完成任务 t，否则没有完成：

$$C_t(v) = \begin{cases} 1, & p_t(v) \geqslant R_{th} \\ 0, & p_t(v) < R_{th} \end{cases} \tag{4-24}$$

$p_t(v)$ 表示用户 v 在基站 t 至少打一个电话的概率（即用户 v 访问基站 t 的概率）。

引理 3：函数 $TQ(P)$ 是一个非负和非递减的子模性集合函数。

证明：具体的证明过程包含两步。首先证明函数 $TQ(P)$ 是一个非负和非递减的函数，然后证明该函数具有子模性。

（1）函数 $TQ(P)$ 是一个非负和非递减函数。

非负：

$TQ(P)$ 表示用户集合 P 完成的总任务个数。

$$TQ(P) = \sum_{t \in T} Q_t(P) = \sum_{t \in T} \min \left(p_t, \sum_{\forall v \in P} C_t(v) \right)$$

因为 $p_t \geqslant 0$，且 $C_t(v) \geqslant 0$，所以 $TQ(P) \geqslant 0$。

非递减：

因为 $Q_t(P)$ 表示任务 t 被完成的次数，随着用户人数的增加，完成的任务个数也增加，所以函数 $Q_t(P)$ 是非递减的函数。由于 $TQ(P)$ 是 $Q_t(P)$ 的加和，所以它也是非递减的函数。

（2）函数 $TQ(P)$ 具有子模性。

根据子模性的定义[14]，如果可以证明①≤②，则 $Q_t(P)$ 是一个子模性集合函数。

$$① = Q_t(P \cup \{u', u''\}) - Q_t(P \cup \{u'\})$$

$$= \min\left(p_t, \sum_{u \in P} C_t(u) + C_t(u') + C_t(u'')\right) - \min\left(p_t, \sum_{u \in P} C_t(u) + C_t(u')\right)$$

$$② = Q_t(P \cup \{u''\}) - Q_t(P)$$

$$= \min\left(p_t, \sum_{u \in P} C_t(u) + C_t(u'')\right) - \min\left(p_t, \sum_{u \in P} C_t(u)\right)$$

下面分 4 种情况进行具体的分析。

（a）$\sum_{u \in P} C_t(u) \geqslant p_t$

$$① = \min\left(p_t, \sum_{u \in P} C_t(u) + C_t(u') + C_t(u'')\right) - \min\left(p_t, \sum_{u \in P} C_t(u) + C_t(u')\right)$$

$$= p_t - p_t = 0$$

$$② = \min\left(p_t, \sum_{u \in P} C_t(u) + C_t(u'')\right) - \min\left(p_t, \sum_{u \in P} C_t(u)\right)$$

$$= p_t - p_t = 0 = ①$$

所以 ① = ② = 0。

（b）$\sum_{u \in P} C_t(u) < p_t \qquad \sum_{u \in P} C_t(u) + C_t(u') \geqslant p_t$

$$① = \min\left(p_t, \sum_{u \in P} C_t(u) + C_t(u') + C_t(u'')\right) - \min\left(p_t, \sum_{u \in P} C_t(u) + C_t(u')\right)$$

$$= p_t - p_t = 0$$

$$② = \min\left(p_t, \sum_{u \in P} C_t(u) + C_t(u'')\right) - \min\left(p_t, \sum_{u \in P} C_t(u)\right)$$

当 $C_t(u'') = 0$，$② = \sum_{u \in P} C_t(u) - \sum_{u \in P} C_t(u) = 0 = ①$

当 $C_t(u'') = 1$，$② = p_t - \sum_{u \in P} C_t(u) > 0 = ①$

所以 ① ≤ ②。

（c）$\sum_{u \in P} C_t(u) + C_t(u') < p_t \qquad \sum_{u \in P} C_t(u) + C_t(u') + C_t(u'') \geqslant p_t$

$$① = \min\left(p_t, \sum_{u \in P} C_t(u) + C_t(u') + C_t(u'')\right) - \min\left(p_t, \sum_{u \in P} C_t(u) + C_t(u')\right)$$

$$= p_t - \sum_{u \in P} C_t(u) - C_t(u')$$

$$② = \min\left(p_t, \sum_{u \in P} C_t(u) + C_t(u'')\right) - \min\left(p_t, \sum_{u \in P} C_t(u)\right)$$

当 $\sum_{u \in P} C_t(u) + C_t(u'') \geqslant p_t$，$② = p_t - \sum_{u \in P} C_t(u) \geqslant p_t - \sum_{u \in P} C_t(u) - C_t(u') = ①$

当 $\sum_{u \in P} C_t(u) + C_t(u'') < p_t$，$② = C_t(u'') > p_t - \sum_{u \in P} C_t(u) - C_t(u') = ①$

所以 ① ≤ ②。

(d) $\sum\limits_{u \in P} C_t(u) + C_t(u') + C_t(u'') < p_t$

$$① = \min\left(p_t, \sum\limits_{u \in P} C_t(u) + C_t(u') + C_t(u'')\right) - \min\left(p_t, \sum\limits_{u \in P} C_t(u) + C_t(u')\right)$$

$$= C_t(u'')$$

$$② = \min\left(p_t, \sum\limits_{u \in P} C_t(u) + C_t(u'')\right) - \min\left(p_t, \sum\limits_{u \in P} C_t(u)\right)$$

$$= C_t(u'')$$

所以 ① = ②。

总的来说，① ≤ ②，所以函数$Q_t(P)$是一个子模性集合函数。

通过上面的证明，可以确定函数$Q_t(P)$是一个子模性集合函数。同时，根据子模性的相关定义[14]可以知道：因为 $TQ(P)$是$Q_t(P)$的加和，所以它也是一个子模性集合函数。

根据子模性函数的相关理论可知[15]，UTS-NTP 算法可以在一个常数误差范围内得到最大化完成任务函数的近似最优解。假设S_n表示 UTS-NTP 算法选择的参与者集合，S_o表示具有最大任务完成个数函数的最优解（参与者集合），那么根据相关的理论可以确定：

$$TQ(S_n) \geqslant (1 - 1/e) \times TQ(S_o) \approx 0.63 \times TQ(S_o)$$

算法 4.8　UTS-NTP

输入：用户集合 $U = \{u_1, u_2, \cdots, u_i, \cdots, u_m\}$，任务集合 $T = \{t_1, t_2, \cdots, t_j, \cdots, t_n\}$，概率阈值 R_{th}。

输出：参与者集合 P 及其完成的任务集合 T'。

1. 计算用户集合 U 中每个用户 u_i 访问任务集合 T 中每个任务 t_j 的概率 p_{ij}。
2. 初始化参与者集合 $P = \varnothing$。
3. 针对用户集合 U 中的每一个用户 u_i，计算

$$TQ(P \cup \{u_i\}) = \sum\limits_{t \in T}\left(\min\left(p_t, \sum\limits_{\forall v \in P \cup \{u_i\}} C_t(v)\right)\right)$$

4. 选择 $TQ(P \cup \{u_i\})$ 值最大的用户作为候选者 p_i，如果有多个候选者，则随机选择其中一个，并且确定该候选者完成的任务集合 $T_i (p_{ij} \geqslant R_{th})$。
5. 如果 $TQ(P \cup \{u_i\}) > 0$，则将候选者 p_i 加入参与者集合 P 中，并将该用户从用户集合 U 中剔除；否则结束选择。
6. 循环执行 3～6 步，直至 $TQ(P \cup \{u_i\}) = 0$。
7. 输出选择的参与者集合 P，及其完成的任务集合 $T' = T_1 \cup T_2 \cup \cdots \cup T_i$。
8. 结束。

UTS-NTP 算法首先基于泊松分布计算出用户集合 U 中每个用户 u_i 在一天内经过不同任务 t_j 的概率 p_{ij}，然后基于该概率值选择合适的参与者。具体的选择方法为：UTS-NTP 算法首先初始化选择的参与者集合 P 为空集，然后针对用户集合 U 中没有被选择的每一个用户 u_i，计算 $TQ(P \cup \{u_i\})$ 的数值，即用户集合 $P \cup \{u_i\}$ 完成的总任务个数。需要注意的是，这里每个用户覆盖任务的概率 p_{ij} 需要大于或等于R_{th}。另外，每个用户最多只能覆盖 q 个感知任务。在这些用户中选择 $TQ(P \cup \{u_i\})$ 值最大的用户作为候选者 p_i，并且

确定该候选者完成的任务集合 T_i。接下来需要确定该候选者是否能完成任务,即完成的任务个数是否增加,如果 $TQ(P \cup \{u_i\}) > 0$,则将候选者 p_i 加入参与者集合 P 中。由于该用户已经被选择完成任务,不能再次被选择完成其他任务,所以需要将其从用户集合 U 中剔除。经过一次选择后,可以确定一个参与者及其完成的任务集合 T_i。接下来需要继续迭代地选择参与者,直到完成的任务个数不再增加,即 $TQ(P \cup \{u_i\}) = 0$。最后,UTS-NTP 算法可以确定选择的参与者集合 P 及其完成的任务集合 $T' = T_1 \cup T_2 \cup \cdots \cup T_i$。

4. UTS-CNTP 算法

UTS-CT 算法主要基于任务被覆盖的概率大小进行参与者选择,虽然可以保证选择的参与者覆盖所有任务的概率最大,但是不能保证每个任务都被参与者多次完成,因为每个任务需要多个参与者完成,即 UTS-CT 算法不能保证任务完成的整体效果。UTS-NTP 算法主要基于参与者完成的任务个数进行选择,每次选择完成任务个数最多的参与者,但是没有考虑任务的总体覆盖率。因此,UTS-CNTP 算法结合 UTS-CT 算法和 UTS-NTP 算法的特点,同时基于策略二和策略三选择合适的参与者,即不仅考虑任务完成的个数,还考虑任务的总体覆盖率。

算法 4.9　UTS-CNTP

输入：用户集合 $U = \{u_1, u_2, \cdots, u_i, \cdots, u_m\}$,任务集合 $T = \{t_1, t_2, \cdots, t_j, \cdots, t_n\}$,概率阈值 R_{th}。

输出：参与者集合 P 及其完成的任务集合 T'。

1. 计算用户集合 U 中每个用户 u_i 访问任务集合 T 中每个任务 t_j 的概率 p_{ij}。
2. 初始化参与者集合 $P = \varnothing$。
3. 针对用户集合 U 中的每一个用户 u_i,计算

$$TQ(P \cup \{u_i\}) = \sum_{t \in T} \left(\min \left(p_t, \sum_{\forall v \in P \cup \{u_i\}} C_t(v) \right) \right)$$

$$TC(P \cup \{u_i\}) = \sum_{t \in T} \left(1 - \prod_{\forall v \in P \cup \{u_i\}} (1 - P_t(v)) \right)$$

4. 选择 $TQ(P \cup \{u_i\})$ 和 $TC(P \cup \{u_i\})$ 值最大的用户作为候选者 p_i,并且确定该候选者完成的任务集合 $T_i (p_{ij} \geqslant R_{th})$。
5. 如果完成的任务个数增加,则将候选者 p_i 加入参与者集合 P 中,并将该用户从用户集合 U 中剔除;否则结束选择。
6. 循环执行 3~5 步,直至完成的任务个数不再增加。
7. 输出选择的参与者集合 P,及其完成的任务集合 $T' = T_1 \cup T_2 \cup \cdots \cup T_i$。
8. 结束。

UTS-CNTP 算法首先基于泊松分布计算出用户集合 U 中每个用户 u_i 一天内经过不同任务 t_j 的概率 p_{ij},然后基于该概率值选择合适的参与者完成任务。具体的选择方法为: UTS-CNTP 算法首先初始化选择的参与者集合 P 为空集,然后针对用户集合 U 中没有被选择的每一个用户 u_i,计算 $TQ(P \cup \{u_i\})$ 的数值(用户集合 $P \cup \{u_i\}$ 完成的总任务个数)和 $TC(P \cup \{u_i\})$ 的数值(用户集合 $P \cup \{u_i\}$ 完成所有任务的覆盖率)。需要注意的是,每个

用户覆盖任务的概率 p_{ij} 须大于或等于 R_{th}，另外，每个用户最多只能完成 q 个感知任务。然后，在这些用户中选择 $TQ(P\cup\{u_i\})$ 值和 $TC(P\cup\{u_i\})$ 值最大的用户作为候选者 p_i，并且确定该候选者完成的任务集合 T_i。如果不存在 $TQ(P\cup\{u_i\})$ 值和 $TC(P\cup\{u_i\})$ 值都最大的用户，则先选择 $TQ(P\cup\{u_i\})$ 值最大的用户，然后在这些用户中选择 $TC(P\cup\{u_i\})$ 值较大的用户作为候选者。接下来需要确定该候选者是否能完成任务，即完成的任务个数是否增加，如果任务个数增加，则将候选者 p_i 加入参与者集合 P 中。由于该用户已经被选择完成任务，不能再次被选择完成其他任务，所以需要将其从用户集合 U 中剔除。经过一次选择后，可以确定一个参与者及其完成的任务集合 T_i。接下来，需要继续迭代选择参与者，直到完成的任务个数不再增加。最后，UTS-CNTP 算法输出选择的参与者集合 P 及其完成的任务集合 $T'=T_1\cup T_2\cup\cdots\cup T_i$。

4.3.5　实验验证

本节基于 D4D 数据集进行试验评估，首先分析相关的实验数据，然后对实验结果进行分析。

1.实验数据分析

本问题要求每个参与者最多完成 q 个任务，由于本次实验通过 D4D 数据集进行实验评估，所以我们通过分析用户通话的相关数据确定 q 值的大小。

本次实验分析了 50 000 个用户一个月内平均每天访问的基站数量，具体的统计数据如图 4-18 所示。从图中可以看出，大部分用户访问的基站个数在 5 以内。同时，我们认为对于用户来说，一天完成 5 个任务是可以接受的。因此，在该问题中，将 q 设为定值 5，即不将其作为变量进行研究。

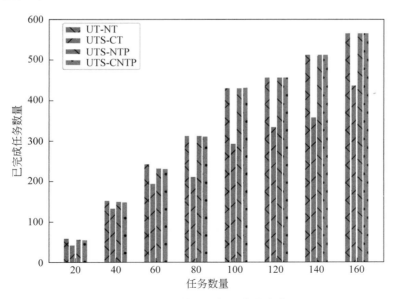

图 4-18　不同算法的任务完成个数

2. 实验结果及分析

本问题的优化目标为最大化完成任务的个数和最小化参与者人数,因此,在下面的实验中,需要比较不同算法选择的参与者人数及其完成的任务个数,由于每个任务需要多个用户完成,所以参与者完成的任务个数表示完成感知任务的次数。为了反映两个目标函数之间的关系,还需要比较两者的比值,即每个参与者完成的任务个数。由于该问题中的每个任务需要多个参与者完成,因此可以通过平均完成每个任务的参与者人数表示每个任务的完成情况。另外,算法的运行时间也可以反映出算法的相关性能。因此,下面的实验主要研究在不同的情况下本文提出的 4 种算法的性能,如不同的任务个数、不同的概率阈值等。

(1) 实验一:不同的任务个数。

实验一主要研究随着任务个数的增加,不同算法性能的变化情况。本次实验的任务个数从 20 增加到 160。本次实验要求每个任务最多由 4 个参与者完成,即如果有 20 个感知任务,那么选择的参与者最多可以完成 80 次感知任务。另外,本次实验的概率阈值 $R_{th}=$ 0.7,即当用户经过某个任务位置的概率 R 大于或等于 0.7,则认为该用户可以完成该感知任务。

从图 4-19 中可以看出,随着感知任务个数的增加,参与者完成的总任务个数也不断增加,具体来说,参与者完成的任务个数指的是完成感知任务的次数,因为每个任务可以由多个参与者完成。在 4 种算法中,UTS-CT 算法选择的参与者完成感知任务的个数最少,因为该算法只是将问题看作一个覆盖问题,只考虑任务的覆盖情况,没有考虑任务的完成次数,所以总的任务完成次数较少。因为 UT-NT 算法以任务中心选择参与者,因此可以保证完成的任务个数达到最大值。另外,值得注意的是,UTS-NTP 算法和 UTS-CNTP 算法中参与者完成的任务个数与 UT-NT 算法相同,也达到了最大值。

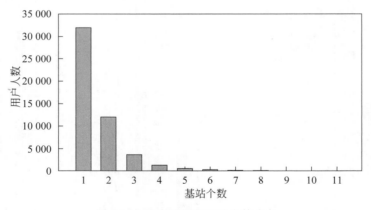

图 4-19　用户访问的基站个数分布

从表 4-1 中可以看出,并不是所有的感知任务都能被参与者完成,还存在一些任务没有被参与者覆盖,即没有一个参与者完成。随着任务个数的增加,没有参与者完成的任务个数也不断增加。另外,4 种算法中没有被参与者完成的任务个数都是相等的。因为 UTS-CT 算法基于任务的覆盖率进行参与者选择,所以可以保证没有被参与者完成的任务个数达到最小。因此,可以判断本次试验中,在所有的候选用户中,没有一个可用的用户可以覆盖这些没有被参与者完成的任务。由于本次试验中的任务位置是随机分布的,因此可能有些感知任务分布在用户人数较少的区域,如果当前没有用户经过该感知任务位置,则该任务就不能被完成。总的来说,任务的分布位置和用户的移动轨迹主要决定了任务完成的效果,因此,该问题主要适用于在一些繁华的区域(用户人数较多)选择参与者完成任务,并不能保证偏远区域的任务完成情况。

表 4-1　参与者未完成的任务个数

任务个数	UT-NT	UTS-CT	UTS-NTP	UTS-CNTP
20	3	3	3	3
40	5	5	5	5
60	8	8	8	8
80	10	10	10	10
100	11	11	11	11
120	13	13	13	13
140	15	15	15	15
160	18	18	18	18

从图 4-20 中可以看出,随着任务个数的增加,选择的参与者人数也不断增加。由于本次实验中的参与者人数较多,因此,随着任务个数的增加,选择的参与者人数会增加,完成的感知任务个数也会相应增加。因为 UT-NT 算法以任务为中心选择参与者,主要考虑任务的完成个数,没有考虑选择的参与者人数,即没有对参与者进行合适的组合选择,所以最终选择的参与者人数最多。UTS-CT 算法虽然选择的参与者人数最少,但是参与者完成的任务个数也最少。UTS-NTP 算法和 UTS-CNTP 算法选择的参与者人数相对较少,效果较好。

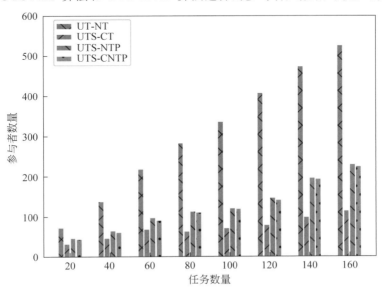

图 4-20　不同算法选择的参与者个数

从图 4-21 中可以看出,在不同的任务个数中,UT-NT 算法中每个参与者完成的任务个数最少,UTS-CT 算法中每个参与者完成的任务个数最多。如果不考虑参与者完成的总任务个数,那么 UTS-CT 算法对参与者的利用率最高,效果最好。但是,对于平台和任务发布者来说,相对于选择的参与者人数,主要的考虑因素是尽可能完成多个任务。因此,虽然 UTS-CT 算法中每个参与者完成的任务个数最多,但是参与者完成的总任务个数却是最少的。总体来看,UTS-NTP 算法和 UTS-CNTP 算法中每个参与者完成的任务个数较多,并且完成的总任务个数也是最多的。UTS-CNTP 算法中每个参与者完成的任务个数多一些。因为 UTS-CNTP 算法同时结合了 UTS-CT 算法和 UTS-NTP 算法的特点,所以总体性能较优。

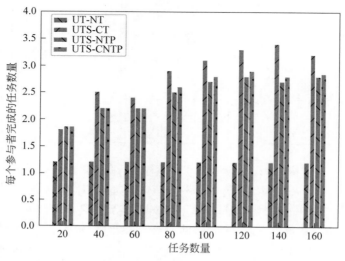

图 4-21　每个参与者完成的任务图 1

算法的时间复杂度是评价算法性能好坏的一个重要标准,本次实验主要通过对比不同算法的运行时间评估算法的可用性。从图 4-22 可以看出,随着感知任务个数的增加,算法的运行时间也不断增加。因为随着任务个数的增加,选择的参与者人数不断增加,所以算法的迭代次数也相应增加。其中 UTS-CNTP 算法的运行时间增长最快,因为 UTS-CNTP 算法每选择一个参与者,需要遍历所有用户,同时计算函数 TQ 和 TC 的数值,所以算法的运行时间最长。因此,如果对算法运行时间要求不高,则 UTS-CNTP 算法的整体性能较好,即完成的任务个数较多和选择的参与者人数较少。在对时间要求较高,或者任务个数较多的情况下,UTS-NTP 算法的性能更好一些。

（2）实验二：不同的概率阈值 R_{th}。

实验二研究随着概率阈值 R_{th} 的增加,不同算法的性能变化以及不同的任务完成情况。其中概率阈值 R_{th} 表示的含义是：如果 $p_t(u) \geqslant R_{th}$,则认为用户 u 有能力完成任务 t；否则认为用户 u 不能完成任务 t。本次实验随机选择了 100 个感知任务,每个感知任务最多需要 4 个参与者完成。

从图 4-23 中可以看出,概率阈值在合适的范围内变化对最终参与者完成的总任务个数影响比较小。因为本次实验的可用用户人数较多,虽然概率阈值的增加使某些用户完成感

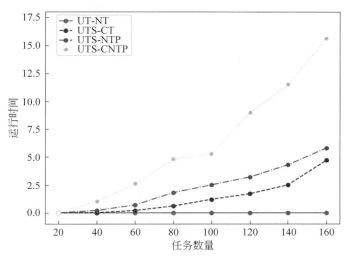

图 4-22　不同算法的运行时间

知任务的可能性变小,但是可以通过选择其他可用的用户完成任务,因为大部分用户每天的移动轨迹都是相似的,所以访问某些任务位置的概率较大,即大于最大的概率阈值,因此,总的任务完成个数变化比较小。相对于其他 3 个算法,UTS-CT 算法中参与者完成的任务个数最少,性能最差。

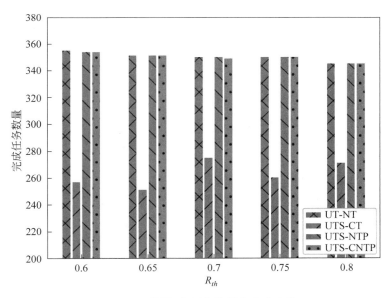

图 4-23　不同概率阈值的任务完成个数

　　从图 4-24 中可以看出,随着概率阈值的增加,UTS-CT 算法、UTS-NTP 算法和 UTS-CNTP 算法选择的参与者人数相应增加。因为随着概率阈值的增加,每个用户可以完成的任务个数减少。因此,为了尽可能完成多个感知任务,选择的参与者人数相应增加。但是,UT-NT 算法选择的参与者人数基本不变,因为 UT-NT 算法以任务为中心选择参与者,完成任务的参与者人数最多,并且大部分参与者只完成一个最大覆盖率的感知任务,所以概率阈值的增加基本不影响其参与者的选择。

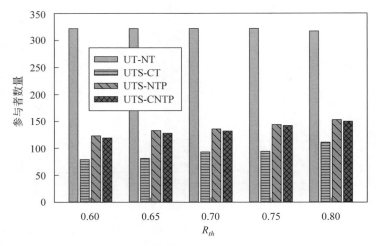

图 4-24　不同概率阈值的参与者人数

从图 4-25 中可以看出,UT-NT 算法中的每个参与者基本只完成一个感知任务,因为 UT-NT 算法以任务为中心选择参与者,即每次选择一个可以以最大覆盖率完成感知任务的参与者,没有考虑参与者之间的组合,所以概率阈值的增加对 UT-NT 算法选择的参与者影响较小。UTS-CT 算法、UTS-NTP 算法和 UTS-CNTP 算法中每个参与者完成的任务个数减少,因为每个用户在一天内覆盖不同任务的概率是固定的,所以随着概率阈值的增加,每个用户可以完成的任务个数减少。

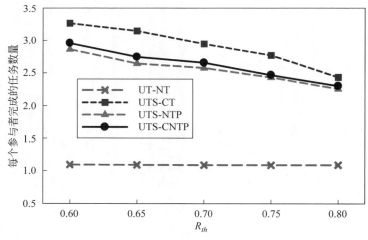

图 4-25　每个参与者完成的任务图 2

（3）实验三：不同的 p 值。

实验三研究 p 值的变化对参与者选择的影响,其中 p 表示每个任务最多需要几个参与者完成。本次实验随机选择 100 个感知任务,概率阈值 $R_{th}=0.7$。对于不同的感知任务,任务发布者会根据任务的难易程度设置不同的 p 值。例如收集城市的空气质量,任务相对简单一些,因此每个任务位置需要的参与者少一些。而类似于收集交通事故信息的复杂任务,需要多个参与者拍多张不同方向、角度的照片,以最大程度反映真实的情况。因此,下面实验中 p 值的变化范围为 1~7,注意本次实验主要研究不同 p 值对任务分配问题的整体影响,所以本次实验所有任务的 p 值都相同,没有考虑多个任务不同 p 值的情况。

从图 4-26 中可以看出,随着 p 值的增加,参与者完成的任务个数增加。因为在感知任务个数一定的情况下,参与者完成任务的次数与 p 值成正比,所以 p 值越大,完成的感知任务次数越多。当 $p=1$ 时,每个感知任务只需要一个参与者完成,即该问题为一个典型的覆盖问题,所以 UTS-CT 算法中参与者完成的总任务个数与其他 3 个算法一样,达到最大值。但是,随着 p 值的增加,UTS-CT 算法的性能越来越差,其他 3 个算法的性能不变,完成任务的个数都达到最大值。

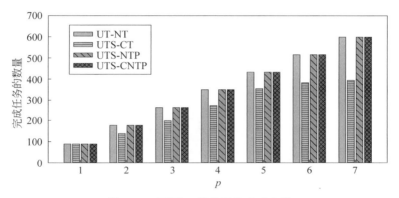

图 4-26　不同 p 值的任务完成个数

从图 4-27 中可以看出,随着 p 值的增加,不同算法选择的参与者人数都增加,因为完成的总任务个数增加。其中,UT-NT 算法选择的参与者人数最多,并且随着 p 值的增加,该算法选择的参与者人数与其他 3 个算法选择的参与者人数之间的差值越来越大,因为随着参与者完成任务次数的增加,UTS-CT 算法、UTS-NTP 算法和 UTS-CNTP 算法中的每个参与者可以多完成几个任务,而 UT-NT 算法中的每个参与者平均只完成一个感知任务,基本不随 p 值的增加而变化。

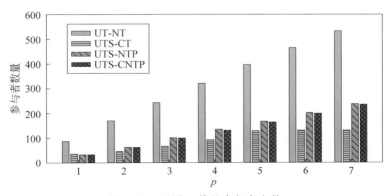

图 4-27　不同 p 值的参与者人数

　　因为本次实验随机选择多个感知任务,因此不是所有的感知任务都有参与者完成,本次实验中平均完成每个感知任务的参与者人数指的是有参与者完成的任务,没有考虑参与者未覆盖的感知任务,所以,当 $p=1$ 时,4 个算法中平均完成每个感知任务的参与者人数都等于 1。从图 4-28 中可以看出,虽然平均完成每个感知任务的参与者人数都接近 p 值,但是随着 p 值的增加,平均完成每个感知任务的参与者人数与 p 的差值越来越大。所以,考虑到任务的完成效果,任务发布者应该设置合适的 p 值。

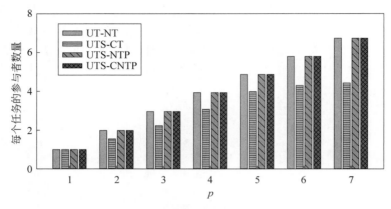

图 4-28　完成每个任务的参与者人数

4.4　本章小结

　　本章介绍了移动群智感知任务的多目标优化分配问题,具体探讨了 3 种典型场景,包括用户资源匮乏情况下的任务分配,用户资源充足情况下的任务分配,以及机会式的参与者选择。针对每个问题,首先分析其背景和优化目标,进而给出形式化定义,在此基础上给出问题的优化求解方法。由于群智感知任务分配涉及的影响因素较多,且多互为制约,所以多目标优化分配为常见的问题场景,类似的可考虑的因素还包括任务激励成本、数据质量、完成任务的时间效率、参与者的可信任度等。

习　　题

　　1. 与单目标群智任务分配相比,多目标任务分配的挑战性体现在哪些方面?

　　2. 分析最小费用最大流模型是否适用于大规模群智任务分配问题及其原因。

　　3. 分析利用线性加权法求解多目标群智任务分配问题的局限性。

　　4. 机会式参与者选择场景中,用户的移动路线预测模型对最终的分配质量会带来哪些方面的影响?

　　5. 由于参与者移动路线预测模型的精度所限,导致最终所分配的任务无法被指定的参与者执行,有哪些措施可以应对这一问题?

本章参考文献

[1] Click C，Cooper K D. Combining analyses，combining optimizations[J]. ACM Transactions on Programming Languages and Systems (TOPLAS)，1995，17(2)：181-196.

[2] Hershberger J，Suri S，Bhosle A. On the difficulty of some shortest path problems[J]. ACM Transactions on Algorithms (TALG)，2007，3(1)：5.

[3] Hadji M，Zeghlache D. Minimum cost maximum flow algorithm for dynamic resource allocation in clouds[C]//Cloud Computing (CLOUD)，2012 IEEE 5th International Conference on. IEEE，2012：876-882.

[4] Wayne K D. A polynomial combinatorial algorithm for generalized minimum cost flow[J]. Mathematics of Operations Research，2002，27(3)：445-459.

[5] Nallaperuma S，Wagner M，Neumann F，et al. A feature-based comparison of local search and the christofides algorithm for the travelling salesperson problem[C]//Proceedings of the twelfth workshop on Foundations of genetic algorithms XII. ACM，2013：147-160.

[6] Blondel V D，Esch M，Chan C，et al. Data for development：the d4d challenge on mobile phone data[J]. arXiv preprint arXiv：1210.0137，2012.

[7] Sugihara H，Komoto J，Tsuji K.A multi-objective optimization model for urban energy systems in a specific area[C]//Systems，Man and Cybernetics，2002 IEEE International Conference on. IEEE，2002，5：6.

[8] Qi Lianyong，Tang Ying，Dou Wanchun，et al. Combining local optimization and enumeration for QoS-aware web service composition[C]//Web Services (ICWS)，2010 IEEE International Conference on. IEEE，2010：34-41.

[9] Devi S P，Gunjan G，Kumari E，et al. Multi-objective optimization of cylindrical Fin Heat sink using Taguchi based ε-constraint method[J]. 2011：618-682.

[10] Qi Jianzhong，Xu Zhenghua，Xue Yuan，et al. A branch and bound method for min-dist location selection queries[C]//Proceedings of the Twenty-Third Australasian Database Conference-Volume 124. Australian Computer Society，Inc.，2012：51-60.

[11] Alrifai M，Skoutas D，Risse T. Selecting skyline services for QoS-based web service composition[C]//Proceedings of the 19th international conference on World wide web. ACM，2010：11-20.

[12] Wang Jing，Zhou Yongsheng，Yang Haoxiong，et al. A Trade-off pareto solution algorithm for multi-objective optimization[C]//Computational Sciences and Optimization (CSO)，2012 Fifth International Joint Conference on. IEEE，2012：123-126.

[13] Weinberg J，Brown L D，Stroud J R. Bayesian forecasting of an inhomogeneous Poisson process with applications to call center data[J]. Journal of the American Statistical Association，2007，102(480)：1185-1198.

[14] Goundan P R，Schulz A S. Revisiting the greedy approach to submodular set function maximization[J]. Optimization online，2007：1-25.

[15] Fisher M L，Nemhauser G L，Wolsey L A. An analysis of approximations for maximizing submodular set functions—II[J]. Polyhedral combinatorics，1978：73-87.

第5章 数据质量评估与优选

随着嵌入式设备、无线传感网络、物联网、智能移动终端等的快速发展,普适计算逐步融入人们的日常生活环境中,所获取的数据也越来越多样。传统的数据收集方式主要依赖专业感知设备,如摄像头、空气质量检测仪等。虽然采集数据准确,但具有部署难,维护成本高,采集数据单一和范围受限等问题,因而在应用范围和应用效果上受到很大限制。为了解决相应问题,移动群智感知将采集对象转向大量普通用户来提高覆盖范围,通过用户随身携带的智能设备进行大规模、随时随地的采集方式。

这一方式虽然能够大范围覆盖城市区域,收集多种多样的城市信息,但由于不同用户在活动范围上有一定重叠,群智感知采集到的数据中可能存在大量冗余。而大量未经训练的用户作为基本感知单元会带来感知数据多模态、不准确、不一致等质量问题。在此背景下,如何在数据冗余、质量良莠不齐情况下对参与者上传到中心服务器的感知数据进行质量评估和优选,并将得到的智能信息运用到各种创新型服务中是群智感知领域的研究热点。

5.1　移动群智感知数据质量

数据的收集和传输是群智感知网络实现其作用的必经途径,也是群智感知网络任务完成的根本保证。传统的无线/有线传感器网络所用的终端感知设备大多为专业传感器,如温湿度传感器、环境污染物传感器等,一般可以在感知任务部署前进行设备的校正或误差修正,因此,相应的感知数据质量评估相对容易。然而,在移动群智感知网络中,一方面众多参与者在操作技能、任务认知等方面存在较大差异,另一方面不同参与者所拥有智能移动设备的种类多样、属性各异,这两个要素均会对所收集的感知数据带来显著的影响,从而导致收集到的感知数据存在质量参差不齐的现象。因此,如何科学衡量群智感知系统收集数据的质量并优选高质量数据是一个亟待解决的问题。

现有的研究大多将群智感知数据质量与能耗、隐私、感知源等方面进行联合研究[1-2],希望能够获得高质量的数据。然而,影响数据质量的因素极其复杂,很难依靠单独因素的改进而显著提高。具体来说,群智感知数据质量受多方面因素的影响,主要包括:①用户使用的感知设备类型与属性。例如,高端手机所配置的传感器种类一般比低端手机所配置的传感器种类多,同时传感器精度也高。②用户采集数据的环境和方式。例如,手持移动设备采集环境噪声的数据质量比将移动设备放置在衣服口袋或手提包里采集环境噪声的数据质量高。③用户的认知/技能水平。例如,基于移动群智感知的图像搜索应用依赖用户对图像的识别能力,而不同用户对同一图像的认知可能存在偏差。④用户的主观参与意愿。例如,有些用户会严格按照任务要求采集数据,而有些用户会比较随意,甚至存在恶意用户上传虚假伪造数据以骗取奖励的情况。

　　总而言之,数据质量的好坏是衡量感知系统优劣的直接指标,是提升群智感知性能和应用服务的基础与保障,也是影响移动群智感知系统能否得以普及的关键因素。通过对所收集的数据质量进行有针对性的评估,并根据评估结果采取相应的措施与方法增强数据质量,可以有效地支撑上层相关应用需求。为了提高群智感知系统的效率,感知数据质量的合理评估是必须解决的问题。

5.2　移动群智感知数据选择

　　由于不同感知参与者在时空范围上的重叠现象以及部分未经训练用户在任务执行阶段的不熟练,所收集的感知数据不准确且冗余。为了避免大量低质量数据上传对系统和服务器工作效率的影响,过滤冗余数据,筛选优质数据是常用方式之一。

　　由于移动设备的续航能力有限,大多数移动群智感知应用都没有让智能设备承载过多的计算任务,因而将大量数据不经筛选地上传至服务器是现有阶段群智感知系统进行数据优选的基本方式。但是,随着智能设备软硬件的发展,移动群智感知的数据优选功能可移至智能设备执行,从而提高数据收集质量并降低通信负载和数据中心负载。

　　一般来说,移动群智感知数据从用户端上传到服务器,主要经历两个阶段:数据选择和数据移交。数据选择可分为前置选择和后置选择。数据移交可分为实时移交和容延移交。前置选择指数据在上传之前对其效用进行评估,然后选择可用数据上传至服务器;而后置选择指数据上传至数据服务器或交付给任务发布者之后再进行数据选择操作。前置选择适用于网络带宽有限或网络流量费用较高的情况,通过前置选择,在数据上传前过滤掉一些低质、低效用和冗余的数据,有助于节省带宽和流量。后置选择适用于对数据时效不敏感的应用,原始数据可通过免费或低收费的网络全部上传至服务器,优点是数据传输成本低,而且由于服务器可以针对完整的数据集进行去噪和去重,因此其数据选择的精度和召回率理论上高于前置选择方式。在数据移交方面,实时移交指参与者采集感知数据之后立即上传,数据失效快,但需要良好的网络通信环境。容延移交中数据的时效性较低,参与者可以在接入免费或低收费的网络后上传数据。容延移交可以由即时移交代替,反之则不行。感知数据优选的目的在于如何在数据大量冗余、质量良莠不齐的情况下实现优质数据的甄别与选择,因此,本小节主要介绍数据选择的具体流程和方法,数据移交的相关内容将在下一小节详细的介绍。

　　对于多媒体文件(如视频、音频等)的数据选择而言,其数据传输所需资源(如带宽、流量等)较多,因此需要通过感知节点与后台数据中心之间的交互,实现前置数据选择(Pre-selection)。在前置选择方式下,客户端首先提取数据的关键信息,然后上传给数据中心,数据中心根据感知任务对数据集的多维约束(如时空特征、质量、采样间隔、方向等)评价数据质量,最终只有高质量的数据被完整上传至数据中心。根据任务需求从原始数据集中优选出理想的数据子集是降低通信、计算等资源消耗的有效途径。而低冗余、高覆盖是理想子集的通用化标准,其中低冗余指数据子集中没有相同或相似的数据,高覆盖是指数据子集能够最大限度地全方位反映感知对象的真实情况,如图 5-1 所示。

　　实际中,不同的移动群智感知任务在评价冗余度和覆盖度时的标准是不同的,也就是在数据选择时需要遵循的选择约束是不同的,因此数据优选的方法也不同。为了提高系统效率,降低数据传输成本,如何在数据大量冗余、质量良莠不齐的情况下实现优质数据的甄别与选择是数据优选需要解决的问题。

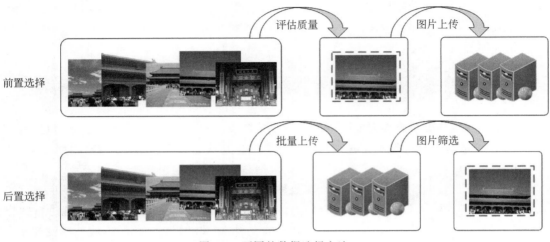

评估质量　图片上传

前置选择

批量上传　图片筛选

后置选择

图 5-1　不同的数据选择方法

5.3　研究进展

作为一个新的研究领域,移动群智感知数据的质量评估与优选有其自身的研究挑战和问题,包括用户质量不高、数据大量冗余和数据欺骗等问题。下面分别有针对性地对其现阶段所取得的研究进展进行介绍。

5.3.1　移动群智感知数据质量评估

根据感知任务或对象的类型的不同,有 3 种典型的感知数据的质量评估和保障方法能够合理评估数据质量,包括面向二值型任务的方法、面向多类别型任务的方法和面向连续信号型任务的方法。在面向二值型任务的方法中,任务的结果只有两种:"是"或者"否"。事件检测是一种典型的二值型任务,即判断某种事件是否发生。最简单的方法是基于投票统计的方法[3],即当判定事件发生的用户数量超过特定阈值的时候,才最终确定事件发生。在面向多类别型任务的方法中,多类别型任务的结果多于两种,例如,用户对某个事物的评价可以打分为 1~5 的某个分数。投票法虽然也可以用来度量结果的不确定性,但还不够准确。最大期望法[4]是一种常用的更准确的方法,它以迭代的方式首先根据用户的感知数据估计用户的可靠性,然后根据用户的可靠性估计最终的任务结果,并不断重复上述过程。面向连续信号型任务的方法不同于前两种,主要针对连续信号任务监测,例如对区域环境现象的连续监测属于连续信号型任务。Koutsopoulos 针对这类任务提出了一种感知数据质量度量方法,该方法将某个用户提交的历史数据与所有用户数据的平均值之间的累积误差,作为该用户的感知数据质量指标[5]。

以上 3 种方法的基本思想都是通过多人重复采集抵消个人数据不准确的影响,从而提高整体数据的可靠性。然而,相比于群智感知网络中其他方面的研究,关于感知数据质量的研究还比较少。文献[6-9]只考虑群智感知网络中最简单的情况,即参与者"是/否"感知。但在实际的群智感知网络任务中,其所要求的感知数据信息远比"是/否"要复杂得多,例如各地信号强度值和污染物指数等数据,这些都不是仅用"是/否"就能完整描述的。文献[10]基于真实的污染源监控场景实际需求,依靠参与者上传的不完整数据,采用最大期望算法准确识别污染源。文献[11]针对群智感知网络中参与者上传数据的不完整问题,提出一种基于动态规划与信誉反馈的参与者选择方法,解决在参与者人数不确定的情况下如何选择参与者,从而提高感知数据质量的问题。

以上这些方法主要解决从用户采集和数据汇聚角度提高数据质量,并未充分应对因为用户参与主观意愿所导致的数据质量低下甚至虚假数据的问题。针对该问题,有两类方法解决感知数据的可信性问题,分别是可信平台模块和信誉系统。可信平台模块在用户的移动感知设备中设置专门的硬件模块,保证用户感知和上报到数据中心的数据是由真实的、授权的感知设备所采集。文献[12]基于"安全数码相机"的思想,利用 MD5 算法和基于随机数的加密算法设计了一个图像篡改检测的可信平台模块方法来保障用户上传图像数据的真实性。信誉系统用于评估和记录用户的历史感知数据的可信性,并将其用在未来的系统交互过程中,对于信誉度低的用户,优选其所采集的感知数据的可能性也会相应较低,同时会兼以相应的激励或惩罚措施[13]。此外,Mousa 等人总结了串谋攻击、女巫攻击、GPS 欺骗等11 种恶意用户攻击方式[14],为后续数据质量的提高提供了理论支持。

5.3.2 移动群智感知数据优选

对感知数据质量完成评估后,系统需要筛选冗余数据,提高分析效率。现有的许多工作都基于内容进行质量评估,分析群体与感知对象交互时产生的多维物理情境信息(如光强、加速度、拍摄角度等),提出群体数据质量评估模型。当前对移动群智感知数据质量量化评估方面的研究较少,大部分研究侧重于数据分析阶段使用数据挖掘[15]、机器学习[16]等方法识别和过滤异常数据实现数据优选。文献[17]从数据可信度出发,结合聚类和逻辑推理手段,提出一种识别错误或正确数据的方案,并实现虚假数据的过滤,从而实现数据质量的提升。Guo 等[18]提出了一种基于上下文感知的数据质量估计方法,通过历史数据训练上下文质量分类器,捕获上下文信息和数据质量之间的关系,据此设计激励手段引导移动用户的参与度和贡献度。

除数据分析外,也有的工作尝试通过消除冗余达到数据优选的目的。在这一方面,已有工作通过语义相似度进行冗余发现。语义相似度计算主要用于对两幅图像之间内容的相似程度进行打分,根据分数的高低判断图像内容的相近程度。具体地,语义相似度可通过时空情境信息、拍摄角度、远近等进行刻画。文献[19]通过计算其与图像库中所有图像的检索矢量的范式距离和欧里几得距离,得到与检索图像相似度值最高的一组图像数据并将其作为优质数据。Guo 等[18]提出基于分层金字塔树的冗余发现方法,每一层根据不同的约束阈值可以形成不同的分支。某层分支涵盖的数据代表该层以上特征联合聚类的结果。该方法能根据数据流和任务的语义约束,在线构造分层金字塔树,实现满足多维覆盖的群体感知冗余数据分组。此外,Uddin 等[19]研究了灾后现场在容延网络环境下的传输问题,在数据上传前根据时空和内容相似度约束进行照片选择,提高了群智感知移交效率。Wang 等[20]提出一系列摄影采集规则,实现对群体贡献视频数据的融合和集成。Tuite 等[21]通过群体感知收集建筑物照片,用于城市 3D 建模,其主要思路是采用一种游戏的方式,训练"玩家"成为采集照片的"专家",使"专家"们能够从不同的角度高密度地采集城市中建筑物的照片,实现对感知数据对象的多角度覆盖。Kawajiri 等[22]采用动态激励机制提高感知任务不同侧面的覆盖。

5.4　代表性工作：视觉群智感知与数据优选模型

文献[23]针对移动群智感知场景下感知节点的异构和网络的弱连接性带来感知数据不完整、不均匀和不可靠问题,解决数据采集和收集阶段的挑战,重点针对视觉群智感知任务(图像类数据)收集过程中的独特问题并提出可行的解决方案,高质量地收集感知数据。该文针对视觉群智感知数据的异构特征、动态数据流和任务多样化等问题,提出自适应任务约束的数据流聚类方法,实现高效率、高精度逼近数据选择最优解的目标。同时,考虑在客户端消除冗余数据,以有效降低存储空间和流量的消耗。为此,提出一种基于塔形树的照片信息存储结构 PTree,以及基于 PTree 的照片流数据聚类方法和数据选择方法。该方法适用于不同的感知任务,并且能够快速甄别冗余图像数据,从而降低由于参与者的移动性而造成网络通信中断所带来的数据丢失风险,提高数据收集的可靠性。

5.4.1　视觉群智感知数据优选模型

面向移动群智感知的照片不同于传统意义上只关注图像信息的照片,照片数据除了图像文件外,还包括大量的传感器数据,这些传感器数据常被用于移动群智感知应用系统。人们在互联网中(特别是移动社交网络)分享了大量照片,机会式感知利用这些照片及附带的信息(如作者、拍照地点、拍照时间、标签等)完成感知任务。此时,分享照片的人成为无意识地完成感知任务的参与者。而参与式感知通过招募参与者采集数据完成感知任务,参与者必须按任务要求使用定制的 App 拍摄特定对象的照片。此时,拍摄照片的人成为专门完成感知任务的参与者。不同于传统意义上的高质量照片,本文提及的高质量照片数据需要满足两个标准:①满足任务需求的数据。②低冗余的数据。

移动群智感知的数据集对感知目标的覆盖度越高且数据集的规模越小,数据集的质量越好。导致数据集质量降低的两个主要原因是低质采集和重复采集。移动群智感知中导致低质采集的原因分为非主观原因和主观原因。非主观原因是指:①任务的描述存在二义性,即参与者和任务发布者对人物的理解有偏差。②针对多样化的感知目标,参与者的感知行为难以规范化,其主观原因是指参与者敷衍完成采集任务。

移动群智感知中产生冗余采集有两个原因:①移动群智感知为保证数据集对感知目标的覆盖度,参与者实际雇用量往往大于理论雇用量。②陌生的参与者之间是一种"隐式"协作关系,因而不同的参与者就可能采集到相同或相似的照片。

以图像感知数据为例,其冗余关系较为特殊,如图 5-2 所示,照片 A 和照片 B 部分相似,照片 B 和照片 C 部分相似,但照片 A 和照片 C 不相似,也就是相似关系不具有传递性。原始照片和照片之间的相似关系可以用图表示。依相似度进行聚类时,如果以照片 B 为聚类簇中心,那么照片 A 和照片 C 就可能归入同一个簇,这显然是错误的。所以,为了保证对感知目标的最大覆盖,这里使用图的最大独立集(max independent set)作为数据选择的最优解。例如,图 5-2 中有 4 个建筑物,如果选择照片 A 和 C,则使用两张照片即可覆盖所有建筑物。照片是否能够被选中依赖于该照片是否同时满足任务需求,即参与者是否按照要求拍摄了正确的照片,并且该照片不能由其他照片代替。

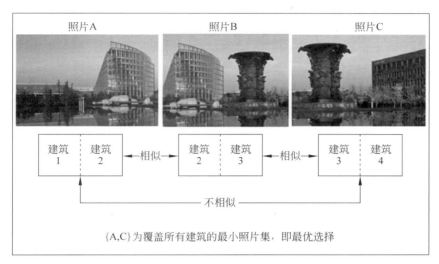

图 5-2　移动群智感知数据冗余示例与数据过滤理论基础

为了能够及时收集数据,并降低收集到冗余数据的概率,工作者在提交照片后,后台服务器需要快速判断照片的价值,并决定是否留用该工作者上传的照片。利用照片的情境信息可以粗略判定两幅图像是否相似,而照片的情境信息(如时间、地点、拍摄角度)由低维异构的数据组成,因此需要研究面向低维异构大数据的数据聚类方法,从而快速评估新数据的价值。

1. 交互式数据移交

群智感知受分布式采集模式的影响,冗余数据常常是在工作者不知情的情况下产生的,所以,通过工作者与平台之间的交互,可以达到对数据集进行前置选择的目的,从而降低感知成本。

采用前置选择方式的交互式选择移交的流程如图 5-3 所示:①客户端 App 首先向感知平台的服务器发送感知数据的基本项、情境项和缩略图,这些数据大约 10KB。②服务器根据这些数据判断该感知数据是否与数据中心的其他数据相似,如果相似,则拒绝上传感知数据的完整图片,如果不相似,则请求客户端 App 发送完整图片。③服务器计算应该为该数据支付的报酬,包括拍照报酬和流量补贴两部分,并告知工作者。

为了利用前置选择机制,大量的移动群智感知任务需要实时对拟上传的数据进行价值评估,即该数据是否值得收集。移动群智感知的数据价值体现在该数据是否能够对整个数据集的价值做出贡献。移动群智感知数据由异构的数据项组成,分两步评估一个数据的价值:①根据移动群智感知的任务约束,评估数据的质量,即是否满足任务要求。②在已收集到的数据中检索可以被替代的数据(可相互替代的数据对数据集的价值贡献是相等的,即相似数据)。为了适应不同的任务,数据相似关系计算采用参数化的函数。如前面所述,移动

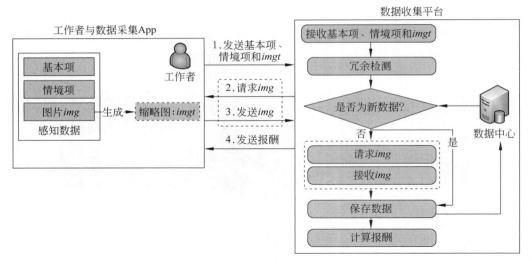

图 5-3　移动群智感知的前置数据选择工作流程图

群智感知数据的相似关系不具有传递性,所以图的最大独立集为最优解。为了合理聚类,生成最大独立集,下面研究针对动态数据流的逼近最优解的数据聚类和数据选择方法。具体来说,根据数据之间的相似关系,对动态的数据流进行聚类,使相同聚类簇中的数据对整个数据集的价值贡献相等,然后从不同的簇中选择数据。

2. 基于感知覆盖度的数据集质量评价方法

假设原始数据集的数据相似关系矩阵为 $\boldsymbol{\lambda}$,$\boldsymbol{\lambda}_{i,j}=1$ 表示照片 P_i 和 P_j 之间的相似关系为真,此时,P_i 和 P_j 对优选后的感知数据集合的价值贡献是相等的,即 $Q((O-\{P_i\})\bigcup\{P_j\})=Q((O-\{P_j\})\bigcup\{P_i\})$。

为了及时向参与者支付报酬,并判断数据是否有保留的价值,在每个数据到达数据中心时,任务平台需要及时对数据进行价值评估,并支付报酬。若 $Q(S)$ 表示 S 中数据的总价值,那么如果 $Q(S\bigcup\{p\})>Q(S)$,则数据 p 值得保留。如果数据子集 S 中的数据两两都不相似,那么这个子集中的数据对任务都是有价值的,增加任何一个与子集中的元素相似的数据都是无意义的,但是,如图 5-2 所示,我们更希望得到对感知对象覆盖最全面的最小数据子集,即高质量的数据集,这个问题可以转化为求最大独立集。

假设某一任务的感知数据集为 $P=\{P_1,P_2,\cdots\}$,数据上传至数据中心的时间为 ta_1,ta_2,$\cdots$。由于在任务结束之前,P 一直增加且时间无法预知,因此 P 为数据流。由于群智感知是分布式数据采集,受移动通信速度的影响,采集时间 ts 和上传成功的时间 ta 并不同步,所以,及时判断数据价值非常重要。移动群智感知任务的时间跨度差别很大,短则几十分钟(如事件感知[22]),长则数月(如环境污染[24])甚至数年(如生物科学研究[25]),所以我们无法每次都能够对完整的数据集进行分析。

3. 基于任务约束的语义相似度计算方法

为了使计算机能够判断两张照片是否相似,本章将在感知任务中定义的照片相似度判定条件称为任务约束条件。根据任务约束条件,可以从两方面衡量数据的相似度:图像相似度和语义相似度[26]。

1）图像相似度

图像相似度指采用传统的图像相似度计算方法计算图像之间的相似程度,从而判定两张图片是否相似。提取图像特征的方法很多,如 SURF（Speed-Up Robust Features,加速健壮特征）、SIFT（Scale-Invariant Feature Transformation,尺度不变特征变换）、颜色直方图、边界检测,然后计算特征之间的距离,如欧氏距离和 KL 距离（Kullback-Leibler Divergence,相对熵）。

2）语义相似度

本章采用语义相似度识别冗余数据,数据之间的语义相似度度量以任务约束为基础。由于群智感知数据的特征是异构的,因此采用式（5-1）的布尔函数计算。

$$S(P_i, P_j) = \bigwedge_{k=1}^{n} (dist_k(p_{i,k}, p_{j,k}) \leqslant cth_k) \tag{5-1}$$

式中：P_i——感知数据,有 n 个特征;

　　　P_j——感知数据,有 n 个特征;

　　　$p_{i,k}$——感知数据 P_i 的第 k 个特征;

　　　$p_{j,k}$——感知数据 P_j 的第 k 个特征;

　　　$dist_k$——第 k 个特征的距离计算函数;

　　　cth_k——在任务中定义的针对第 k 个特征设定的相似度阈值。

式中,当函数值 $dist_k(p_{i,k}, p_{j,k}) \leqslant cth_k$ 时,表示两个数据的第 i 个特征是相似的。当所有的特征计算得到的结果都为"真"时,两个数据相似关系成立。函数 $dist_k$ 的意义是由第 k 个特征决定的。若第 k 个特征表示定位,则 $dist_k$ 计算地理距离;若第 k 个特征是图像,则 $dist_k$ 即图像相似度。

5.4.2　基于 PTree 的高质量数据选择方法

两个感知数据的相似度是由式（5-1）计算的,根据布尔函数的特性,当有一项为假时,无论后面几项是真或是假,表达式的结果都是假。如图 5-4 所示,4 个感知数据依次到达,这里使用树的形式表达计算过程和结果,虚线框内为数据特征之间的关系,其中因为 $agl_1 \neq agl_2$,所以 img_1 和 img_2 无须比较而被省略。由于无法确定后来的数据是否与前面的数据有相似关系,因此,所有的数据都需要自顶向下保留所有的属性,由于第 $n+1$ 层的结点数不小于第 n 层的结点数,所以这棵树的形状像佛塔,被称为"塔形树"（Pyramid Tree,PTree）。

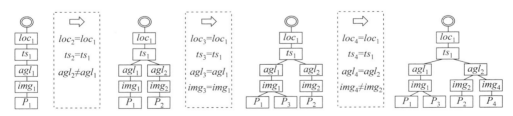

图 5-4　感知数据的相似度计算和聚类过程示例

如果群智感知数据包含 d 维,那么塔形树包含 $d+2$ 层,其中根结点在第 0 层,叶子结点在第 $d+1$ 层,其他层结点称为非叶子结点,每个叶子结点分别对应一个感知数据,每个非叶子结点对应了数据基于某特征的聚类。如图 5-5 所示,塔形树的 $1 \sim d$ 层分别对应感知数据的一维属性,从根结点至叶子结点的分支上的结点则代表分支上的数据对感知对象某一侧面的覆盖。非叶子结点代表了所有子结点的某一个共同特征,如结点$N_{1,1,1}$代表感知数据$\{P_1,P_3,P_5\}$的某个特征是相似的,而结点$N_{1,1}$则代表数据$\{P_1,P_2,\cdots,P_6\}$的某个特征是相似的。所以,第i层的结点的叶子结点数据组成第i层的微簇。

1. 基于 PTree 的数据选择算法

PTree 的每个分支都代表一个数据或一组相似的数据,分支的非叶子结点代表了该组数据的各个特征,多个分支之间的部分重合关系表示叶子结点里的数据的部分特征是相似的,因此,由不同非叶子结点组成的分支上的数据是不同的。如图 5-5 所示,感知数据P_1和P_3是重复的,但P_1和P_2是不重复的。

在服务器端,每个任务可以对应一个或多个 PTree,PTree 初始为空,当服务器接收到感知数据后,PTree 开始生长,生长的过程中如果一个感知数据使 PTree 长出新的非叶子结点,则表示该数据为新数据,即高价值数据,因此,根据图 5-5 所示的交互式移交模型,所有在兄弟结点中排行老大的叶子结点(即最先到达)最终被选中。

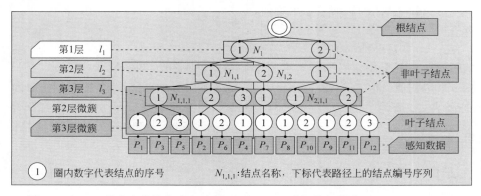

图 5-5   PTree 的基本结构与定义示例(此处 $d=3$,感知数据集为$\{P_1,P_2,\cdots,P_{12}\}$)

PTree 的生长过程示例如图 5-6 所示,每个数据对应一个叶子结点,PTree 的生长相当于判定在哪个非叶子结点处分叉。

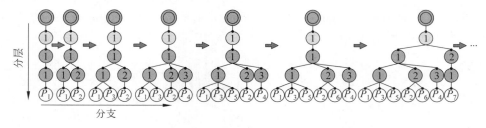

图 5-6   PTree 的生长过程示例

匹配结点是一个非叶子结点,如果一个非叶子结点是一个感知数据的匹配结点,那么该数据必须能够包含在该非叶子结点构成的微簇中。任务约束被用来查找匹配结点,而找不到匹配结点时,PTree 产生分支,因此,任务约束可以看作 PTree 的分支参数。

以图 5-6 为例,PTree 生长过程如算法 1 所示。PTree 的生长过程就是不停地为数据流的最后一个数据在已构造的 PTree 中寻找匹配结点。树的分层、结点的属性和匹配结点的查找方法都对 PTree 的构造造成影响,也就是对重复数据的识别结果有影响。

算法 1　PTree 生长算法

输入：数据流 P

输出：塔形树 PTree

for each $p \in P$ do

　　N＝PT 的根结点；

　　//从根结点开始，自顶向下广度优先搜索数据 p 的匹配结点

　　While N 不是叶子结点 do

　　　　从 N 的直接后继子结点中检索数据 p 的匹配结点 M

　　　　if M 被找到 then

　　　　　　$N \leftarrow M$；

　　　　else if M 没有被找到 then

　　　　　　自结点 N 处开始构造分支

　　　　　　break；

　　　　end if

　　end while

　　构造 N 的兄弟叶子结点，在结点内保存数据 P

end for

2. 树的分层与树结点的属性

由于 PTree 的分层会影响计算效率，为了适应数据流的特性以及塔形树与分层配置有关的特性，PTree 需要采用动态的分层配置。假设移动群智感知平台能够支持的感知数据的特征数为 F，某任务收集的感知数据的特征集表示为 $F = \{f_1, f_2, \cdots\}$，PTree 的层集为 $L = \{l_1, l_2, \cdots\}$，$|F| \leqslant |\boldsymbol{F}|$，$|F| \leqslant |\boldsymbol{L}|$，那么 PTree 的分层规则可以定义为 $F \rightarrow L$ 的映射关系，表示为集合 $LM = \{(f_i, l_j) \mid f_i \in \boldsymbol{F}, l_j \in \boldsymbol{L}\}$。

PTree 的生长是感知数据与 PTree 的对比和查找匹配结点的过程，树结点的参数需要支持这个查找过程，因此，基于感知任务的定义和感知数据的定义，PTree 的非叶子结点的数据结构见表 5-1。不同的非叶子结点可以将数据分为不同的微簇，该微簇的中心值是依据微簇内的数据对应的属性值计算的。如表 5-1 所示，在定位层，微簇中心以 $nloc$ 表示，与此类似，参数 (ntl, ntu)、$nagl$ 和 $nimg$ 都表示不同层的微簇中心属性。由于并不是所有的感知数据的属性都可以进行算术运算，如图像，所以本文采用不同的方法计算微簇的中心值。

表 5-1　PTree 的非叶子结点的数据结构

层	对应的感知数据项	对应的感知任务项	树结点的属性
任务	tid	tid	$(ntid)$
定位	$loc : (px, py)$	c_loc	$(nloc, c\_loc), nloc : (px, py)$
时间戳	ts	c_tm	(ntl, ntu, c_tm)
拍照方向	agl	c_agl	$(nagl, c\_agl)$
图像	img	mt_is, th_is	$(nimg, mt\_is, th\_is)$

（1）基于 SIFT 特征的图像距离。以 SIFT 特征为例，本章介绍图像相似度的计算方法。开源的工具包 VL Feat 可用于提取图像的 128 维 SIFT 特征。假设数据 P_x 和 P_y 的图像 $imgt_x$ 和 $imgt_y$ 的 SIFT 特征点集合为 f_x 和 f_y，集合内每个元素为 128 维 SIFT 特征，采用欧氏距离计算特征之间的距离，当距离小于阈值 th 时（通常 $th \in [0.4, 0.8]$），认为两个特征点是可以匹配的相似特征点。从集合 f_y 中为集合 f_x 的每个特征点检索距离最近的可匹配特征点，组成一个匹配对。假设集合 M 中保存了 f_x 和 f_y 的所有的匹配对。两幅图像的 SIFT 特征距离由式（5-2）计算。

$$Sift(P_x, P_y) = -0.5 \times \left(\frac{|M|}{|f_x|} + \frac{|M|}{|f_y|} \right) \tag{5-2}$$

（2）基于颜色直方图的图像距离。假设给定数据 P_x 和 P_y 的图像 $imgt_x$ 和图像 $imgt_y$，它们的第 i 个颜色区间（color bin）的像素数比例分别为 bx_i 和 by_i。使用 KL 距离，两幅图像的颜色直方图特征距离由式（5-3）计算。

$$\mathrm{Color}(P_x, P_y) = \max \left\{ \sum_i \left(bx_i \times \log \left(\frac{bx_i}{by_i} + 1 \right) \right), \sum_i \left(by_i \times \log \left(\frac{by_i}{bx_i} + 1 \right) \right) \right\} \tag{5-3}$$

如图 5-7 所示，在拍照方向层和图像层的更新操作有两种：先到者为中心（FaC）或后到者为中心（LaC）。按照数据划进微簇的先后顺序，FaC 方法指微簇的第一个元素作为微簇的中心，微簇的中心是不变的，LaC 指微簇中的最后一个元素作为微簇的中心，中心不停地更换为最新数据。对于拍照方向层和图像层，如果采用 LaC 方法，中心对应的数据项不断变化，而微簇的半径（由阈值决定）并不变化，这样可导致两个微簇的重叠逐渐增大，因此，本章主要使用 FaC 方法。

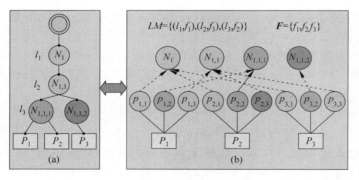

图 5-7　FaC 方法和 LaC 方法的区别示例

5.4.3　实验结果与分析

1. 实验设置

数据集包含 921 张海报的 2 035 张照片，由 38 个志愿者在校园内历经 8 周采集所得，每个数据记录了 GPS 定位、拍照角度、拍照人、拍照时间和图像。为了获得更大规模的数据，以此数据集为基础，本章选择了 5 个数据比较多的地点（图 5-8 为这些数据的时空分布和数量比例），这些数据的时空、数量分布被看作生成仿真数据集的种子，用于构造不同规模的仿真数据集。采用仿真方法生成不同规模的数据集时，数据集密度会有变化，而数据集密度的大小对数据收集效果和效率会有一定的影响,因此需要设置不同的仿真参数(包括任务约束和数据量)改变数据集密度。

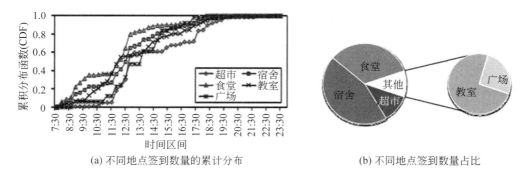

(a) 不同地点签到数量的累计分布　　　　　　(b) 不同地点签到数量占比

图 5-8　实验数据集的数据时空分布

用于生成仿真数据的参数包括 Tbegin、Tend、Lsim、Dsim 和 Tsim,见表 5-2。感知数据的拍照方向是随机生成的 $(0,2\pi)$ 的数值(数据集的拍照方向是水平的);数据 P_i 的拍照时间在[Tbegin,Tend]随机生成;数据 P_i 的拍照地点为 5 个地点中的任意一个,但整个数据集 P 中数据的时空分布满足图 5-8 所示的时空分布。因为图像数据不能采用仿真的方法生成,所以当两个数据的拍照时间相差不超过 Tsim,拍照方向相差不超过 Dsim 且定位距离相差不超过 Lsim 时,标记两张照片是真实相似的。

表 5-2　用于生成仿真数据集的参数

仿真参数组	Tbegin	Tend	Tsim/min	Dsim	Lsim/m
SimuA	7AM	11PM	20	$\pi/6$	20
SimuB	10AM	11AM	30	$\pi/6$	40
SimuC	7AM	9PM	20	$\pi/6$	20
SimuD	3PM	5PM	20	$\pi/6$	20
SimuE	5PM	7PM	20	$\pi/6$	20

2. 优选结果评价指标

1) 基于仿真数据的评价结果

完整的数据流记为 P,从原始数据流中选出的数据子集,即数据优选结果,记为 L。从两个角度评价提出的数据优选算法的相关性能:数据集 L 的数据冗余度(记为 $redR$)和数据集 L 对最优解的覆盖率(记为 $covR$)。数据集 L 的冗余度用于评估选择方法是否错误地选择了重复的数据,是对数据优选效果的评价;数据集 L 对最优解的覆盖率体现了数据优选方法在召回有用数据时的效果。由于采用最大独立集作为最优解,但最大独立集往往有多个解,因此这里采用集合大小的比值计算冗余度和覆盖率。式(5-4)用于计算数据集 L 的冗余度。式(5-5)用于计算数据集 L 的覆盖率。

$$redR = \frac{|L|-|M(L)|}{|L|} \tag{5-4}$$

$$covR = \frac{|M(L)|}{|M(P)|} \qquad (5-5)$$

原始数据的优质数据比例用于评价原始数据集质量，记作 opR，由式（5-6）计算。选择率（记作 $selR$）指选择的数据结果占原始数据集的比例，由式（5-7）计算。

$$opR = \frac{|M(P)|}{|P|} \qquad (5-6)$$

$$selR = \frac{|L|}{|P|} \qquad (5-7)$$

当使用不同的分层策略和不同的匹配结点查找方法时，PTree 可能不同，为了验证数据选择结果是否存在区别，式（5-8）计算两个数据优选结果的元素相似度，式（5-9）计算两个选择结果的价值相似度。

$$ESim(L_i, L_j) = \frac{|L_i \bigcap L_j|}{|L_i \bigcup L_j|} \qquad (5-8)$$

$$USim(L_i, L_j) = \frac{\sum_{P_m \in L_i} g(P_m, L_j) + \sum_{P_n \in L_j} g(P_n, L_i)}{|L_i| + |L_j|} \qquad (5-9)$$

其中，

$$\begin{cases} g(P_m, L_i) = 1, & \exists P_k \in L_j(\lambda_{m,k} = 1) \\ g(P_m, L_i) = 0, & \forall P_k \in L_j(\lambda_{m,k} = 1) \end{cases} \qquad (5-10)$$

如图 5-9 所示，子集 L_1 和 L_2 是集合 $P_1 = L_1 \bigcup L_2$ 的两个选择结果，子集 L_3 和 L_4 是集合 $P_2 = L_3 \bigcup L_4$ 的两个选择结果，根据式（5-8）和式（5-9）计算可以得到式（5-11）：

$$ESim(L_1, L_2) = 0, USim(L_1, L_2) = 1, ESim(L_3, L_4) = 1/8, USim(L_3, L_4) = 8/9 \qquad (5-11)$$

这也说明有些选择结果看起来不同，但是它们的价值可能是相等的。$L_1, L_2, \cdots, L_4$ 根据式（5-5）～式（5-7）得到的评价结果见表 5-3。

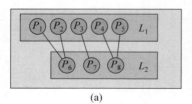 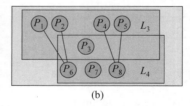

图 5-9　相同数据集的多 MDS 情况示例

表 5-3　数据选择结果评价示例

子集	$covR$	$redR$	opR	$selR$
L_1	5/5	0	5/8	5/8
L_2	3/5	0	5/8	3/8
L_3	5/6	0	6/8	5/8
L_4	4/6	0	6/8	4/8

无论采用何种分层策略和任务约束,基于 PTree 的数据选择算法的复杂度都是不变的,因此,为了评估树的形状对计算效率的影响,可采用计算量作为评价指标。构造 PTree 的计算量主要集中在搜索匹配结点上,因此,每访问一个非叶子结点(即进行一次匹配结点判定),计数器加 1,构造 PTree 的计算量由访问非叶子结点的次数评估,记作 ComC。在实时的交互式数据移交过程中,服务器对工作者 App 的反应时间也是我们关心的效率评价指标,因此,本章采用平均计算量评价优选效率,即每个感知数据被评估是否有价值时需要的计算量,记作 AComC,由式(5-12)计算。

$$AComC = \frac{ComC}{|P|} \tag{5-12}$$

为了便于表达分层规则,采用字母 L 表示定位,字母 D 表示拍照方向,字母 V 表示图像,字母 T 表示时间戳。分层规则 LM="V,L,T,D"是 LM={(l_1,V),(l_2,L),(l_3,T),(l_4,D)}的简写形式。

如表 5-4 所示,采用不同的分层策略时,数据选择的效果(即 selR、covR、redR)相差不大,但数据选择的效率(即 ComC、AComC)差别较大。当采用分层策略 lm_4、lm_7 和 lm_8 时,计算量明显低于采用其他分层策略,通过观察树的形状不难发现,这 3 个分层策略对应的 PTree 和它们的子树均呈 A 形。采用 lm_1 和 lm_2 时,计算量明显很高,而这两个分层策略对应的 PTree 呈 I 形。实际上,分层策略不同时,树的形状主要在 A 形和倒 T 形之间转换。倒 T 形树的成因是分支过少,当任务约束与感知数据集较为匹配时,通常不会出现倒 T 形树。如果任务约束过于宽松,则可能导致不相似数据被误判为相似数据,从而出现倒 T 形树。当出现倒 T 形树时,可以通过减小任务约束中定义的相似度阈值促进 PTree 产生分支。

表 5-4   在不同的分层策略下数据选择结果的评价

分层策略	LM	$selR/\%$	$covR/\%$	ComC	AComC	$redR/\%$
lm_1	V,L,T,D	95.6	100	3 556	39.0	9.2
lm_2	V,T,D,L	95.6	100	3 548	38.9	9.2
lm_3	L,V,T,D	94.5	100	1 337	14.6	10.4
lm_4	L,T,D,V	91.2	98.7	689	7.5	8.4
lm_5	T,V,L,D	92.3	97.4	1 344	14.7	10.7
lm_6	T,D,V,L	91.2	97.4	1 309	14.3	9.6
lm_7	D,L,V,T	92.3	100	676	7.4	8.3
lm_8	D,T,L,V	91.2	100	699	7.6	7.2

当数据流不断增长时,构造 PTree 需要访问的树结点将逐渐增多,这里采用平均计算次数评价在判定新采集的数据是否冗余时的计算效率。如图 5-10 和图 5-11 所示,虽然采用不同的分层参数,计算效率差别较大,但总的来说,平均计算次数的增长速度缓慢。如果选择了恰当的分层参数,那么计算效率还是非常高的。

2)数据密度对冗余度的影响

在时空范围不变的情况下,当工作者数量较多时,采集到相似数据的可能性就大,也就是数据更密集。在相同的时空规模下,增加工作者人数,数据长度也会增加,如图 5-12 所

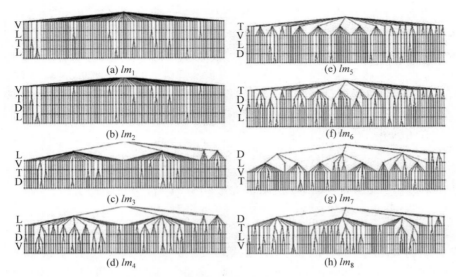

图 5-10　分层规则不同导致的树的形状的变化($|P| = 96$)

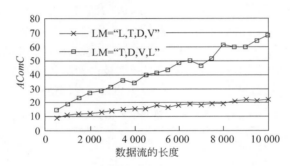

图 5-11　使用平均计算次数评价计算效率的稳定性

示,圆点代表数据,圆点之间的连线代表数据相似系。可以看出,随着数据量的增大,重复的数据增多。

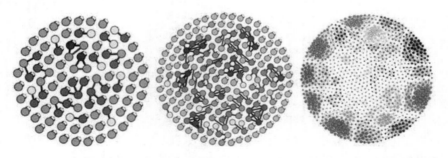

图 5-12　相同的仿真参数组,当数据流的长度为 100、200 和 1 000 时,数据的相似关系图

3) 基于真实数据的评价结果

为了评估提出的数据选择方法,这里使用两个真实的数据集:数据集 A 和数据集 B。数据集 A 为前面介绍的 2 035 张照片,数据集 B 是在学术报告会上由 8 个坐在不同位置的

听众采集到的数据,共 155 张照片。这两个数据集面向的感知任务是不同的,数据集 A 需要内容不同的海报的照片,内容相同则识别为重复数据,数据集 B 也需要内容不同的照片,且需要覆盖事件现场不同的拍摄角度和时段片。

为了对比数据优选效果和效率,基准算法为 PhotoNet 使用的数据选择方法 CAP。CAP 方法采用基于颜色直方图的图像相似度和物理距离之间的线性和作为评价两个数据是否相似的指标,与已被选的数据均不同的数据被认定为高质量数据。在数据的收集过程中,只有高质量数据被留下,其他数据则被丢弃。

3. 基于数据集 A 的数据选择效果与效率对比

数据集 A 的数据依拍照时间戳被随机打乱,用于模拟现实中数据上传时间与数据采集时间的不一致性。采用分层策略“T,L,V,A”,数据流的长度从 100 至 1 400,实验结果如图 5-13 和图 5-14 所示,当数据流长度增加时,召回率保持在 98% 以上,精度保持在 90% 以上,F1-measure 保持在 95% 以上,数据选择的效率 $AComC$ 最大,大约在 80。

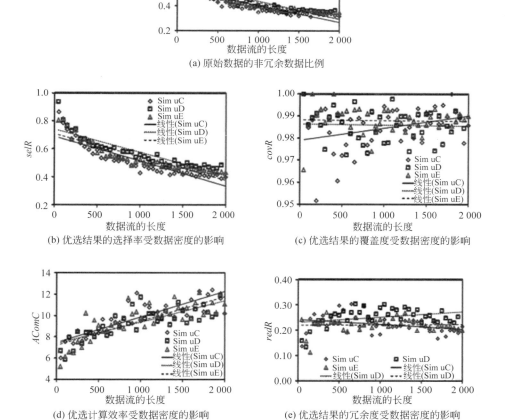

(a) 原始数据的非冗余数据比例

(b) 优选结果的选择率受数据密度的影响

(c) 优选结果的覆盖度受数据密度的影响

(d) 优选计算效率受数据密度的影响

(e) 优选结果的冗余度受数据密度的影响

图 5-13 不同时空感知数据的数据选择效果和效率的对比

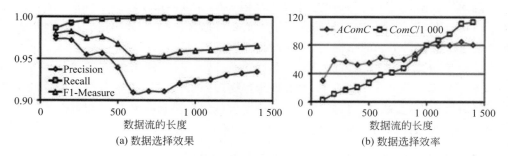

(a) 数据选择效果　　　　　　　(b) 数据选择效率

图 5-14　基于数据集 A 的数据选择效果对比

4. 基于数据集 B 的数据选择效果与效率对比

为了适应 CAP 方法，PTree 仅使用感知数据的两个特征：定位和图像。寻找匹配的非叶子结点时，可以采用 minM 和 fastM 两种方法，结合不同的分层策略和非叶子结点匹配方法，基于数据集 B 的对比实验结果如图 5-15 所示。当使用不同的距离相似度阈值（即任务约束的参数 cloc）时，基于 PTree 的选择方法的精度、召回率差别不大，但 CAP 方法的差别略大。采用 minM 和 fastM 得到的结果理论上差别不会很大，不过，选择结果与数据集的冗余数据分布是有关系的。如图 5-15 所示，如果使用相同的分层策略，采用 minM 和 fastM 时，数据选择的效果差别很小（约 1%）。

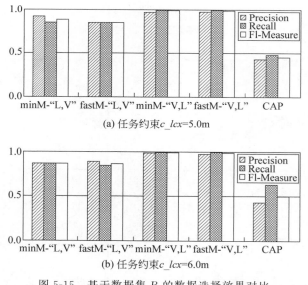

(a) 任务约束c_lcx=5.0m

(b) 任务约束c_lcx=6.0m

图 5-15　基于数据集 B 的数据选择效果对比

基于数据集 B，采用基于 PTree 的数据选择方法和 CAP 方法的数据选择效率对比结果如图 5-16 所示（CAP/5 表示图中显示的是原始计算量除以 5）。可以看出，CAP 方法的计算量是基于 PTree 的数据选择方法的数倍，因此，CAP 的计算效率远远低于基于 PTree 的方法。另外，fastM 和 minM 对计算效率还是有较大影响的，但是两种方法的数据选择效果差别不大。由于采用 fastM 的计算效率高一些，所以，在实际应用中可以采用 fastM，以提高计算效率。基于数据集 B 和不同分层策略生成的 PTree 如图 5-17 所示,显然,图 5-17(a)更符合 A 形树的特征,图 5-16 的结果也说明,采用"L,V"分层策略的计算效率高于采用"V,L"分层策略的计算效率。

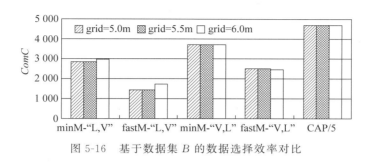

图 5-16　基于数据集 B 的数据选择效率对比

(a) fastM-"L,V"　　　　　　　　(b) fastM-"V,L"

图 5-17　基于数据集 B 和不同分层策略生成的 PTree

5.5　本章小结

本章主要讨论了移动群智感知平台服务中数据质量评估与数据优选方面的研究进展与目前存在的挑战。在代表性工作方面,介绍了视觉群智感知与数据优选的模型与方法——基于 PTree 的照片信息存储结构 PTree,以及基于 PTree 的照片流数据聚类方法和数据选择方法,同时对实验算法和实验结果进行了详细介绍。

习　题

1. 移动群智感知数据质量的影响因素有哪些?

2. 比较数据选择方法中的前置选择与后置选择策略的区别,它们分别适用于哪种场景?

3. 简述交互式数据移交的基本流程,并思考有哪些措施可以进一步提高其效率。

4. 随机产生一组数据,实现基于 PTree 的高质量数据选择方法。

本章参考文献

[1]　Jiang Changkun, Gao Lin, Duan Lingjie, et al. Exploiting Data Reuse in Mobile Crowdsensing[C]// Global Communications Conference. IEEE, 2016: 1-7.

[2]　Du Pengfei, Yang Qinghai, He Qingsu, et al. Energy-Aware Quality of Information Maximization for Wireless Sensor Networks[J]. IET Communications, 2016, 10(17): 2281-2289.

[3] Liu Xuan, Lu Meiyu, OOI B C, et al. CDAS: a crowdsourcing data analytics system[J]. Proceedings of the VLDB Endowment, 2012, 5(10): 1040/1051.

[4] 张志强, 逢居升, 谢晓芹, 等. 众包质量控制策略及评估算法研究[J]. 计算机学报, 2013(8): 1636-1649.

[5] Uddin M Y S, Wang Hongyan, Saremi F, et al. Photonet: a similarity-aware picture delivery service for situation awareness[C] // Proceedings of IEEE Real-Time Systems Symposium (RTSS), 2011: 317-326.

[6] Wang Yi, Hu Wenjie, Wu Yibo, et al. SmartPhoto: a resource-aware crowdsourcing approach for image sensing with smartphones[C] // Proceedings of the 15th ACM international symposium on Mobile ad hoc networking and computing (MobiHoc), 2014: 113-122.

[7] Tuite K, Snavely N, Hsiao D Y, et al. PhotoCity: training experts at large-scale image acquisition through a competitive game[C] // Proceedings of the 2011 SIGCHI Conference on Human Factors in Computing Systems (CHI), 2011: 1383-1392.

[8] Kawajiri R, Shimosaka M, Kashima H. Steered crowdsensing: incentive design towards quality-oriented place-centric crowdsensing [C] // Proceedings of the 2014 ACM International Joint Conference on Pervasive and Ubiquitous Computing (UbiComp), 2014: 691-701.

[9] Liu Shengzhong, Zheng Zhenzhe, Wu Fan, et al. Context-aware data quality estimation in mobile crowdsensing[C]// IEEE INFOCOM 2017-IEEE Conference on Computer Communications. IEEE, 2017: 1-9.

[10] Tarek D W, Kaplan L, Aggarwal CC. On Quantifying the Accuracy of Maximum Likelihood Estimation of Participant Reliability in Social Sensing[J]. Urbana, 2013.

[11] Wang Dong, Kaplan L, Abdelzaher T, et al. On scalability and robustness limitations of real and asymptotic confidence bounds in social sensing[C]// Sensor, Mesh & Ad Hoc Communications & Networks. IEEE, 2012.

[12] Wang Dong, Abdelzaher T, Ahmadi H. On Bayesian interpretation of fact-finding in information networks[C]// 14th International Conference on Information Fusion. IEEE, 2011.

[13] 唐艳, 刘瑞琪, 杨盘隆, 等. 一种基于群智感知网络的任务安全分发技术[J]. 计算机工程, 2016, 42(6).

[14] Wang Dong, Kaplan L, Abdelzaher T, et al. On credibility estimation tradeoffs in assured social sensing[J]. IEEE Journal on Selected Areas in Communications, 2013, 31(6): 1026-1037.

[15] Zhou Tongqing, Cai Zhiping, Chen Yueyue, et al. Improving Data Credibility for Mobile Crowdsensing with Clustering and Logical Reasoning [C]// International Conference on Cloud Computing and Security. Springer International Publishing, 2016: 138-150.

[16] Uddin M Y S, Wang Hongyan, Saremi F, et al. Photonet: a similarity-aware picture delivery service for situation awareness[C] // Proceedings of IEEE Real-Time Systems Symposium (RTSS), 2011: 317-326.

[17] 余兴华, 仲梁维. 一种改进的流程图相似度检索算法及实现[J]. 计算机应用研究, 2015(11): 3300-3303.

[18] Guo Bin, Chen Huihui, Han Qi, et al. Worker contributed data utility measurement for visual crowdsensing systems[J]. IEEE Transactions on Mobile Computing, 2017, 16(8): 2379-2391.

[19] Uddin M S, Wang Hongyan, Saremi F, et al. Photonet: a similarity-aware picture delivery service for situation awareness [C]//2011 IEEE 32nd RealTime Systems Symposium, November 29-December 2, 2011, Vienna, Austria. New Jersey: IEEE Press, 2011: 317-326.

[20]　Wang Yi，Hu Wenjie，Wu Yibo，et al. SmartPhoto：a resource-aware crowdsourcing approach for image sensing with smartphones[C] // Proceedings of the 15th ACM international symposium on Mobile ad hoc networking and computing（MobiHoc），2014：113-122.

[21]　Tuite K，Snavely N，Hsiao D Y，et al.PhotoCity：training experts at large-scale image acquisition through a competitive game[C] // Proceedings of the 2011 SIGCHI Conference on Human Factors in Computing Systems（CHI），2011：1383-1392.

[22]　Kawajiri R，Shimosaka M，Kashima H. Steered crowdsensing：incentive design towards quality-oriented place-centric crowdsensing ［C］//Proceedings of the 2014 ACM International Joint Conference on Pervasive and Ubiquitous Computing（UbiComp），2014：691-701.

[23]　陈荟慧. 面向移动群智感知的高质量数据收集方法研究[D]. 西北：西北工业大学计算机学院，2017.

[24]　Mun M，Rreddy S，Shilton K，et al. PEIR：the personal environmental impact report，as a platform for participatory sensing systems research[C]// International Conference on Mobile Systems.DBLP，2009：55-68.

[25]　Oscar A，Carlos C，Juan Carlos C，et al. Crowdsensing in Smart Cities：Overview，Platforms，and Environment Sensing Issues[J]. Sensors，2018，18(2)：460.

[26]　Wang X，Zhang J，Tian X，et al. Crowdsensing-Based Consensus Incident Report for Road Traffic Acquisition[J]. IEEE Transactions on Intelligent Transportation Systems，2017，19(8)：2536-2547.

第6章 移动群智感知高效数据移交

6.1 引 言

群智感知场景下,感知节点的异构和网络的弱连接性带来感知数据不完整问题(如感知节点与数据中心服务器的直接通信链路失效),因此,在通信无效或拥堵的条件下感知突发事件的移动群智感知应用(如火灾、地震[1-3]等)需要特殊的途径传输感知数据。

基于感知节点协作的数据移交和数据融合是解决群智感知中数据不完整问题的有效手段。通过移动节点间的交互式移交、多节点协作方式有效提高感知质量,即促进优质数据及时到达目的地。便携式智能移动设备普遍具有存储空间小、续航能力弱的缺点,不同设备存储、传输、处理数据的能力有差异,受存储空间和数据传输能力的限制,移动节点的数据携带-转发能力有限,因此需要合理的移交策略解决移动节点间数据拥堵、负载不均衡、传输开销过大等问题。典型的用于协作感知的通信手段包括容迟网络(Deley Tolerent Network, DTN)[3-4]和机会网络(Mobile Opportunistic Network, MON)[5-6]。

对于移动群智感知来说,满足大部分应用的最小照片约为200KB,iPhone 6S拍出的全尺寸照片约3MB,国内目前大部分高速无线通信(3G/4G/5G)收费不均衡(0.03~0.29元/MB),因此,使用廉价或免费的网络(如蓝牙、WiFi)通过机会传输方式(如传染路由等)上传照片[7,8]可有效降低群智感知的通信成本。例如,PhotoNet[1]、CARE[4]、COUPON[9]和MediaScope[10]通过MON和DTN利用具有协作关系的感知节点存储、携带和转发照片。

感知开销可分为传输开销、计算开销和存储开销,利用机会路由传输数据可以降低传输开销,但增加了计算开销和存储开销。根据感知任务的任务参数,可以计算数据在客户端的存活期(Time-To-Live, TTL),数据的存活期很短时,往往需要牺牲感知开销保证感知质量,而当数据的存活期很长时,需要在保证感知质量的前提下降低感知开销。由于感知节点的续航能力、计算能力和存储能力有限,因此有必要利用任务约束进行有效的数据集融合与移交。

6.2 移动群智感知数据移交框架

6.2.1 基于机会网络的数据移交

一般而言,感知节点可分为3类:工作者、协作者和协作工作者。其中,完成感知任务的人(即数据采集者)为工作者,仅参与数据转发的人为协作者,既采集了数据又参与了数据转发的人称为协作工作者,这3种人统称为感知节点。如图6-1所示,两个工作者 w_1 和 w_2 分别采集了数据 P_1 和 P_2,协作者 w_3 先后遇到 w_1 和 w_2,利用机会网络,协作者 w_3 最终

携带数据 P_1 和 P_2。与协作者 w_3 后相遇的工作者 w_2 称为协作工作者,并收到 w_3 转发的数据 P_1,最终携带数据 P_1 和 P_2。当这三者接入服务器时,均可上传携带的数据。假设仅一人有机会接入服务器,那么,在未使用机会网络的情况下,P_1 和 P_2 被上传的概率均为 0.5,在使用机会网络的情况下,P_1 被上传的概率变为 1,P_2 被上传的概率变为 0.67。虽然数据被上传的概率有所提升,但是,移动群智感知的原始数据已存在冗余,机会网络更导致大量复本冗余数据被不同的感知节点携带,如图 6-1 所示,P_1 的数量增加了 2 倍,P_2 的数量增加了 1 倍。

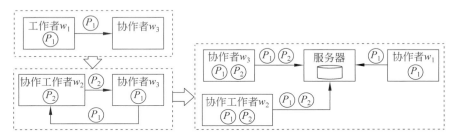

图 6-1　机会网络中的数据上传方式

机会网络中的数据可定性为有价值或无价值以及有用或无用,有价值数据和有用数据才可被移交给其他节点,具体定义如下。

- **有价值数据**　对于一个感知节点来说,有价值数据指来自其他节点且与自身携带数据不同的那些应被上传的数据。反之,无价值数据指对于一个感知节点来说,与之相同的或价值相当的数据已被该节点携带。

- **有用数据**　对于一个任务来说,有用数据指与数据中心已收集的数据不同且不相似的数据。反之,无用数据指对于一个任务来说,该数据或者与该数据价值相当的数据已经被成功上传至服务器。

如图 6-2(a)所示,感知节点 X 携带了数据 $\{P_1, P_2, P_5\}$,感知节点 Y 携带了数据 $\{P_3, P_4, P_5\}$,数据中心已接收到数据 $\{P_4, P_5\}$。当感知节点 X 与 Y 偶遇时,如图 6-2(b)所示,对于不同的感知节点,数据的性质不同。机会网络中,感知节点与其他感知节点或者服务器通信,因此,感知节点认为有价值的数据不一定是对任务有用的数据,而有用的数据对某节点并不一定是有价值的数据。由于缺乏与服务器的沟通,所以,只要是有价值的数据,都会被转发。无价值数据是针对一个感知节点的,因为其他感知节点可能还需要这些数据,所以,无价值数据不会被删除。无用数据是针对数据中心来说的,所以,无用数据是可以直接在感知节点上被删除的,从而降低了存储开销。

采用机会网络是为了让有价值的数据能够快速传输至数据中心,不同的应用场景对"有价值"的定义是不同的。例如,在地震后的灾难现场,救援人员收集到相同数量的照片,那么,不同地点的照片价值大于相同地点的照片,不同建筑物的照片价值大于相同建筑物的照片,同一建筑物的不同位置的照片价值大于同一建筑物相同位置的照片。因此,为了挑选有价值或有用的照片,移动群智感知应用需要在感知数据中保留额外的情境信息,利用这些情境信息,在机会网络中传输有价值和有用的照片。

6.2.2　基于融合的传染式数据移交

数据集融合是在机会网络或传感网络中进行数据移交时常用的去冗余方法,但是照片

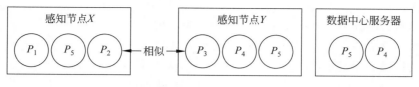

(a) 当X与Y偶遇时，数据携带状况

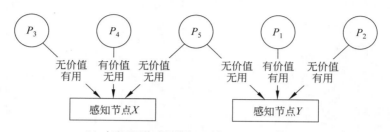

(b) 对于不同的感知节点，数据具有不同的性质

图 6-2　机会网络中的数据性质举例

数据的融合不同于数字运算（例如，使用温度的平均值作为两个温度传感器的数据融合结果），也不同于图片拼接，移动群智感知数据集的融合依赖于数据选择机制。换句话说，基于一些选择约束，感知节点仅向其他偶遇的感知节点传输有价值（服务器需要且对方没有）的照片。

从感知任务约束可以获取感知数据的有效期，利用机会网络中移动节点的移动性、能力互补性，并利用移动节点与固定汇聚节点（通常能够接入互联网）的关系，选择合理的移交策略，使数据及时到达目的地。根据移动群智感知数据的机会移交方式对传输照片的功能和性能需求，设计的数据转发机制需要考虑以下 5 个特性。

- **自启动转发**　当工作者采集了感知数据，并启动上传，感知节点（即手机）采用自启动的转发机制，即无须工作者再次干预，由感知节点自动转发数据。
- **节省能量**　能量节约问题一直是所有移动应用关注的问题，所以，本章介绍的方法也关注能量节约和性能之间的平衡关系。
- **高覆盖度**　选择并转发高价值数据是降低通信开销和存储开销的有效途径，但是数据选择方法需要考虑数据选择结果对原始感知数据集的覆盖度。
- **低感知延迟**　从工作者采集到数据至数据需求者接收到数据之间的时间间隔视作感知延迟，数据转发方法需要尽可能降低感知延迟。
- **及时终止无效传染**　当多个感知节点相遇时，它们通过传染方式互相交换数据，当一个数据已经上传至数据中心，那么该数据的副本将变成无价值数据，这些无价值数据在感知节点之间的转发被看作无效传染，为了降低通信开销和存储开销，需要及时终止无效传染。

移动群智感知数据的终点是远程数据管理中心，由于照片文件的传输开销和传输费用较高，因此，通过前置数据选择可以有效降低冗余数据的上传，这不但降低了采集节点至服务器的通信开销，还减轻了冗余数据给存储设备带来的压力，降低了数据收集成本。移动采集节点之间通过机会网络交换和融合照片数据集，降低了数据采集延迟。感知节点的通信、计算、存储能力有限，因此，节点间的交互式移交需要满足感知任务对数据集的约束，制定合理、有效的数据融合策略，通过数据融合降低冗余数据、异常数据、失效数据在节点间的移交，从而降低移动节点的通信开销和存储开销。

机会式移交利用节点偶遇时双方的数据交换达到降低传输延迟的目的。为了提高节点相遇后数据交换的效率，需要将每个节点存储的数据进行结构化的表示，如树结构，当节点相遇时，可通过对比树结构的差异选择剪枝和嫁接，通过剪枝可以消除失效数据在节点间的移交，通过嫁接完成节点间的数据融合。数据融合实际上是将不同节点携带的数据，通过相似关系比较，去除冗余数据，留下有价值的数据，节点间的数据移交仅针对有效、高质量、高价值的富内容。此处需要解决的关键问题是选择合理的嫁接和剪枝策略，使传输开销和存储开销在满足任务约束的前提下达到最小。

下面介绍一种 PicTree 融合(PicTree Fusion)的数据移交模型(PTF 模型)。该模型以任务需求为驱动，用于在机会网络中转发群智感知数据。假设场景如下。

某一区域遭遇地震，该区域内的通信设施损坏，则区域内的工作者无法通过无线通信网络与区域外的数据中心联系，只有在该区域外的感知节点可以与数据中心通信，区域内的感知节点可以通过近距离的通信方式(如蓝牙等)或临时部署的无线局域网(WiFi)进行通信。此时，区域内已有一部分工作者采集了数据并随时可能到区域外，而区域外陆续有工作者进入，我们需要在区域内持续观察若干个地点的建筑物损坏情况。

在这一场景下，如图 6-3 所示，PTF 模型的工作流程分 3 个阶段：①任务初始化阶段。②拍照和机会移交阶段。③数据上传阶段。PTF 模型的数据收集和传输工作流程如下。

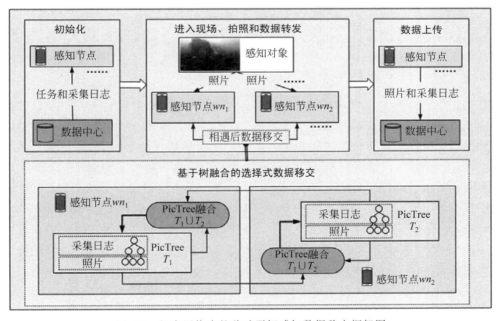

图 6-3　机会网络中的移动群智感知数据移交框架图

- **任务初始化阶段**　即将进入事件现场的参与者通过广域网从任务中心下载感知任务要求到手机上，称为这些任务的感知节点(文中的感知节点同时指人和他的手机)，同时从数据中心下载感知日志(包含已经收集到的数据的信息)。因为有些任务可能是长时间的,所以感知节点不但下载新建任务,同时下载了未过期的老任务。另外,为了及时终止无价值数据(指已上传至数据中心的数据)在不同节点间的转发,感知节点下载了感知日志(指记录了已上传数据的信息)。数据中心和每个感知节点都保存了感知日志,它们的感知日志是不同的,记录了各自保存的数据,感知日志将被用于在拍照和转发阶段判断数据的价值,从而防止无价值数据的转发和终止无用数据的转发。

- **拍照和机会移交阶段**   工作者按照任务要求拍摄照片,并保存在手机上,当不同的感知节点相遇时,他们通过局域网通信,并向对方移交有价值的照片数据。两个感知节点 wn_1 和 wn_2 相遇,他们的数据移交操作分为两个步骤:① wn_1 发送感知日志给 wn_2,wn_2 将 wn_1 的感知日志与自己的感知日志相融合,也就是 PicTree 融合。② wn_2 根据 PicTree 融合结果可以知道哪些数据是 wn_1 没有的,那么就将对于 wn_1 有价值的数据发送给 wn_1。同理,wn_1 也通过树融合将对 wn_2 有价值的数据发送给 wn_2。数据移交结束后,两个节点上的树融合结果是一样的,他们携带的数据的价值也是一样的。

- **数据上传阶段**   离开任务区的感知节点可以接入互联网并上传数据至数据中心,上传过程类似于两个感知节点相遇,仅由感知节点转发数据给数据中心,对于数据中心来说,无价值的数据即无用数据。通过 PicTree 融合,感知节点可以将有用的数据上传给数据中心。

6.3   代表性工作:基于 PicTree 融合的移动群智感知数据移交

6.3.1   PicTree 融合的基本操作

利用树结构进行数据收集的过程是:当节点提交数据时,通过自上而下融合数据中心与感知节点的 PicTree,发现和去除重复数据,留下有价值和有用的数据。基本的树融合包含两种操作:**剪枝和嫁接**。为了体现无用数据和无价值数据的区别,本章定义了 4 种融合操作,如图 6-4 所示,包括真剪枝、假剪枝、真嫁接和假嫁接。树结点的属性 vLink $\in$ {false, true} 用于表明该树结点的状态,当 vLink = false 时,说明该树结点被假剪枝,同时它的叶子结点被移除,即真剪枝,那么,当一个 vLink = false 的树结点被嫁接给其他树结点时,vLink = false 保持不变,因此被称为假嫁接,否则被称为真嫁接。真嫁接的树结点包含了大量叶子结点,如果有叶子结点,那么将包含一些感知数据,所以,只有出现真嫁接的分支才会发生数据移交。

PicTree 结构实际上保存了感知日志,包括该感知节点携带的数据的感知情境信息。通过融合 PicTree,有价值的数据被转发,无用的数据被删除。接下来重点介绍树融合方法以及数据移交方法。

6.3.2   PicTree 融合算法

树融合过程指将两棵 PicTree 通过剪枝和嫁接操作合并为一棵 PicTree 的过程。PicTree 的根结点没有含义,树融合操作的树结点不包括根结点。

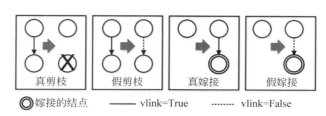

图 6-4　面向 PicTree 融合的 4 种基本操作

用于树融合的两个基本操作介绍如下。

（1）评价两个树结点的相似度：一个任务的任务约束包括 tid、c_loc、c_tm 和 c_agl，树结点的属性将用到这些内容。如果在相同层的两个树结点满足前文中对应该层的条件，并且它们的父结点也是相似的，那么这两个树结点就是相似的。因此，两张照片相似的前提条件是它们是兄弟叶子结点。

（2）合并树结点的操作：如果两个树结点是相似的，它们将被合并。

针对嫁接和剪枝，定义以下 8 条树结点融合的规则。

① 只有同层的树结点可被比较和融合。

② 两个分支的树结点必须自顶向下融合。当在某一层无法融合时，剩余的树结点被嫁接。

③ 任何两个相似的非叶子结点是可以融合的。

④ 如果一个照片被上传至数据中心，那么它的叶子结点对应的父结点被虚剪枝。

⑤ 如果两个叶子结点是相似的，那么它们携带的数据是相似的，此时，较早的数据将被删除，即时间戳较早的图片所在的叶子结点容器将被删除。所以，叶子结点没有兄弟结点。

⑥ 被虚剪枝的树结点的后代树结点都是无用树结点，因此，全部被实剪枝，也就是删除。

⑦ 被虚剪枝的树结点具有更强的传染性，也就是说，当两个树结点相似时，如果有一个树结点是虚剪枝的，那么另一个树结点也将被虚剪枝。

⑧ 如果一个树结点与另一棵 PicTree 的对应层上的所有树结点均不相似，那么此树结点将被嫁接在这棵 PicTree 上。

虚/实嫁接和虚/实剪枝有 3 种用途：①图片文件只在出现实嫁接的时候才被转发；②通过虚剪枝和虚嫁接操作，删除已经完成的任务和已经被上传的数据。③感知节点的存储空间通过实剪枝操作被释放。接下来用一个实例解释进行树融合的方法，同时解释嫁接和剪枝操作。如图 6-5 所示，名字相同的树结点表示相似树结点。假设感知节点 wn_1 分别遇到感知节点 wn_2 和感知节点 wn_3（没有先后关系），图 6-5 分别展示了 3 个感知节点未相遇之前各自的 PicTree，以及 wn_2 和 wn_3 在遇到 wn_1 后三者的 PicTree 的融合结果。

剪枝：PicTree T_1 上的树结点 n_2（表示为 $T_1 \cdot n_2$）被虚剪枝，且 $T_1 \cdot n_2$ 与 $T_2 \cdot n_2$ 相似，因为虚剪枝的树结点具有更强的传染性，所以 PicTree T_2 上的树结点 n_2 被虚剪枝。接下来，因为叶子结点 $T_2 \cdot n_{2.1}$ 的父结点被虚剪枝，所以叶子结点 $T_2 \cdot n_{2.1}$ 被实剪枝。叶子结点被实剪枝表示该叶子结点容器内的数据已被上传，剪枝是为了终止无用数据的传染。

嫁接：树结点 $T_1 \cdot n_1$、$T_1 \cdot n_2$ 以及它们对应的后代结点被嫁接给感知节点 wn_3 的

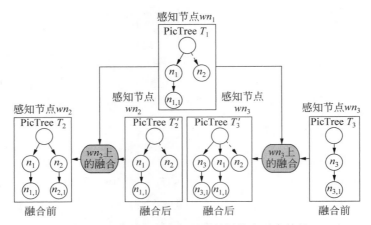

图 6-5　3 个感知节点相遇后的树结点融合结果

PicTree T_3。如果存在实嫁接,实嫁接的作用是转发数据。虚嫁接的作用类似疫苗,将终止对应的树结点传染给其他 PicTree。

树结点融合是 PicTree 融合的基本操作,本章使用基于深度优先遍历的 PicTree 融合算法完成两个 PicTree 的融合。给定两棵 PicTree T_1 和 T_2,树融合的主算法使用递归方法深度优先遍历两棵树。

6.3.3　基于 PicTree 融合的数据转发

前面已经在图 6-5 中展示了基本的树结点融合过程,接下来用另一个例子解释数据如何被转发。如图 6-6 所示,wn_1 和 wn_2 是已经在任务区域内的两个感知节点,它们携带的数据集分别是 $\mathbb{P}_{wn_1}=\{P_1,P_2\}$ 和 $\mathbb{P}_{wn_2}=\{P_3,P_4,P_5\}$。另一个感知节点 wn_3 即将进入任务区域,wn_3 从服务器下载了感知日志并进入任务区域,所以 $\mathbb{P}_{wn_3}=\{\}$。图 6-6 中有两次数据转发操作:①当 wn_2 遇到 wn_1 时,PicTree 融合的结果是 wn_2 接收了来自 wn_1 的数据 P_2,而 wn_1 则接收了来自 wn_2 的两个数据 P_4 和 P_5,因为数据 P_1 和 P_3 相似,所以它们都没有被转发。②当感知节点 wn_2 遇到 wn_3 时,wn_2 的 PicTree 的部分分支被虚剪枝,部分分支被实剪枝,这个虚剪枝表明数据 $\{P_3,P_4\}$ 或者其相似数据已经上传至服务器,而任务 t_2 已经被完成,所以,wn_3 仅接收了数据 P_2。

6.3.4　基于树融合的协作式感知

1. PicTree 的生长过程

PicTree 融合不但用于多感知节点相遇时的数据转发,还用于单个感知节点上感知数据的表示。使用 PicTree 可以表示数据采集日志。初始时,PicTree 仅有一个根结点,如果感知节点能从任务中心下载感知日志,那么实际上下载的是一棵 PicTree。PicTree 随着感知节点采集数据和机会式数据移交开始生长。

如图 6-7 所示,同一层上颜色相同的树结点表示它们是相似树结点,感知节点依次采集到数据 $\{P_1,P_2,P_3,P_4\}$,PicTree 的生长可以基于 PicTree 的融合实现。图 6-7 中,照片 P_2 与照片 P_3 相似且 P_3 比 P_2 新,所以 P_2 被 P_3 代替。

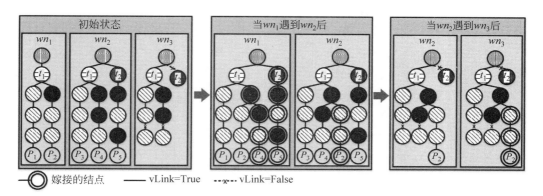

图 6-6　基于树融合的感知数据移交过程与结果

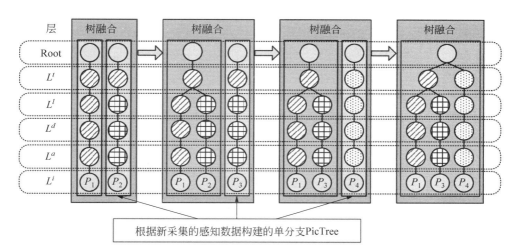

图 6-7　伴随感知数据采集的感知节点的 PicTree 生成过程

2. 选择式数据移交

PicTree 的生长主要以实嫁接为主。在数据移交过程中,类似于 PicTree 的生长,数据移交操作也主要以实嫁接为主。如图 6-6 所示,3 个感知节点 wn_1、wn_2 和 wn_3 携带的数据集分别是 $\{P_1, P_2\}$、$\{P_3, P_4, P_5\}$ 和 $\{\}$,在 wn_2 遇到 wn_1 后,wn_1 向它转发了数据 P_2,当 wn_2 遇到 wn_3 后,wn_2 又向 wn_3 转发了数据 P_2。这两次转发都触发了实嫁接操作。

如果仅融合数据集而没有数据选择,那么当 wn_2 遇到 wn_1 后,两者的数据集都变为 $\{P_1, P_2, P_3, P_4, P_5\}$,但实际上数据 P_1 和 P_3 是相似数据,也就是对于 wn_1 来说,因为它已经携带了 P_1,所以 P_3 是无价值数据。因此,数据 P_1 和 P_3 被移交是无意义的。如果在融合数据集时考虑数据选择,但仍采用传统的对比方法,那么 wn_1 和 wn_2 均需要执行 2×3 次数据相似度计算。如果采用 PicTree 融合,根据基于 PTree 数据选择实验结果可知,计算量将大幅减少。图 6-6 中两个感知节点的 PicTree 融合的计算量为 18,因此采用 PicTree 可以极大地提高数据前置选择效率。

3. 终止无效传染

在感知节点进入感知区域时,同时下载了未完成任务和已完成任务的信息,这些信息的用途有两种:①已经完成的任务使用在 L^t 层被虚剪枝的叶子结点表示,该结点的 vLink＝false,其他感知节点如果携带了已完成任务的数据,通过 PicTree 融合,这些树结点的所有子结点将被实剪枝,那么处于数据层的感知数据也就相应被删除了。②对于没有完成的任务,感知节点仅下载已上传数据所对应的分支,如果该分支的 L^a 层的树结点被虚剪枝,那么数据层就没有了树结点,相应的感知数据也就不再下载,如果一个树结点被虚剪枝,也就意味着所有能够被该树结点代表的感知数据已被上传至数据中心。

如图 6-6 所示,任务 t_2 在 wn_3 进入任务区域时已经被完成,所以 wn_3 的 PicTree 的 t_2 树结点是被虚剪枝的。当感知节点 wn_2 融合了它的 PicTree 和 wn_3 的 PicTree,通过一个虚剪枝操作,wn_2 对应任务 t_2 的树结点被虚剪枝,实际上 wn_2 也就获悉了 t_2 已被完成。在此之后,wn_2 和 wn_3 可以通过虚剪枝终止其他结点转发 t_2 的数据。另外,图 6-6 中的 wn_3 还有两个不在 L^t 层的虚剪枝,这两个虚剪枝的意义是:标注能够覆盖对应分支上的拍照情境的所有感知数据均已上传,那么能够成为这两个分支的子结点的数据实际上就是无用数据。如图 6-6 中的 wn_2 携带的数据 P_3 和 P_4 对应的分支与这两个虚剪枝分支是一样的,这就说明与 P_3 和 P_4 相似的数据已上传至数据中心,所以,P_3 和 P_4 为无用数据。通过树融合,无用数据对应的分支被虚剪枝。

6.3.5 实验结果与分析

采用 Legion Studio 在 CRAWDAD[8] 共享的行人轨迹仿真数据集[9](记作 Legion Studio 数据集)在微观层面仿照了行人在一个区域内的移动轨迹。这些轨迹模拟了斯德哥尔摩市中心的一个 $0.14km^2$ 区域内行人的移动轨迹。如图 6-8 所示,该区域一共有 12 个路口与外界相连,行人可通过这些路口进入和离开该区域,该区域内共设置了 4 个感知对象,只有经过这些地点的人才可以拍照采集到数据。

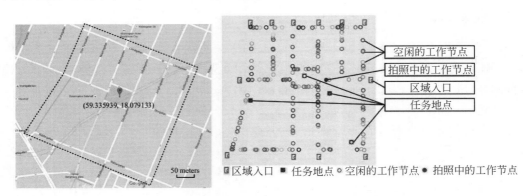

图 6-8　仿真区域的地图和仿真可视化界面

数据的收集过程为:①由区域外的工作者携带任务和采集日志进入该区域,并通过传染的方式,将任务和感知日志转发给遇到的人。②经过任务地点的人会朝向感知对象拍照,拍照的时刻是随机的,也就是不同的人可能收集到拍摄角度不同的照片;③人们正常的行为并不被打扰,也就是没有工作者被强制要求到任务地点拍照。当任务发布后,数据中心开始等待接收数据,仿真实验开始,当任务区域内所有人都没有任务且没有携带数据时,仿真实验结束。这里重点验证数据延迟、存储开销、通信开销等。

为了模拟感知节点的转发行为,这里定义如下规则。

- 数据中心和任务中心是互联的,感知节点只有在感知区域外才可接入这两个中心,即感知节点在感知区域外可以下载感知任务。
- 感知节点进入感知区域后可将感知任务转发给偶遇的感知节点,所以,除了数据移交外,感知任务也通过机会网络移交。
- 工作者离任务点(即任务定义中的 whr 属性)足够近时,才有机会采集数据,且一个感知节点有一定的概率会从不同的方向拍摄多张照片,拍照角度根据工作者的位置和任务点的空间几何关系计算,范围为 $[0, 2\pi)$。
- 当上传至服务器的照片数量满足任务需求时,对应的任务将被标记为已完成。
- 当两个感知节点足够近时,只有它们能够连接的时间长于传输数据所需的时间,它们才能完成数据的转发。

为了仿真数据采集过程,本章的 PTF 模型仿真工具软件中设定了多种参数,详情如下。

① 照片大小:用于计算通信开销。

② 移交数据的最远物理距离:感知节点的距离小于该距离时,能够移交数据。

③ 采集数据的最远物理距离:感知节点与感知对象的距离小于该距离时,能够采集数据。

④ 30s 内重复拍照的概率:感知节点在 30s 内对同一感知对象再次采集数据的概率,用于仿真感知节点的多次采集行为。

⑤ 预启动时间:因为数据集的初始状态下,感知区域内是没有感知节点的,所以,通过调整预启动时间可以调整感知区域内无任务的感知节点的数量。所有测试均在预启动之后开始。

⑥ 数据选择约束:包括 c_loc、c_tm 和 c_agl。

传染路由(Epidemic Routing)能够提供较高的数据上传率、较小的上传延迟,但是开销很大。ERF(Epidemic Routing with Fusion)在 ER 的基础上,通过数据集融合降低无价值数据的转发。ERF 作为基准测试程序,用于评价 PTF 模型的数据移交性能。在仿真环境中采用 ERF 方法时,每个感知节点携带一个任务集和一个数据集,所有的感知节点转发未完成任务的照片数据和所有的任务状态标记(完成状态或未完成状态)。为降低不必要的通信和存储开销,本章设定 ERF 方法标注每个未过期任务的任务状态,且感知节点仅从任务中心下载未过期且未完成的任务信息。

Legion Studio 数据集的行人轨迹仿真数据集包括低、中、高 3 种人群密度,实验一共使用了 8 组不同密度的仿真轨迹,因为不同的感知节点进入和离开任务区域的时间是不确定的,所以同时在区域内的人数就是不确定的。本章实验结果图表中的横坐标指同时在任务区域内的人数(包括感知节点和非感知节点)的平均值,实验中的照片大小默认为 200KB,树结点大小默认为 0.6KB,通信带宽为 20KB。机会感知依赖于人与人相遇的时机,所以,有些评价指标的实验结果在人群密度增大时并不一定呈现线性递增或递减。

1. 基于时间开销的评估

感知任务由区域外的工作者带入区域内,并在人群中传播,当数据中心收集到足够的数据时,任务结束。任务被完成的消息仍由感知区域外的人带入感知区域内,当无人继续携带感知数据时,数据收集过程结束。从任务开始到数据收集结束之间的时长记作数据收集耗时,PTF方法和ERF方法的数据收集总时间开销的对比结果如图6-9所示,图中的实验结果表明,大多数情况下,PTF方法的数据收集结束时间早于ERF方法。

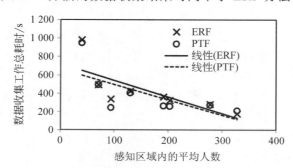

图 6-9   PTF 方法和 ERF 方法的数据收集总时间开销的对比结果

数据收集时间的长短体现了任务是否被及时终止,但不能体现任务被完成的效率。**数据上传平均延迟**(记为 $AvgDelay$)和**任务完成耗时**(记为 TmC)用来评估机会转发方法的数据上传效率。感知数据的上传延迟指数据从被采集至被上传的时间间隔。$AvgDelay$ 计算所有数据的平均延迟。任务耗时指从任务发布至数据中心收集到 $vlmn$ 个数据的时间间隔,TmC 指完成一项任务的平均耗时,如式(6-1)所示。

$$AvgDelay = \frac{\sum_{p \in UPd}(P.ta\text{-}P.ts)}{|UPd|} \qquad (6\text{-}1)$$

式中,$P.ta$ 表示数据 p 到达数据中心的时间戳;$P.ts$ 表示数据 p 的采样时间。

因为 ERF 方法使所有有可能携带数据的感知节点都携带了足够多的数据,因此,ERF 方法是理论上最高效的传输方式。PTF 方法和 ERF 方法的数据上传效率结果对比如图 6-10 所示,实验结果显示 PTF 方法和 ERF 方法的 TmC 非常接近,因此,PTF 方法与 ERF 方法的感知效率相近。一方面,尽管 PTF 模型的感知节点比 ERF 传输了更少的数据,但是,PTF 模型完成任务的效率并没有受到影响;另一方面,$AvgDelay$ 和 TmC 都随着感知节点数量的增加而降低,所以,基于机会转发的感知方法并不能通过增加数据备份数量而提高,而应该提高协作感知节点的数量。PTF 模型采用的选择式转发机制可以在不降低任务执行效率的基础上有效降低资源消耗。

2. 基于感知节点数量的评估

受 Legion Studio 数据集的工作者移动轨迹的限定,能够有机会采集数据的工作者是不变的,但是,协作者数量会因为移交方法的不同而变化。本章采用感知节点协作比例评估感知节点的协作效果,感知节点协作比例指感知节点数量与工作者数量的比值。如图 6-11 所示,PTF 方法和 ERF 方法的感知节点协作比的差别并不大,但是 PTF 方法的平均值略低

于 ERF 方法,说明 PTF 模型完成同样的任务利用了更少的感知节点。

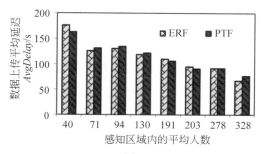 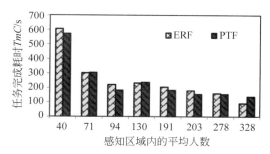

图 6-10 PTF 方法和 ERF 方法的数据上传效率结果对比

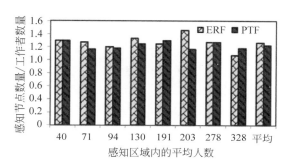

图 6-11 PTF 方法和 ERF 方法的感知节点协作比例的对比结果

3. 基于通信流量的评估

机会网络为了提高数据传输的成功率和降低延迟增加了通信开销。基于 PicTree 的机会式数据移交方法的流量节省效果的评价指标为**通信流量开销**,即从第一个感知节点移交数据开始,一直到最后一个感知节点上传或删除携带的数据,所有感知节点消耗的网络通信流量的总和。流量节省效果评价的实验结果如图 6-12 所示,ERF 方法消耗的通信流量开销明显高于 PTF 方法,特别是当工作者数量较多的时候,ERF 传输方式消耗了更多的通信流量。这是因为当人数较多时,数据转发极易发生,ERF 方法虽然采用了数据集融合,但是为了计算数据相似度,仍有大量无价值数据和无用数据被转发。

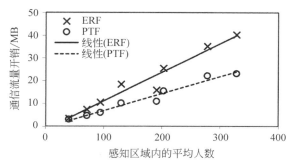

图 6-12 PTF 方法和 ERF 方法的通信流量开销的对比结果

额外上传数据比例 $ExUpR$ 表示在任务被停止后由感知节点上传的数据,用于评价终止无用传染的效果,如式(6-2)所示。

$$ExUpR = \frac{|UPd| - vlmn}{vlmn} \qquad (6-2)$$

机会方式下,任务开始和任务结束的消息都是通过转发获知的,所以,当任务结束时,仍有部分感知节点在继续工作,所以,无法避免感知节点在不知情的情况下额外上传数据。$ExUpR$ 表示额外上传的数据比例,传染终止的效果由 $ExUpR$ 的值反映。如图 6-13 所示,PTF 方法和 ERF 方法相比,两者并无明显的优劣,但是 PTF 方法的平均值略低于 ERF 方法。

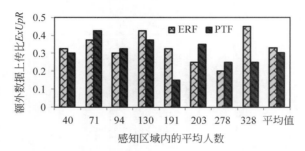

图 6-13　PTF 方法和 ERF 方法的额外上传比例对比结果

4. 基于数据量的评估

机会感知模式下,被感知节点携带出感知区域的数据量远远大于任务需要的数据量,基于数据量的实验评估分为两项:①$|UPa|/vlmn$ 表示被带出感知区域的数据量($|UPa|$)与任务所需数据量($vlmn$)的比例。②$|UPd|/vlmn$ 表示上传至数据中心的数据量($|UPd|$)与任务所需数据量的比例(假设任务结束后数据中心仍接收数据)。如图 6-14 所示,采用 PTF 方法被感知节点带出感知区域的数据量($|UPa|$)远小于 ERF 方法,几乎是 ERF 方法的二分之一,这说明 PTF 方法占用了感知节点更少的存储空间。另外,虽然采用 ERF 方法使数据中心收集到更多的数据($|UPd|$),但 $|UPd| = vlmn$ 是最优结果,因此 PTF 方法更接近最优结果。

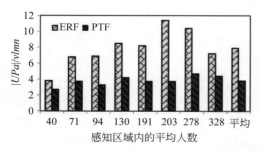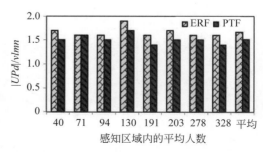

图 6-14　PTF 方法和 ERF 方法的数据上传情况对比结果

额外存储开销比率(记为 $ExStorR$)用于评价存储开销的节省情况。实验结果如图 6-15

所示，ERF 方法的额外存储开销远远高于 PTF 方法的额外存储开销，所以 PTF 方法消耗更少的存储空间。实验结果表明，PTF 方法利用 PicTree 的融合降低冗余数据被转发的比例，因此，存储空间和通信流量都有一定量的节省。虽然 ERF 也在感知节点的数据集中标注了已上传数据，并且也进行了数据对比避免重复数据占用存储空间，但是，由于采用 ERF 方法是先发送整个拍照情境信息，而 PTF 方法则是利用 PicTree 的一些树结点判断数据的相似度，并未发送所有情境数据，这就有效地降低了通信流量。

$$ExStorR = \frac{|CP|-|RP|}{|RP|} \tag{6-3}$$

式中，RP 表示工作者采集的原始数据集；CP 为所有感知节点携带的数据集（包括转发的数据复本）。

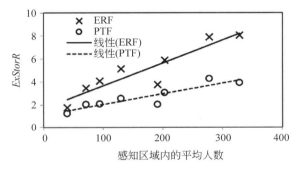

图 6-15　PTF 方法和 ERF 方法的额外存储开销的对比结果

所有这些实验结果表明：PTF 方法几乎与 ERF 方法拥有相同的照片收集能力，同时节省了大量流量和存储开销。

5. 基于机会移交数据量的评估

为了评估机会感知的协作移交效果，这里定义了评价指标——机会移交率，用来衡量有多少数据是通过机会移交的方式到达数据中心的。$OpUpR$ 指上传数据集的优质数据比例；$OppUpR$ 指通过机会方式上传的数据比例，如式（6-4）所示。

$$OpUpR = \frac{|M(UPd)|}{|UPd|} \tag{6-4}$$

式中，M 表示计算参数的最大独立集的函数，如式（6-5）所示。

$$OppUpR = \frac{|UPo|}{|UPd|-|UPo|} \tag{6-5}$$

如图 6-16 所示，由于采用了选择式数据移交，PTF 方法比 ERF 方法上传了更多的优质数据。机会移交的评价结果如图 6-17 所示，PTF 方法和 ERF 方法的 $OppUpR$ 没有明显的区别，所以 PTF 方法和 ERF 方法在机会移交能力方面具有相同的能力。另外，当感知节点数量增加时，它们的 $OppUpR$ 也增加，因为有更多的感知节点有机会通过数据移交操作携带数据出任务区域。

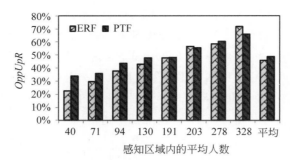

图 6-16　PTF 方法和 ERF 方法的优质数据上传比例的对比结果

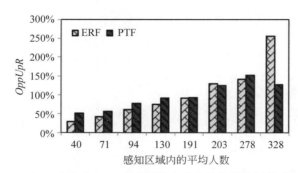

图 6-17　PTF 方法和 ERF 方法的机会式上传数据比例的对比结果

6.4　本 章 小 结

　　在弱网络连接场景下,移动感知节点的协作式数据移交方法。受移动群智感知任务的影响,移动群智感知数据的特征是异构的,且其维度也是不确定的。使用传染路由传输移动群智感知数据需要较大的网络通信带宽和较高的流量,机会网络的带宽和流量往往非常宝贵,为了在机会网络中使相遇的感知节点能够快速交换有价值的数据,根据移动群智感知任务的需求,提出满足数据优选的单节点数据存储结构 PicTree,并提出差异互补的基于 PicTree 融合的数据集方法,解决移动群智感知数据移交问题。通过融合两个感知节点各自携带的 PTree 达到识别每个节点应转发和应接收的数据子集,从而实现高质量数据在不同节点之间的转发,在不增加数据收集延迟的基础上,极大节省了通信开销和存储开销。

习　　题

　　1. 移动群智感知数据移交主要应用在哪些场景中?

　　2. 基于机会网络的群智数据移交会增大数据上传的概率,但也会带来冗余数据广泛存储的问题,有哪些策略可以有效缓解这一问题?

本章参考文献

［1］ Uddin M Y S，Wang Hongyan，Saremi F，et al. Photonet：a similarity-aware picture delivery service for situation awareness［C］// Proceedings of IEEE Real-Time Systems Symposium（RTSS），2011：317-326.

［2］ Zaslavsky A，Jayaraman P P，Krishnaswamy S. Sharelikescrowd：Mobile analytics for participatory sensing and crowd-sourcing applications［C］// Proceedings of the 29th IEEE International Conference on Data Engineering Workshops（ICDEW），2013：128-135.

［3］ Fajardo J T B，Yasumoto K，Ito M. Content-based data prioritization for fast disaster images collection in delay tolerant network［C］// Proceedings of the 7th International Conference on Mobile Computing and Ubiquitous Networking（ICMU），2014：147-152.

［4］ Weinsberg U，Li Qingxi，Taft N，et al. CARE：content aware redundancy elimination for challenged networks［C］// Proceedings of the 11th ACM Workshop on Hot Topics in Networks（HotNets），2012：127-132.

［5］ Ma Huadong，Zhao Dong，Yuan Peiyan. Opportunities in mobile crowd sensing［J］. IEEE Communications Magazine，2014，52(8)：29-35.

［6］ Guo Bin，YU Zhiwen，Zhang Daqing，et al. Cross-community sensing and mining［J］. IEEE Communications Magazine，2014，52(8)：144-152.

［7］ Conti M，Giordano S，May M，et al. From opportunistic networks to opportunistic computing［J］. IEEE Communications Magazine，2010，48(9)：126-139.

［8］ Vahdat A，Becker D，Others. Epidemic routing for partially connected ad hoc networks［J］. Technical Report CS-200006，2000.

［9］ Zhao Dong，Ma Huadong，Tang Shaojie，et al. COUPON：A cooperative framework for buildingsensing maps in mobile opportunistic networks［J］. IEEE Transactions on Parallel and Distributed Systems，2015，26(2)：392-402.

［10］ Jiang Yurong，Xu Xing，Terlecky P，et al. Mediascope：selective on-demand media retrieval from mobile devices［C］// Proceedings of International Conference on Information Processing in Sensor Networks（IPSN），2013：289-300.

第7章 移动群智感知位置隐私保护

本章主要描述移动群智感知计算中的位置隐私保护问题,概述移动群智感知中位置隐私的特点、位置隐私的分类以及位置隐私保护的重要性,针对国内外相关学者的主要研究进展分类介绍,然后进行代表性工作的详细介绍与分析。

7.1 概　　述

在各类移动群智感知应用中,大多数的感知任务都是位置相关的,即约定参与用户移动到某一指定的空间位置执行相应的感知任务。在这一过程中,无疑存在参与用户的位置隐私泄露风险[1-2]。通过参与用户的位置隐私信息,移动群智感知平台或其他第三方用户能够获取并推断出参与用户的更多个人信息:①通过获取参与者持续更新的位置信息,可分析其出行规律,推测其身份信息并预测其未来所处的位置。②利用某些时段片内参与者位置信息的统计数据,可推断出参与者的家庭地址和单位[3]。③结合地图等背景知识,可推断出参与者的健康状况、生活习惯及宗教信仰等[4]。

针对移动群智感知应用中位置隐私泄露的渠道进行分类,参与者面临的位置隐私泄露风险主要包括**任务相关位置隐私**和**数据相关位置隐私**。任务相关位置隐私主要针对移动群智感知任务本身,具体包括参与者在定位查询任务时交互的位置相关信息、执行任务时任务要求包含的任务位置信息等;数据相关位置隐私是指参与者上传的感知数据中含有参与者的位置隐私信息,如参与者采集的图片中包含的位置信息等。相对于数据相关位置隐私而言,任务相关位置隐私更为隐蔽。通过分析参与者浏览、查询以及执行的相关移动群智感知任务,可以间接获知参与者常去的地点、兴趣类别,以及个人偏好或需求[5]。因此,对于移动群智感知系统而言,位置隐私保护既要保证参与者提交的数据安全隐私,同时要保护参与者和任务位置属性的关联,以防推断出其他个人敏感信息。

据 Krumm 等学者的调查发现,大多数移动群智感知平台中的参与者并没有意识到位置信息的泄露对个人隐私带来的危害[6]。一旦参与者认识到泄露位置信息所带来的严重后果,他们便不愿意分享在本地收集到的各类感知数据信息,同时也不愿意使用移动群智感知平台,从而极大地阻碍群智感知的广泛应用。因此,移动参与者的位置隐私保护机制已成为移动群智感知系统平台中的一个关键问题。与此同时,需要注意的是强化隐私保护一般会对平台的运行性能以及所提供的服务质量带来一定程度上的不利影响,这也是移动群智感知领域研究者需要考虑的一个问题,即需要提供既能在一定程度上保护参与者的位置隐私,又能保证群智感知平台服务可用性的位置保护策略。

7.2　研　究　进　展

在移动群智感知中,位置数据提交与位置隐私保护是一对矛盾体:享受基于位置的高效服务以及任务数据的高保真提交都需要参与者提供精确的位置信息;而位置隐私保护机制需要隐藏参与者位置信息。近年来,许多研究者致力于在服务可用和位置隐私保护之间寻求一个平衡点,在尽可能少地暴露个人位置信息的情况下,实现高可用的应用及服务。位置隐私泄露的常见途径有 3 种[2]:第一,直接交流(Direct Communication),指攻击者从感知设备或者从位置存储服务器中直接获取参与者的位置信息;第二,观察(Observation),指攻击者通过观察分析被攻击者行为数据直接获取位置信息;第三,连接泄露(Link Attack),指攻击者可以通过位置数据集连接外部的数据源(或者背景知识),从而确定在该位置或者发送该消息的参与者。目前,移动群智感知系统平台位置隐私保护中主要有如下一些研究工作。

7.2.1　隐匿位置保护技术

这一技术的典型代表为**假名技术**。假名技术是对参与者标识进行保护的一种方法:让参与者在发送请求的时候使用一个虚假的参与者身份代替真实的参与者身份,以达到混淆移动群智感知平台中的参与者身份和位置对应关系的目的。这种技术的代表是混淆区域技术(Mix-zone)[3],该技术将区域划分为普通应用区域和位置混淆区域,进入混淆区域前参与者使用的是假名,混淆区域中所有参与者都不可以将自身信息发送给移动群智感知平台,在离开混淆区域之前参与者要更换假名。混淆区域技术的缺点在于限制参与者在混淆区域内使用群智应用交互,那么,对于一些需要持续提供位置信息的服务(如导航或者实时采集数据),交互就不能使用了;同时,参与者的统一混淆区域设置不能满足参与者的个性化需求,这也是实际应用中的一个重要问题。

间隔匿名(Interval Cloak)算法[7]的基本思想为:位置匿名服务器生成一个基于四叉树的结构,使用递归将欧氏平面空间分成 4 个面积相等的方形区间,不断划分,直到得到系统要求的最小匿名空间是划分出的最小正方形位置,每个正方形区间都对应四叉树中的一个结点。从包含参与者的四叉树的叶子结点开始向四叉树根的方向搜索,直到找到包含不少于 K 个参与者的节点(包括参与者在内),并把该节点对应的正方形区间作为参与者的一个匿名区。

隐匿空间保护技术的主要思想是:使用一个通过匿名算法生成的模糊区域代替参与者真实的精确位置,从而将参与者隐藏在一定面积的地理区域里。在这个区域同时包含了数量为 K 的移动参与者时,在这个区域上便实现了对参与者位置隐私的 K-匿名保护。从隐私保护角度看,面积越大,参与者越多,保护效果越好;但其缺点是给服务器带来更大的资源开销,给网络传输带来更多的压力,从而导致服务的质量变得更差。因此,获取隐私保护质量和位置服务质量的平衡成为一个重大课题。

集团匿名(Clique Cloak)算法[8]是使不同的参与者可以指定任意的隐私要求(K-匿名水平)。它主要利用图模型形式化定义此问题,并把寻找匿名集的问题转化为在图中寻找 1 个包含 K 个参与者的集合问题。每个查询定义 1 个圆形,参与者位于圆心。如果 2 个查询的圆都包含对应的参与者,那么把 2 个查询连起来,并为其建立 1 个无向图。在无向图中寻找满足 K 个参与者相互连通的小集团,即在图中实现位置 K 匿名,然后生成一个包含该集团的最小边界矩形,该矩形即所求的匿名区。

位置泛化法[9]是把轨迹上需要处理的位置采样点经过匿名算法处理后,变为模糊的匿名区域,从而达到隐私保护的要求,是逐点模糊再连成轨迹,而不是直接对轨迹进行模糊,服务质量要高一些。

7.2.2 假位置数据技术

假位置技术[10]是参与者使用假的或者错的位置代替自己的真实位置并加入服务请求中。具体的实施中,参与者会在发送正确地址的同时,按照一定策略生成一组假位置信息一同发送给服务器。该技术的缺点是大量的假地址会增加位置服务器的计算开销和服务请求的等待时间。

假数据法[11]通过添加若干的假轨迹数据对原始的轨迹进行模糊处理,同时又要保证被干扰或模糊化的轨迹的失真程度在一定范围内。

一般来说,假轨迹方法要考虑以下 3 个方面。

(1)假轨迹的数量。假轨迹的数量越多,披露风险越低,同时对真实数据产生的影响越大,因此,假轨迹的数量通常根据用户的隐私需求选择折中数值。

(2)轨迹的空间关系。从攻击者的角度看,从交叉点出发的轨迹易于混淆,因此,应尽可能产生相交的轨迹,以降低披露风险。

(3)假轨迹的运动模式。假轨迹的运动模式要和真实轨迹的运动模式相近,不合常规的运行模式容易被攻击者识破。

针对上述 3 种要求,出现了两种生成假轨迹的方法:随机模式生成法和旋转模式生成法。

随机模式生成法:随机生成一条连接起点到终点、连续运行且运行模式一致的假轨迹。

旋转模式生成法:以移动用户的真实轨迹为基础,以真实轨迹中的某些采样点为轴点进行旋转,旋转后的轨迹为生成的假轨迹。旋转点的选择和旋转角度的确定需要和信息扭曲度进行关联权衡。旋转模式生成法生成的假轨迹与真实用户的运动模式相同,并和真实轨迹有交点,难以被攻击者识破。

7.2.3 位置抑制发布技术

抑制法[12]是在用户运行轨迹上,对那些对用户来说敏感的位置进行抑制而不发送给 LBS 服务器,这种方法对服务质量的影响最大。

如何找到需要抑制的位置信息以降低披露风险且尽可能地提高数据的可用性是抑制法需要解决的关键问题。Xu 等[13]根据攻击者掌握移动对象的部分轨迹的情况,提出了抑制某些信息保护移动用户轨迹隐私的方法。该方法要解决的问题是将轨迹数据库 D 转换为 D^*,使得攻击者 A 不能以高于 P_{br} 的概率推导出轨迹上的位置属于某个移动对象。假定轨迹 T 上的位置 p_j 来源于位置集合 P,不同的攻击者拥有不同的位置集合,攻击者 A 的位置集合表示为 P_A,攻击者 A 掌握的轨迹片段表示为 T_A。因此,需要计算某个不属于 P_A 的位置可能被 A 推导出其所有者的概率,如果这个概率大于 P_{br},则 p_j 必须被抑制。使用抑制法进行隐私保护时,如果抑制的数据太多,势必会严重影响数据的可用性。

文献[14]中采用了另一种抑制法进行隐私保护。该方法根据某个区域访问对象的多少将地图上的区域分为敏感区域和非敏感区域,一旦移动对象进入敏感区域,将抑制或推迟其位置更新,以保护其轨迹隐私。对于非敏感区域,算法并不限制移动对象的位置更新。

抑制法简单、有效,能处理攻击者持有部分轨迹数据的情况。在保证数据可用性的前提下,抑制法是一种效率较高的方法。然而,上面提到的方法仅适用于了解攻击者拥有某种特定背景知识的情形,当隐私保护方不能确切地知道攻击者的背景知识时,这种方法就不再适用。

7.3　代表性工作一:协同任务群组中的多方位置隐私保护

隐私不仅与参与者采集或分享的自身数据有关,也与其他参与者采集或分享的数据有关。随着移动群智感知应用的大规模增长,群体共有隐私边界的维护变得极富挑战。参与者上传的海量感知数据中还包含其他参与者的隐私,但主流群智感知平台仅允许数据的上传者对共有数据的隐私权限进行支配设置,这往往会导致隐私利益冲突和严重的隐私泄露。移动群智感知平台中具有鲜明"群智"特色的场景——多人协同任务需要多个参与者共同执行一个复杂任务,贡献自己的计算结果,共享感知数据。协作任务的感知数据本身就包含多个成员的位置隐私数据,应该由多个参与者共同创建并共同所有,向谁共享这些信息的权限也由所有参与者共同决定。一个任务群组中的隐私边界需要参与者提前定义,由于权限的控制不当,可能会造成多方位置隐私冲突问题。多方隐私最先提出是指媒体平台中的分享行为(如朋友圈中的合影),导致其他用户的位置隐私泄露。在移动群智感知中的多方位置隐私场景如:Alice 和 Bob 共同参与了平台中的一个复杂任务,Alice 采集的任务数据(如图片)中包含二者的敏感信息(如身份特征、位置信息),这些包含位置的隐私数据在 Alice 上传之前需要得到 Bob 的许可,否则容易造成 Bob 的位置隐私泄露问题。而且,这些协同任务群组中的任务数据一般情况下只允许在任务的共同参与者中共享。当有其他群组的用户想申请获取完整数据时,需要经过隐私影响者的一致许可。另外,还要防止平台中的恶意参与者获取感知数据之后非法使用,恶意分析数据采集者的移动规律,引发位置隐私安全问题。

以上提到的协同任务场景中参与者之间多方隐私冲突问题,不可直接应用面向单人任务的位置隐私保护方法,因为它们只保护了数据上传者的隐私。目前已有研究者提出过多边隐私解决方案,如 Besmer 等[15]提出一个照片标记系统,在照片中被标记的用户可以联系照片上传者,要求删除照片或者限制照片可见人群。但是,此类方法的问题在于照片被删除前已经上传至媒体平台,在此期间已经造成了隐私的泄露。Lampinen 等[16]提出集体协商机制并形成线下协议,但是这个方法的主要问题是不方便扩展,用户不可能在没有技术支撑的情况下,经常和数以百计的朋友沟通数量较多的文件权限问题。Ilia 等[17]提出细粒度的方法侧重于通过让隐私数据中的每个用户自行决定照片中的个人标识对象是显示,还是模糊,以避免多方隐私冲突。而模糊的照片或感知数据会影响共享数据的效用,进而影响群智感知平台中的协作任务体验。

针对上面的问题,需要提出一种多方隐私冲突解决方案:①此方案需要注重共享数据的效用,保留数据完整性,即不使用模糊删除操作实现多方隐私保护。②此方案需要在隐私数据发布前协商达成一致的隐私边界管控,而不是只有某一个参与者有数据的决定权,并且通过线上技术手段提升在线协商的效率,提供更高效的权限确认机制。③管控从群组中导出感知数据至组外环节的位置隐私泄露问题,在参与者隐私泄露之后可以确认泄露者,追溯相关责任人。

7.3.1 模型描述

Wang 等所提出的多方隐私保护框架为了保证数据完整性,不修改原始数据,然后在模型设计上需要确定在多方位置隐私冲突问题中有两个需要控制的泄露场景:一个是参与者将隐私数据上传至协同任务群组可能造成其他参与者的隐私泄露;另一个是将隐私数据从协同任务群组导出至公共平台进行公开可能造成共同数据所有者的隐私泄露。

1. 多方位置隐私保护流程

本部分划分移动群智感知平台中的参与者为数据拥有者和数据上传者。图 7-1 所示为多方位置隐私保护框架的整体流程,呈现出完整的多方位置隐私控制步骤。

图 7-1　多方位置隐私保护的流程图

(1) 在多方位置隐私问题中保护位置数据,首先要确定数据权限,通知隐私数据受到影响的相关用户,进行确定数据权限的处理。数据上传者 A 需要在协作任务群组中对上传的感知数据先进行隐私相关者的标记,在协同任务群组内标记过的参与者会收到系统通知,根据数据隐私影响的内容共同协商决定是否许可上传。

(2) 感知数据只有经过所有被标记参与者的协商,一致决定上传之后,才会被上传至协同任务群组中。上传时对感知数据设置密钥参数,对数据共有者的所有口令计算出唯一密钥。协同任务群组内只提供简略数据的查看,无法直接下载,不可截屏,不可直接导出无损高精度的完整数据。

(3) 当参与者意图导出完整数据时,需要向隐私影响者申请导出权限。得到平台认证的参与者才可进入协同任务群组,并依据数据简略信息决定是否申请导出完整数据。申请过程调用密钥接口,反馈给参与者密钥获取权限。

(4) 参与者得到导出权限之后,多方位置隐私权限控制框架将申请者的申请过程标记至追溯区块链,利用区块链的不可篡改特性,防止参与者否认导出过此数据,并防止陷害攻击。

（5）将申请者的导出行为标记之后，经过差异化分发模型，将申请者的个人身份信息的数字签名嵌入数据包中，传递给参与者。

常规平台中，只有数据上传者拥有对数据的控制权限，而位置隐私同样受影响的其他用户无法控制数据的上传和删除，该工作提出的多方位置隐私保护模型使隐私受到影响的所有参与者成为共同的数据拥有者。

2. 差异化分发追溯模型

虽然协同任务中参与者的位置隐私数据可以经过所提出的多方隐私框架权限管控，在上传至群组空间前即可得到有效控制。但是，当同一份包含参与者位置隐私的数据被多人申请时，还是可能存在位置隐私数据的泄露问题，被恶意参与者申请获取之后进行恶意分析。

借鉴数据中标记盲水印和代理重加密的思想，提升分发的效率并进行差异化标记分发，最后将分发过程记录至溯源区块链进行标记。差异化分发分两种情况：①与参与者协商一致上传至协同任务群组的感知数据，数据拥有者将导出权限的管理让渡给群智感知平台。申请者直接向感知平台的服务端申请导出权限，即 Client/Server 模式。②申请者向数据拥有者申请获取完整感知数据，由数据共同拥有者筛选决定是否给予导出权限，直接由数据拥有者将感知数据分发至申请者，即 P2P 模式。

如图 7-2 所示，本模型适用于 Client/Server 架构下多个申请者从服务器导出数据，移动群智感知平台内协同任务群组中存储的感知数据通过嵌入申请者 ID 的数字签名标记，差异化分发给不同的申请者 A、B 和 C。由此，每个申请者得到包含特定盲水印效果的独一无二的数据，若此数据被恶意申请者泄露并滥用，则可通过泄露出来感知数据集查验其中的标记信息，以此限制恶意申请者的分享行为。

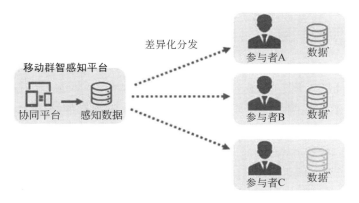

图 7-2　差异化分发方法模型

由数据申请者 ID 生成的数字签名不可反向推导，并且具有唯一性。嵌入数字签名是将签名信息和原始数据共同打包，不会破坏原始数据，不会造成数据失真，原始数据质量下降，并且数字签名信息可以和申请者的身份进行绑定。

以上是申请者直接从平台导出感知数据至组外的分发模式，为 C/S 架构。接下来考虑申请者直接向数据拥有者申请导出的 P2P 架构。此步骤除了将位置隐私数据差异化分发之外，还提升数据拥有者对众多申请者场景中一对多的分发效率。为提升可用性，采用代理重加密思想设计参与者之间 P2P 模式导出分发的处理机制。核心原理是数据拥有者使用公钥加密的数据，可通过代理重加密再次分享给数据接收者 A、B、C。数据申请者可分别通过自己的私钥解密查看导出的数据信息。在此方法中，代理是可信的中介流程。相比于常规非对称加密算法，数据拥有者不需要分别使用申请者的公钥加密数据传输过程，此方法大大简化了数据分发的流程，在不解密数据的情况下，加快数据分发的速度，具体图示如图 7-3 所示。

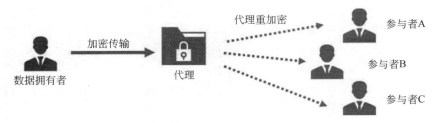

图 7-3　代理重加密方法模型

接下来介绍描述差异化分发模型中的符号定义以及具体的数据解密流程，详细定义见表 7-1。

表 7-1　代理重加密的参数变量

符　号	描　　述	符　号	描　　述
M	未加密的明文数据	SK_B	参与者 B 的私钥
PK_A	参与者 A 的公钥	C_{PK_A}	只能使用 A 的私钥解密的密文数据
PK_B	参与者 B 的公钥	C_{PK_B}	只能使用 B 的私钥解密的密文数据
SK_A	参与者 A 的私钥		

协同任务群组内数据分享的流程如图 7-4 所示，代理重加密需要将参与者 Alice 的数据 M 通过非解密计算转化为参与者 Bob 可获取的数据 C_{PK_B}。参与者 Alice 作为数据拥有者，不必考虑使用不同接收者的公钥加密的问题，只使用自己的公钥 PK_A 加密明文数据 M 生成只可由 $Alice$ 的私钥获取的数据 C_{PK_A}，然后发送给可信的计算代理 Proxy，代理通过非解密式重加密计算，将密文数据转化为 Bob 可通过自己密钥解开的数据 C_{PK_B}。最后，参与者 Bob 通过解密计算 $Dec(SK_B, C_{PK_B})$ 获取原始数据 M。

通过以上代理重加密流程，可以实现将用户 Alice 公钥加密的数据 C_{PK_A} 转化为可用 Bob 的私钥解开的数据 C_{PK_B}。

在协同任务群组的多方位置隐私保护中，完整的保护流程如下：协商上传许可，分发差异化数据，追溯恶意滥用。感知数据导出之后，一些恶意的申请者可能会篡改位置数据，诬陷攻击数据拥有者。该工作所设计追溯步骤需要永久记录申请者的导出行为，并将数据包的验证哈希写入标记区块链中。如图 7-5 所示，利用区块链的不可篡改以及追溯特性寻找隐私数据被篡改的环节，以限制参与者的恶意篡改分享行为，保护数据拥有者的位置隐私。

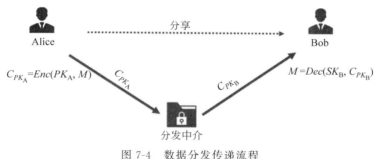

图 7-4　数据分发传递流程

图 7-5　标记溯源区块链

3. 导出密钥分配模型

在图 7-1 所示的模型中,感知数据经参与者协商一致才上传至协同任务群组。参与者 B 请求导出权限的过程依旧需要通过数据拥有者的一致许可,数据拥有者依据申请者的等级或评价决定是否分配导出权限。现有群智感知平台中的一些架构设计主要为密钥的分享传递,或者许可证的颁发。无论密钥还是许可证都是一种机密文件,如果参与者无法获取此类机密数据,则无法获取完整的感知数据。如果此环节采用依次询问填写所有参与者口令或者搜集所有许可证的处理方法,可能会产生严重的效率问题。

基于以上问题,提出基于"密码即服务"思想的导出密钥分配模型,将数据共有者的口令生成最终导出密钥,并生成密钥服务接口。当申请者需要将数据导出至组外时,直接调取密钥分配模块获取最终分享密钥。

如图 7-6 所示,认证用户可在协同任务群组中调用服务接口,而密钥管理部分则是对多个参与者密钥的管理与计算。因此可以屏蔽繁杂的密钥细节,将多个密钥文件进行统一整合管理,仅由参与者进行服务接口的调用即可。

提出一个密钥融合计算方法,将多个参与者的口令密钥融合成唯一导出密钥。如图 7-7 采用默克尔树(Merkle Tree)结构,自底向上融合计算数据拥有者的口令密钥。将所有参与者的口令成对计算哈希值,并生成最终导出密钥。以此模型实现众多口令密钥的管理,快速定位比对并更新已失效的口令,具体如图 7-7 所示。

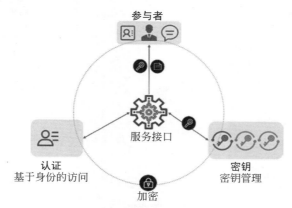

图 7-6   密码即服务模型

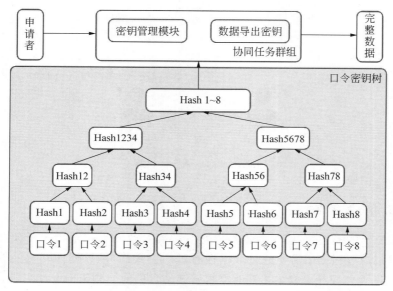

图 7-7   密钥融合计算

7.3.2   实验分析

1. 实验说明

所设计的多方位置隐私保护策略实验分为两个部分,分别是时间损耗相关的性能分析以及工程应用开发的展示。实验内容为多方隐私保护策略与不使用本策略的时间损耗对比,差异化追溯模型中的溯源标记区块链的性能评估,并对提出的策略开发移动应用WeSense 的协作任务隐私防护机制进行结果页面的呈现。

实验仿真主要通过一台 Lenovo Windows PC 搭建联盟区块链,为了将申请者的导出信息标记上链实现溯源功能,采用可支持智能合约编程的 Ethereum 进行开发。本实验通过

Ethereum 的 API 实现 JSON-RPC 客户端，进行编程实现标记追溯区块链。PC 端的实验环境配置见表 7-2。

表 7-2　PC 端的实验环境配置

类　别	参　　数
处理器	Intel(R) Core(TM) i5-6500 CPU @3.20GHz
安装内存	12.0GB
操作系统	Windows 10 专业版
硬盘	西部数据(WDC)WD10EZEX 5400r/min
编译器	IntelliJ IDEA 2018.2.4

2. 标记溯源性能分析

搭建移动群智感知平台追溯标记区块链，将群组内的数据分享节点信息上链。因为现有的区块链公开解决方案主要为金融支付和公共账本，因此区块链的追溯功能需要定制化搭建。以下为从零搭建区块链的关键配置信息，考虑到目前的应用场景主要为已有群智感知应用 WeSense 中的协同任务群组，所以设定两个挖矿认证节点进行区块的标记写入确认，交易确认节点可在后续运行过程中持续添加。配置文件中的初始参数设定见表 7-3。

表 7-3　认证节点地址列表

认证节点	地　　址
A	0x00Bd138aBD70e2F00903268F3Db08f2D25677C9e
B	0x00Aa39d30F0D20FF03a22cCfc30B7EfbFca597C2

创建初始区块后，区块链会以一定的速度持续挖矿产出区块，并在有新的业务交易时将导出信息写入区块链。由于搭建区块链的目的为溯源分享路径，所以此时的交易仅为了标记数据申请者的信息。搭建成功之后，溯源链产出区块的日志信息如图 7-8 所示。

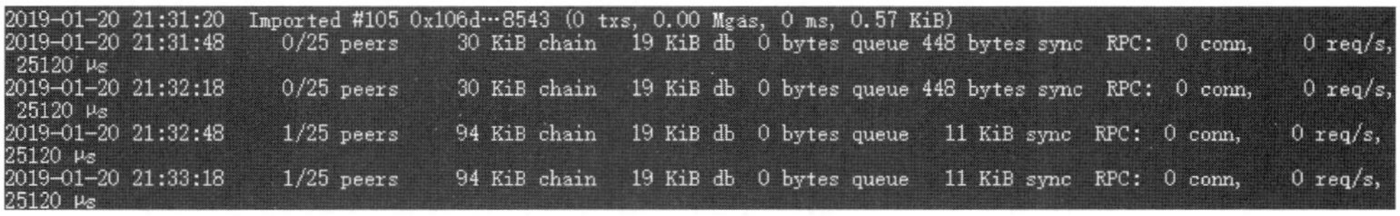
```
2019-01-20 21:31:20  Imported #105 0x106d…8543 (0 txs, 0.00 Mgas, 0 ms, 0.57 KiB)
2019-01-20 21:31:48    0/25 peers    30 KiB chain   19 KiB db  0 bytes queue 448 bytes sync  RPC:  0 conn,    0 req/s,
 25120 μs
2019-01-20 21:32:18    0/25 peers    30 KiB chain   19 KiB db  0 bytes queue 448 bytes sync  RPC:  0 conn,    0 req/s,
 25120 μs
2019-01-20 21:32:48    1/25 peers    94 KiB chain   19 KiB db  0 bytes queue   11 KiB sync  RPC:  0 conn,    0 req/s,
25120 μs
2019-01-20 21:33:18    1/25 peers    94 KiB chain   19 KiB db  0 bytes queue   11 KiB sync  RPC:  0 conn,    0 req/s,
25120 μs
```

图 7-8　溯源链产出区块的日志信息

目前，以太坊中的最大区块为 1 500 000Gas，从一个账户到另一个账户的 ETH 基础交易或支付(并非智能合约)大约消耗 21 000Gas，故每个区块中大概可以放进 70(1 500 000/21 000)笔交易。考虑到图 7-8 显示的新区块产生速度，实验在区块链搭建成功并运行一段时间产生足够的区块存储空间后进行。以太坊默认预期 15s 出一个区块，但在实际交易写入区块链过程中会受环境因素的影响。实验进行区块链智能合约编程，时间上不仅仅是写入导出信息的时间损耗，还有整体框架其他环节运行时间的损耗，如数据拥有者协商上传意愿的时间消耗。接下来通过实验对比分析使用该工作提出的多方位置隐私保护机制对整个协同任务群组流程带来的时间上的影响。

首先在 WeSense 中发布协同感知任务,寻找 5 个志愿者下载并使用 App 提交任务数据。其中 5 个参与者的身份设定为 1 个数据上传者、3 个隐私受影响的参与者、1 个申请导出者。在多方隐私冲突场景中,参与者需要进行的实验操作为:标记其他隐私影响者,协商一致并上传,进行数据导出申请。

分别测试使用多方位置隐私保护框架的整体时间损耗以及不采用多方位置隐私保护的时间损耗,对比数据如图 7-9 所示。其中横坐标为协同任务导出流程运行次数,纵坐标为整体流程耗时。依据图 7-9 中的信息得知,导出次数较少时,因为多方位置框架具有在线通知标记功能,可使参与者在线协商进行隐私数据的管控。原始流程中参与者依次确认群组中隐私数据以及线下协商的沟通时间被节省,所以在运行 1 次和 2 次时,使用多方位置保护框架的时间要显著少于原始流程。随着导出次数的增多,整体花费时间增加。而协同感知数据只需被上传一次,所以两种方案的差距并没有随固定比例增加。

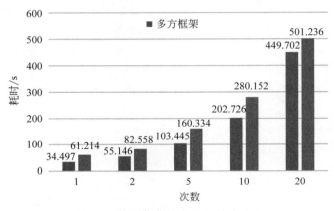

图 7-9　协同任务导出流程耗时对比

3. 应用开发

将提出的多方位置隐私保护机制实现并应用到群智感知应用 WeSense 中,通过移动应用 UI 页面的操作展示协作任务群组多方位置隐私保护的操作流程,并依据应用页面对上传标记通知以及填写密钥导出功能进行解释。如图 7-10(a)所示,此页面为参与者完成任务后的数据提交。参与者在协同任务群组中上传数据之前,显式提醒其他参与者共同协商确定数据所有权,然后基于每个参与者的密钥口令生成导出密钥。如图 7-10(b)所示,此为协同任务群组内的任务详情查看页面。协同任务群组内已经完成并上传的任务允许参与者查看摘要信息,应用设定不可截屏,但是完整高清数据只有通过向数据拥有者申请导出。在申请者被许可导出感知数据之后,调用密码(服务接口),获取导出密钥,将密钥填写至任务介绍页面比对通过后导出完整数据。

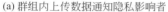

(a) 群组内上传数据通知隐私影响者　　　　(b) 参与者请求导出完整数据

图 7-10　WeSense 中的多方隐私实现页面

7.4　代表性工作二：细粒度模糊位置隐私度量与保护

移动群智感知计算平台中不同的任务场景对感知数据的位置精度以及准确性要求也不同。有一类感知任务对参与者执行任务时的位置精度要求不高，如标记鸟窝，拍摄天空反馈能见度等。但是，移动感知终端可能在此类任务执行期间依旧会记录参与者的精确位置数据，进而引发参与者的位置隐私泄露问题。参与者在接受并执行此类任务期间希望自己的精准位置信息得到保护，使用模糊位置和群智感知平台交互，以防泄露自己的移动规律和行为模式。而现有的平台缺乏度量位置模糊程度的隐私保护机制。另外，众多群智感知平台均未提供给参与者全局分级别的细粒度模糊位置保护。该工作主要解决移动群智感知平台中参与者采集任务完成前的位置隐私泄露问题。

现在一些研究工作[18]已经提出了位置模糊方法，隐匿空间保护技术使用一个通过匿名算法生成的模糊区域代替参与者真实的精确位置，从而将参与者隐藏在一定面积的地理区域里。K-匿名等传统隐私保护模型则是依据此思想将参与者保护在由周围 $K-1$ 个参与者组成的匿名空间中。但是，局限在于 K-匿名对攻击者能力以及背景知识进行了一定的假设，传统的匿名化手段隐私保护可能无法防御差分攻击。地标技术[19]让参与者采用一个标志性的 POI 地理位置代替其真实的位置，并将这个标志性的地理位置发送给移动群智感知平台，平台只通过这个标志性的地理位置和参与者进行交互。不足在于参与者只可选择附近地标进行位置模糊，模糊距离和程度不可控。没有提供细粒度的模糊机制，参与者面临的选择往往是真实位置和地标模糊位置二元选择，不可分梯度细粒度选择模糊位置的等级强度。然而，现有的混合区模型只在混合区内不可被定位查询，但是对位置本身没有做匿名化、模糊化处理，非混合区的路径位置已经可以暴露参与者的诸多位置信息。混合区模型仅保护了混合区，缺乏全局型的位置保护模糊机制。

基于以上问题分析,发现需要解决的问题主要有:①在群智感知平台中需要从数学角度量化位置模糊效果,以进行评定位置隐私保护的力度。②参与者和任务发布方根据细粒度的模糊等级在满足参与者不同隐私需求的同时,还可作为筛选要求进行双向匹配。③现有平台系统缺少全局级别的位置模糊机制,缺少可模块化嵌入的平台级模糊位置设计接口。

7.4.1 模型设计

所提出的细粒度模糊位置隐私度量与保护机制主要分为距离不可分的位置模糊控制模型以及细粒度位置模糊结构。

1. 位置模糊控制模型

将标准差分隐私公式应用到位置隐私保护领域,得到基于差分隐私思想泛化的距离不可分模型。本模型的模糊机制流程以参与者提交定位位置向群智感知平台查询周边任务为例,以下为模型细节的描述。

当参与者提交查询请求时,模糊模型向群智感知平台提交位置 p' 代替真实位置 p。若 p' 和 p 距离很近,则说明模糊程度低,隐私泄露的风险就大。从差分隐私的角度进行描述:对于任意 p,噪声随机化算法为 S,若加噪声处理后的位置 p' 和原始位置 p 对应的空间查询 $S(p)$ 和 $S(p')$ 的差异可以忽略不计,则认为这两个位置经过随机化算法 S 仍然是模糊的。

接下来,依据标准差分隐私公式描述距离不可分位置模糊控制模型。

定义:假设有随机化模糊机制 K,其中随机化算法为 S,当且仅当对任意的两个位置点 p' 和 p,满足公式

$$\frac{d_p(S(p),S(p'))}{d(p,p')} \leqslant \varepsilon \tag{7-1}$$

则随机化模糊机制 K 满足距离不可分位置模糊性。其中 ε 是差分隐私预算(budget),$d(p,p')$ 是两点之间的欧几里得距离,$d_p(S(p),S(p'))$ 为随机化算法 S 输出的两个查询请求 $S(p)$ 和 $S(p')$ 之间的差异。

参与者设定的模糊等级 l 越高,p' 和 p 之间的距离越大。位置模糊程度对应着隐私保护级别 l,同样也与包含真实位置的区域半径 r 成正相关关系,即 $l = r * \varepsilon$。定义 $d_p(S(p),S(p'))$ 的计算方式为查询请求 $S(p')$ 覆盖参与者的初始查询需求之后的区域面积差。以此保证满足 ε-位置模糊模型。此模型将数据库领域中的差分隐私机制应用到位置隐私保护方向中,将差分隐私中的数据库不可区分转化成距离不可分问题。从数学角度进行度量位置隐私的保护程度,将隐私等级预算 ε 分级别量化。

为了避免移动群智感知平台获取到参与者的真实位置,模型使用本地化差分隐私的思想设计算法:参与者以自己模糊过的位置和群智感知平台交互,进行附近任务查询。移动群智感知平台只能接收到模糊位置,无法获取参与者的真实位置。平台依据接收到的位置将查询任务的结果列表返回给参与者,而参与者通过对结果的筛选,选择符合自己真实位置需求的任务。

如图 7-11 所示,参与者使用模糊位置进行任务查询,自己预期查询结果范围是 300m 内的区域,群智感知平台将返回以模糊位置点为查询中心的任务列表反馈结果。相比于

Andres[20]的研究工作通过划定圆心和半径返回结果并计算范围覆盖率,本设计模糊模型依据查询中心分批次进行查询结果返回,按照 500m 的幅度逐渐扩大搜索半径,提供瀑布流无限式结果反馈。

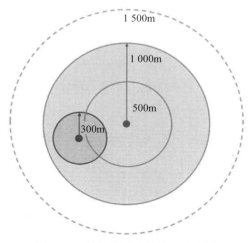

图 7-11　模糊位置查找模型示意图

依据设定不同的隐私预算参数 ε,在平台级的系统中添加细粒度多级别位置隐私保护策略,解决当前多数平台的位置权限设计只有二元的场景。提供多层级的模糊位置接口,1~4 级位置模糊对应的隐私预算参数 ε 值分别为 0.1,0.3,0.5,0.7。

2. 细粒度位置模糊结构

在最基本的场景设定中,参与者使用模糊位置定位查找周边任务,寻找对任务执行地点不做精确定位的感知任务。以此场景为例,描述细粒度位置模糊机制的流程。

模糊位置双向匹配机制除包含参与者、移动群智感知平台外,在参与者本地终端添加模糊位置模块,为参与者提供位置模糊接口,其作用如下。

(1) 接收位置信息:输入移动参与者确切的位置信息,并响应每个移动参与者的位置更新。

(2) 模糊处理:将确切的位置信息依据模糊参数转换为模糊区域的位置。

(3) 发起定位交互:将模糊后的位置发送至群智感知平台,发起查询请求。

接下来描述双向适配的模糊机制的概念:模糊位置隐私保护策略中"模糊级别"的设定是动态匹配的过程。任务发布的时候需要设定一个隐私保护下限,如某任务的数据精度标准,需要 2 级的位置隐私保护,那么只允许 0 级(真实位置)、1 级和 2 级的参与者接受此任务并执行。同理,当一个参与者设定自己的全局位置获取模糊级别为 3,则只接受 3 以及 3以上的感知任务执行。而位置模糊级别的设定可在参与者的全局设置以及发布者发布任务的模板参数中修改定义。

如图 7-12 所示,在模糊位置保护框架中,参与者基于自身位置进行周边任务查询请求的处理过程如下。

(1) 设置:参与者设定自己的位置模糊等级,模糊等级参数在群智应用 App WeSense

中代表将自己真实位置模糊的程度,同时也表示参与者查询和接受的任务筛选条件。然后,参与者发送位置至本地的位置模糊模块:参与者想通过位置模糊框架定位获取周边任务信息。

(2)模糊:调用位置模糊接口将真实位置模糊化。位置模糊模型依据参数完成模糊位置后,将模糊后位置的请求发送给提供任务结果反馈的移动群智感知平台。

(3)查询:移动群智感知平台根据接收到的位置进行查询处理,并将查询结果列表依次返回呈现给参与者终端。

(4)选择:参与者从任务候选列表中挑出满足自己需求的任务。

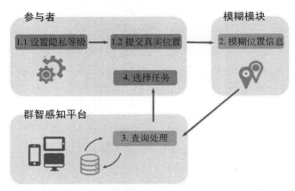

图 7-12　位置模糊机制流程描述

本流程机制将位置模糊模块设定在本地,解决了第三方匿名服务器普遍存在的信任问题。另外,位置模糊在移动终端仅作为一个函数接口供参与者调用,不会因位置模糊模块的运行问题导致整个系统崩溃。近年来,智能手机设备的运算能力快速提高,使模糊模块设在参与者的本地终端进行计算成为可能。接下来,实验部分将评估加载本位置模糊模块的移动终端 CPU 的占用情况,分析本方案的可用性。

7.4.2　实验评估

1. 实验设置

PC 端实验环境与代表工作一中的配置相同,实验设备为一台华为荣耀 V10 手机,搭载麒麟 970 处理器,运行内存 4GB,存储空间 64GB。如上所述,在简单场景中,参与者依据自身位置,选择附近的感知任务。在此交互过程中,实验将从返回查询结果步骤分析带宽压力。评测挂载位置模糊模块后,对移动 App 后台内存占用的影响。最后将细粒度位置模糊双向匹配机制实现至 WeSense 应用中,呈现移动应用的页面。

2. 实验结果分析

使用 OpenStreetMap 的数据导出功能模拟位置查询过程中的任务结果返回。以查询位置作为中心点,导出可以覆盖原始查询需求区域的地图数据,导出地图文件的大小即查询反馈结果大小。设定参与者的预期查询需求都是真实位置周边 300m 内的地图数据。分别设定不同的模糊等级,调整隐私预算 ε。分别选取 A、B 两点进行参与者的模拟查询分析,地图效果如图 7-13 所示。图 7-13(a)显示 A 点地处西安市区内的西北工业大学友谊校区，图 7-13(b)显示 B 点地处西安市长安区郊区的西北工业大学长安校区。地图中心的红色标记为参与者所处的位置，明亮框选区域为其期望反馈结果区域。选取两地的依据为对比市区和郊区的大致返回结果差距。

(a) A 于西北工业大学友谊校区定位采集图　　　　(b) B 于西北工业大学长安校区定位采集图

图 7-13　A、B 两地对比框选示意图

不同模糊等级下，获取地图文件大小见表 7-4。由于位置模糊有一定的随机性，所以本实验的地图数据文件的大小会有一定的浮动。同时，参与者所处位置的 POI 数量以及任务数量也会对数据包返回大小造成一定的影响。参与者所处位置是否包含丰富的感知任务即体现为是否有丰富地图 POI 信息。以实验数据看，A 地以最高模糊等级进行模糊位置任务查询，总共下载地图数据包大小为 2608KB，而现阶段网络应用中常见图片大小已达 3096KB 以上。整体看，以现在我国 4G/WiFi 网络通信技术的覆盖水平以及未来 5G 的发展，带宽压力已经变得微不足道。另外，考虑到查询结果返回以一定的幅度逐步扩大搜索半径，分阶段递进式下载呈现周边的任务列表结果，所以在此过程中对用户体验影响极小。

表 7-4　不同模糊等级反馈数据大小

隐私预算	A 返回数据包/KB	B 返回数据包/KB
$\varepsilon = 0.1$	152	40
$\varepsilon = 0.3$	534	156
$\varepsilon = 0.5$	891	643
$\varepsilon = 0.7$	2 608	1 810

3. 开发工程应用

将所提出的细粒度位置模糊双向匹配机制开发到实际应用 WeSense 中。实验假设：设备获取位置均打开 GPS 定位，且定位功能完好。实际开发中模糊位置的工程实现，是在真实位置的基础上添加符合距离不可分公式的噪声模糊处理，通过封装原有位置获取函数进行改写 API 实现，使参与者的移动终端通过调用位置模糊模型接口覆盖原生的位置获取函数。通过位置模糊模型的隐私预算参数设定，划分位置模糊等级为 1～4 级。给终端应用 WeSense 引入分等级地获取模糊位置机制，细粒度地划分隐私等级，不同的应用场景使用不同级别的模糊位置。

所开发的位置模糊双向匹配机制如图 7-14(a)所示,发布任务时依据任务要求和场景,设定任务数据的位置模糊等级上限,图中的任务为要求 3 级模糊以下的参与者执行任务。此任务参数做了模糊位置的设定,采集数据时,参与者已经在一定程度上模糊了位置记录,所以不选择 CrowdChain 匿名支付。

(a) 在发布任务页面设定位置模糊上限　　　(b) 参与者设定全局位置模糊等级

图 7-14　位置模糊双向匹配机制

如图 7-14(b)所示,若参与者可以在 WeSense 应用中设置自己的全局位置模糊等级,则 WeSense 应用只可获取参与者的模糊位置进行交互,参与者只可接受 2 级模糊及以上的任务进行感知活动。而任务发布页面中,若设定任务的位置精度需求上限是 3 级模糊,则拒绝更高模糊等级的参与者接受并执行任务,由此可达到参与者和平台发布任务之间对位置模糊的双向选择。

应用细粒度位置模糊机制的 WeSense 应用安装包大小为 26MB,相比于原始安装包大小 23MB,安装包增加的 3MB 在整个手机 64GB 的存储空间中占比不足万分之一。根据测试结果,加入位置模糊模块的 WeSense 应用在手机系统中占用的内存为 43.24MB,在手机的 4GB 运行内存中占比仅为 1.06%,对智能手机的正常运行不构成运行上的压力。

若在任务发布时定义位置隐私保护级别,则是在对参与者的位置隐私保护和采集数据可用之间达到一种平衡。参与者在群智感知终端全局设定自己的位置模糊等级,会决定自己可匹配任务的结果列表以及自己采集数据时定位的精准度,适用于不强制要求精确位置的场景,保护参与者的真实位置隐私。

细粒度位置模糊机制不要求位置提供商合作,即便运行在操作系统、浏览器、智能终端或 App 中,通过此机制也可以达到同样的模糊效果。Wang 等[21] 所提出的位置隐私保护策略在平台层面的位置交互之间增加细粒度位置模糊方法,可以模块化集成至需要位置交互的各种应用中,并且通过实际应用开发证明,为普通群智感知应用添加细粒度位置模糊模块对内存和存储空间的占用极小。在设备能力越来越强大,网络速度越来越发达的今天,本模块对内存等资源的占用影响微乎其微,在达到位置隐私有效性的同时,保证了保护策略的可用性,寻求二者的平衡。

7.5　本章小结

移动群智感知应用中涉及的位置交互潜在地会造成对参与用户的位置隐私泄露,目前这一问题已经引起用户、服务商和政府主管部门的重视以及学术界和工业界的广泛关注。目前已提出大量的隐私保护技术保证用户在享受移动群智感知平台服务的同时不会侵害他们的隐私。本章首先对近几年该领域的研究成果进行了回顾,其次介绍了两个具有代表性的研究工作:①协同任务群组中的多方位置隐私保护。②细粒度模糊位置隐私度量与保护。分别解决移动群智感知中协同任务群组位置隐私数据上传和分享不当产生的多方隐私泄露问题,以及面对不同位置精度场景移动群智感知无法细粒度设置隐私等级的问题。

习　题

1. 移动群智感知应用中存在哪些潜在的位置隐私泄露风险?
2. 协同任务群组多方位置隐私保护中采用了哪些针对性的策略?
3. 除本章介绍的位置模糊控制模型之外,还有哪些方法可以有效实现群智感知位置的模糊化?

本章参考文献

[1] Hong J I, Landay J A. An architecture for privacy-sensitive ubiquitous computing[C]//Proceedings of the 2nd international conference on Mobile systems, applications and services, 2004: 177-189.

[2] 王璐,孟小峰. 位置大数据隐私保护研究综述[J].软件学报,2014,25(4):693-712.

[3] Bereaford A R, Stajano F. Location privacy in pervasive computing[J]. IEEE Pervasive computing, 2003, 2(1): 46-55.

[4] Hoh B, Gruteser M. Protecting location privacy through path confusion[C]//First International Conference on Security and Privacy for Emerging Areas in Communications Networks (SECURECOMM'05). IEEE, 2005: 194-205.

[5] Mcsherry F, Talwar K. Mechanism design via differential privacy[C]//48th Annual IEEE Symposium on Foundations of Computer Science (FOCS'07). IEEE, 2007: 94-103.

[6] Krumm J. Inference attacks on location tracks[C]//International Conference on Pervasive Computing. Springer, Berlin, Heidelberg, 2007: 127-143.

[7] Bamba B, Liu Ling, Pesti P, et al. Supporting anonymous location queries in mobile environments

with privacygrid[C]//Proceedings of the 17th international conference on World Wide Web，2008：237-246.

[8]　Chow C Y，Mokbel M F，Liu Xuan. A peer-to-peer spatial cloaking algorithm for anonymous location-based service [C]//Proceedings of the 14th annual ACM international symposium on Advances in geographic information systems，2006：171-178.

[9]　Lu Rongxing，Lin Xiaodong，Liang Xiaohui，et al. A dynamic privacy-preserving key management scheme for location-based services in VANETs[J]. IEEE Transactions on Intelligent Transportation Systems，2011，13(1)：127-139.

[10]　Shin K G，Ju Xiaoen，Chen Zhigang，et al. Privacy protection for users of location-based services[J]. IEEE Wireless Communications，2012，19(1)：30-39.

[11]　To H，Ghinita G，Shahabi C. A framework for protecting worker location privacy in spatial crowdsourcing[J]. Proceedings of the VLDB Endowment，2014，7(10)：919-930.

[12]　Freudiger J，Shokri R，Hubaux J P. Evaluating the privacy risk of location-based services [C]//International conference on financial cryptography and data security. Springer，Berlin，Heidelberg，2011：31-46.

[13]　Xu Toby，Cai Ying. Exploring historical location data for anonymity preservation in location-based services[C]//IEEE INFOCOM 2008-The 27th Conference on Computer Communications. IEEE，2008：547-555.

[14]　Gruteser M，Liu Xuan. Protecting privacy，in continuous location-tracking applications[J]. IEEE Security & Privacy，2004，2(2)：28-34.

[15]　Besmer A，Richter Lipford H. Moving beyond untagging：photo privacy in a tagged world[C]//Proceedings of the SIGCHI Conference on Human Factors in Computing Systems，2010：1563-1572.

[16]　Lampinen A，Lehtinen V，Lehmuskallio A，et al. We're in it together：interpersonal management of disclosure in social network services[C]//Proceedings of the SIGCHI conference on human factors in computing systems，2011：3217-322.

[17]　Ilia P，Polakis I，Athanasopoulos E，et al. Face/off：Preventing rivacy leakage from photos in social networks[C]//Proceedings of the 22nd ACM SIGSAC Conference on Computer and Communications Security，2015：781-792.

[18]　潘晓，肖珍，孟小峰.位置隐私研究综述[J].计算机科学与探索，2007，1(3)：268-281.

[19]　Shin H，Atlouri V，Vaidya J. A profile anonymization model for privacy in a personalized location based service environment[C]//The Ninth International Conference on Mobile Data Management (mdm 2008). IEEE，2008：73-80.

[20]　Andres M E，Bordenabe N E，Chatzikokolakis K，et al. Geo-indistinguishability：Differential privacy for location-based systems[C]//Proceedings of the 2013 ACM SIGSAC conference on Computer & communications security，2013：901-914.

[21]　Wang Hao，Yu Zhiwen，Liu Yimeng，et al. CrowdChain：A Location Preserve Anonymous Payment System Based on Permissioned Blockchain[C]//IEEE International Conference on Smart Internet of Things (SmartIoT)，2019：227-233.

第 8 章　移动群智感知激励机制设计

近年来,随着移动互联网技术和智能设备的快速发展,带有感知能力的移动终端设备赋予人们强大的感知能力和信息共享能力。移动群智感知是一种新的感知模式,在移动群智感知中,携带移动智能设备的用户成为感知节点,这些感知节点具有移动性、分布广泛等特点。移动群智感知通过用户有意识或无意识的协作共同完成大规模、复杂的社会感知任务,具有广阔的应用前景和应用价值。

虽然利用移动群智感知可以解决很多问题,但是该技术是在大量人员具有参与意愿的基础上建立的。在感知数据的过程中,由于电量消耗、计算消耗、存储消耗和流量消耗等资源方面的消耗会降低用户参与感知任务的积极性,只有用户得到其认为合理的报酬,才有可能提高其参与任务的积极性。因此,是否拥有足够的感知源决定了移动群智感知系统的使用价值,并且是否能够为人们提供高质量的数据服务也成为移动群智感知系统必须解决的重要问题。因此,如何制定合理的激励机制,以达到鼓励用户参与感知在移动群智感知系统中具有重要的意义。

8.1　背景描述

群智感知激励机制通过采用适当的激励方式/策略,对不同的参与者群体赋予不同的激励效用,鼓励和刺激广大移动用户参与到群智感知任务中,并提供高质量、可靠的感知数据或结果。设置移动群智感知激励机制的主要因素体现在以下 3 个方面。

（1）用户行为数据隐私泄露风险:部分移动群智感知系统需要用户通过摄像头、麦克风、加速度传感器、GPS 位置传感器等内置式传感器采集数据[1-3]。

（2）设备存储、计算以及电量开销:部分群智感知应用要求用户在提交数据前在用户端进行数据预处理,包括数据压缩、特征提取等本地化计算。

（3）数据传输网络流量开销:在没有无线网络覆盖的环境中,用户需要通过运营商收取费用的蜂窝网络上传数据,会引起用户移动数据流量的额外开销。

在上述因素的作用下,如果不能给予参与者适当的激励,会降低用户采集数据参与群智感知任务的积极性,用户可能会选择延期上传数据甚至放弃任务,从而造成系统任务处理不及时或任务不能完成等问题[4]。因此,有必要在移动群智感知系统中引入激励机制,通过一定的奖励方式补偿用户在感知数据过程中的消耗及损失[5]。然而,在移动群智感知系统实际运行过程中,移动用户的参与意愿随着时空情境的改变而呈现出动态变化的特点,需要对用户所处的情景进行识别,兼顾移动群智感知系统平台的效益与移动参与用户的收益,合理、有效地设计相应的激励机制。

8.2　移动群智感知的主要激励方式

按照激励机制的标的物区分,可以将激励机制分为物质激励和非物质激励,其中非物质激励又可进一步细分为娱乐游戏类精神激励、社交关系类激励、虚拟积分类激励等。

8.2.1　物质激励

物质激励是通过向感知任务的参与者提供金钱等报酬以激励参与者,这也是目前最直接、最主要的激励方式。根据关注点的不同,可以将物质激励分为以系统平台为中心的方式和以参与者为中心的方式。

以系统平台为中心的方式没有参与者报价的环节,在已知所有参与者信息(如任务价格、数据质量等)的条件下,由系统平台决定对参与者的具体激励金额。

以参与者为中心的方式具有参与者报价竞争的环节,服务器平台直接根据每个参与者个人完成任务的价格或者完成质量的高低进行选择支付,参与者在这种方式中一般具有更强的主动性。

以参与者为中心的激励方式由于存在参与者的竞价环节,因此相应的机制设计更复杂,一般采取博弈论中的拍卖模型,具体包括逆向拍卖、组合拍卖、多属性拍卖、全支付拍卖、双向拍卖、VCG 拍卖和 Stackelberg 博弈模型等。下面对这几种方式进行概述。

1. 逆向拍卖

在群智感知系统中,平台方是买方,任务参与者是卖方。平台方提供任务以供参与者出价,潜在的可能参与者提出自己完成该任务所需的报酬作为自身的报价,最终,平台方选出报价最低的用户完成任务并支付报酬。一旦选定,任务即交付,不存在反向确认或更改的过程。逆向拍卖(Reverse Auction,RA)削弱了平台方和参与者之间的长期合作关系,因此,如何将利润获取和长期服务整合到群智感知系统中也是一个重要的研究方向。文献[6]中提出了 RADP-VPC 模型,采用逆向拍卖机制选取出价最低的参与者作为任务执行者并支付,相对于常用的固定价格随机支付的方式,这种动态价格的方法避免了在竞价中屡次失败的参与者退出的情况,在保证参与率的同时最小化支付代价。赵东等[7]基于李雅普诺夫 VCG 拍卖(Lyapunov-based VCG auction)模型,实现最佳的线上任务分配机制,具体将参与者的报酬根据时段片(slot)分多次进行支付,实现了激励的长期性。

2. 组合拍卖

组合拍卖(Combinatorial Auction,CA)是一种竞价人可以对多种商品的组合进行竞价的拍卖方式,与传统的拍卖方式相比,组合拍卖在分配多种商品时效率更高。在群智感知中,平台方可以发布多个任务,每个参与者也可以选择多个任务进行竞价,这样,每个参与者可以赢得多个任务的支付。组合拍卖的方式是一种一对多的逆向拍卖模型,属于多物品拍卖的一种方式。这种拍卖方式的目标为多个任务,允许竞标者对不同物品的组合提交投标。由买方写下多种任务的组合与对该组合所出的价格,或由卖方提供不同的任务组合,由买方对卖方提供的组合进行出价。文献[8]引入了一个反向拍卖框架 TRAC 模拟平台和参与者之间的交互。在这个框架中，每个任务都是具有位置属性的感知任务，并且参与者可以对在其服务覆盖范围内的一组任务进行竞价。最终由平台决定中标集合。

3. 多属性拍卖

多属性拍卖（Multi-Attribute Auction，MAA）是指参与者的任务分配往往不仅取决于报价这一单一属性，还受数据质量、参与时间等其他因素的影响。多属性拍卖是卖方与买方在价格及其他属性上进行多重谈判的一种拍卖方式。与单一价格逆向拍卖方式相比，价格不再是决定中标人的唯一标准，平台方需要同时对多个属性进行博弈，极大地拓展了平台方的投标空间，使平台方在选择参与者时能更加充分地考虑和利用其竞争优势，从而达到买卖双方"互赢"的目的。文献[9]引入多属性拍卖作为参与式感知的动态定价方案，利用拍卖过程控制数据质量，完成任务后通过参与者的反馈意见改进感知数据的质量，提高竞标价格，吸引更加专业的参与者。文献[9]通过蒙特卡罗仿真模型进行实验，证明了多属性拍卖机制相对于单一属性的逆向拍卖机制能够获得更好的实际效用。

4. 全支付拍卖

在全支付拍卖（All-pay Auction，AA）中，所有的投标人都要支付他们投标的费用或者代价，无论最后谁赢，都是投标最高的人赢得拍卖。在群智感知中，平台方并不是对每个参与者都给予激励报酬，只是激励做出最大贡献的参与者，其他参与者虽然没有得到报酬，但是也要完成他们的感知任务。可以说，全支付拍卖最大的本质在于"竞争"，主要适用于不完全信息、风险规避和随机群体的情况。在文献[10]中，平台方为所有参与者分配一个单一的奖品以供竞争，做出最高贡献的 top-k 个参与者将赢得奖金，其他参与者无法获得报酬，但同样需要参与完成感知任务。支付的奖金并不是一个固定的数值，而是一个关于所有参与者最大贡献的函数。文献[11]将全支付拍卖理论和比例份额分配规则相结合，以激励参与者产生高质量感知和充分的覆盖约束，具体将问题建模为序贯全支付拍卖，感知数据按顺序提交后选择提交高质量感知数据的用户作为中标者。针对具有预算约束的群智感知应用，给出了影响用户参与和感知数据提交质量的用户最佳响应竞标函数。

5. 双向拍卖

双向拍卖（Double Auction，DA）的市场结构是"多对多"（Many-to-Many，$M:N$），即买卖双方都不止一个，他们之间的关系变为一种供给和需求的平等关系。双向拍卖的市场运行方式是：在交易期间，任何买方可以公开宣布他愿意在某一特定价格上购买单位商品；与此同时，任何卖方也可以公开宣布他愿意在某一特定价格上出售单位商品。一旦买方的报价被卖方接受（或卖方的报价被买方接受），就会有一个单位的商品成交；如果买方的报价没有被卖方接受（或卖方的报价没有被买方接受），买方可以逐渐提高他的报价，卖方也可以逐渐降低自己的报价，直到一方被另一方接受为止；然后，新的一轮交易开始，直到不再有交易发生为止或到达时限规定的交易结束时间。文献[12]设计了一种基于双向拍卖的 K 匿名位置隐私保护的激励机制，参与者通过参与拍卖获得非负效用，服务器通过双向拍卖的方式激励位置隐私不敏感者加入位置隐私敏感者的激励行动中，以实现 K 匿名位置隐私保护，提高数据真实性，并在多项式时间内确定报酬额度和中标参与者。

6. VCG 拍卖

VCG(Vickrey-Clarke-Groves)拍卖是一种对多种物品进行密封投标的拍卖方式。投标人在不知道其他投标人投标的情况下,提交自己对这些项目的估价。拍卖系统会以一种社会最优的方式分配物品,在 VCG 机制下,拍卖人要求竞拍人报告其关于每个物品的估价,并按照使得总价值最大化的原则分配物品,胜出竞拍人的付费(VCG 付费)是该竞拍人给其他竞拍人带来的外部效应之和。VCG 机制是激励相容的显示机制,"说真话"是每个竞价人的占优策略,因此 VCG 结果也是一个占优均衡。典型的 VCG 拍卖包括分配规则(allocation rule,赢标者选择规则)和支付规则(payment rule)两部分。文献[13]采用 VCG 拍卖机制,针对线上群智感知激励机制,另外引入更新规则(updating rule)。分配规则在每个时段片内最大化社会福利(social welfare)效益来选择中标者,支付规则对每个中标者按照对其他参与者造成的损害值进行支付回报,更新规则根据用户的可信度调整更新分配规则。

7. Stackelberg 博弈模型

Stackelberg 博弈模型(Stackelberg game model)是一种经济学战略博弈,它是以德国经济学家海因里希·冯·斯塔克尔伯格的名字命名的。在 Stackelberg 博弈模型中,最主要的两个角色是领导者(leader)和跟随者(follower)。文献[14]中,移动电话传感系统平台招募智能手机用户以提供传感服务。而现有的移动电话传感应用和系统缺乏可以吸引更多用户参与的良好激励机制。为了解决这个问题,文献[14]设计了手机传感的激励机制。以平台为中心的系统模型提供参与用户共享的奖励。对于以平台为中心的模型,文献[14]使用 Stackelberg 游戏设计激励机制,其中平台是领导者,而用户是追随者。通过计算 Stackelberg 均衡,将平台的效用最大化,同时针对服务器为中心的激励模型采用 SG 最大化服务器效用。首先,服务器作为带头人公布支付报酬;然后,参与者作为跟随者调整自己的感知时间最大化个人收益。文献[15]同样基于 SG 模型,建立参与者之间的社交关系实现激励机制。

8.2.2 激励机制:非物质激励

非物质激励虽然效果逊于物质激励,但它能够在特定的环境下与特定的数据相结合,从而提高参与者水平和数据质量,因此仍具有很广的应用范围。下面对非物质激励所包含的娱乐游戏激励、社交关系激励和虚拟积分激励分别进行介绍。

娱乐游戏激励指将游戏策略引入群智感知任务中,利用游戏的参与性和娱乐性激励用户完成感知任务。此类机制的研究重点在于通过设置合适于感知任务的娱乐游戏丰富用户体验。娱乐游戏激励机制通常将一系列的游戏方式设计和人物奖赏回报策略,融合参与者的使用习惯和心理作用,有机地结合到群智感知激励机制中,以游戏的趣味性吸引用户参与,从而达到激励用户参与的目的。目前,与位置相关的感知任务更容易与娱乐游戏相结合。但娱乐游戏激励的局限性在于,将感知任务与游戏设计结合在一起,十分依赖于感知任务和游戏各自的特点,所以,并不是所有的感知任务都可以简单地游戏化。文献[16]提出了一种基于游戏化的参与式感知激励机制,以减少客户支付的总奖励金额。所提出的奖励机制中包括一项基于航空公司里程服务等已获奖励积分的积分水平方案,以便地位较高的用户可以获得更多的奖励积分。文中提出一种用户排名方案和一种基于游戏化的徽章方案,让用户不仅能获得金钱奖励点数,还能获得成就感。此外,文献[16]提出了用最小的奖励点感知给定的 POI,并设计了一种启发式算法,用于导出发送请求的用户集和每个请求的适当奖励点,利用提出的激励机制实现了一个参与式感知系统原型,并对 18 名用户进行了为期30 天的实验,证实了游戏化机制将参与概率从没有游戏化时的 53% 提高到了 73%。

社交关系激励指利用用户对某一种社交关系的归属感吸引用户不断完成感知任务。用户通过执行感知任务得到一定的信誉值等社交奖励,使用户可以从中获得满足感(社会地位等),平台也可以根据用户的社交关系或社会地位选取质量高的用户执行感知任务。此类机制侧重于通过用户为维护自身的社会地位、利益等而带来的参与感知任务的积极性,利用参与者在社交网络中的相互影响激励参与者,以提高感知任务的质量。在通过实名认证的可信社交网络中,参与者会在意自己在社会关系中的地位、成就、认可等,因此在社会关系中形成的激励作用激励用户积极地、高质量地完成感知任务。文献[17]提出了面向机会网络的激励机制 IRONMAN,在实际数据集上展示了 IRONMAN 在两种现有激励机制上的有效性以及如何通过使用社交网络信息改进现有机制。针对社区感知这一类特殊的群智感知,Faltings 等[18]提出同行互清(peer truth serum)的方式解决激励机制问题,同时指出,尽管基于游戏的方式可以应用到此场景中,但也存在不足,他们提出一种能够激励参与者提供精确、可靠的感知数据的激励方式。

虚拟积分激励类似于报酬支付激励,它通过向参与感知任务的参与者提供虚拟积分或虚拟货币作为回报,由虚拟积分或货币转换成真实货币或带来的回报感促进参与者参与到感知系统中。虚拟积分激励不同于物质激励,参与者不能直接获得支付报酬,但是虚拟积分能够满足参与者自我价值实现、虚荣方面的心理需求,对参与者起到导向性作用。文献[19]和文献[20]采用虚拟积分解决车辆通信的移动监控问题,所设计的激励机制通过虚拟积分鼓励参与者使用自己的数据流量上传数据,或者分享自己的宽带资源帮助其他参与者上传数据,对不同的数据产生的效用赋予不同的虚拟积分,如对于不同分辨率的视频,高分辨率的视频可以获得高的虚拟积分。

8.3　代表性工作:移动众包配送任务动态定价策略研究

空间众包任务定价是空间众包管理和运营的重要环节,目前有许多工作研究大量参与者参与条件下的定价方法。然而,在外卖配送的空间众包中给任务定价与传统的众包定价不同,在传统的众包定价中,每辆出租车都有可能完成所有发布在平台上的任务,而空间众包方式下的出租车只能完成部分空间任务,因为有些任务需要的移动距离超出了出租车可接受的范围[21-22]。因此,传统众包领域的全局市场在该问题中会分裂成多个局部市场。由于出租车和外卖配送任务的时空分布不同,每个局部市场供需关系也不同,因此,上述的典型定价过程将在每个网格内进行,并且需要对每个局部市场进行动态定价。尽管已有很多有关众包配送定价方面的研究[23-24],但由于以下 3 个方面的挑战,空间众包的动态定价在很大程度上尚未被探索。

① 第一个问题是未知的需求。只有接受价格的用户才能为平台贡献收益。但是,在平台决定单价之前,用户是否接受价格的决定是未知的。为了解决该问题,一种常见的方法是预先估计请求者对单价的期望。因此,如何估计请求者对不同价格的期望,是群智外卖远程

配送任务定价的第一个问题。

② 第二个问题是供应有限。与传统的众包方式不同,使用出租车进行外卖配送的众包平台可能面临劳动力短缺的问题。例如,在郊区附近,通常会有不充足的出租车接送人们回家,而乘客愿意支付更高的价格,因为供需不平衡。局部市场的需求和供应的多样性提出了一个现实性的问题:如何制定一个定价框架,以满足多个局部市场的不同需求和供应条件。

③ 第三个问题是供需依赖。在现实世界中,众包平台中的出租车是相互依赖的。例如,出租车可以搭载多个地区的乘客和订单。但是,一旦它选择了一名乘客和订单,它就不能为其他乘客服务,导致其他地区的可用出租车减少。由于平台的目标是使所有局部市场的总收入最大化,局部市场之间的依赖性使得本文需要考虑如何在多个相互依赖的局部市场中分配供应,使每个本地市场的单价最大化总收入。

总的来说,在该问题下,本节提出了空间众包中的群智外卖远程配送的定价策略问题,旨在解决多个局部市场在需求未知、供应有限和依赖供应条件下的动态定价问题。由于系统的目标是有效逼近有限供给下的市场的预期收入,有效分配相互依赖的供给,因此该问题的主要目标为找到一组合适的单位价格,使系统的预期收益最大化。

8.3.1 基于城市动态供需关系的定价框架

这里假设感兴趣的区域在空间中被划分为网格。时空信息是空间众包定价的核心因素。为了简单起见,以下采用网格索引。

定义 1:空间任务。空间任务 $r=<t,ori_r,des_r>$ 表示在一个时间片 t 中被提交的空间任务。每一个人物提交者有一个私密价格 v_r,表示他愿意接受的最大单位价格。

其中的 ori_r 表示以 r 为原点,以 ori 为长度组成的圆所包括的范围,即任务的范围;des_r 表示任务描述。

定义 2:请求者的接受率。对于在网格 g 内的请求者来说,对于单位价格 p,他的接受率定义为 $S^g(p)=Pr[v_r>p]=1-F^g(p)$。

定义 3:参与者。一个参与者被表示为 $w=\langle t,l_w,a_w\rangle$,$t$ 表示当前参与者的位置是在时间片 t 内提交的,l_w 表示在时间片 t 时参与者所处的位置,a_w 表示参与者所能到达的任务范围(也称为范围约束)。只有当 r 的原点 ori_r 位于圆心在 l_w,半径为 a_w 的圆内时,参与者 w 才可以完成这个任务。

框架为空间任务设定单位价格,以最大化其潜在的总收入。这里利用一个概率二分图 $B^t=<R^t,W^t,E^t,S>$ 定义总收入,它既表示任务的概率接受率,也表示任务和工作者之间的空间约束(每个工作者可以服务多个网格,但一次只能执行一个任务)。其中 S 表示人物请求者的接受率集合;群智任务的外卖配送平台有 m 个参与者,参与者集合为 $W^t=\{w_1^t,w_2^t,w_3^t,\cdots,w_m^t\}$;同时有 n 个任务需要完成,任务集合表示为 $R^t=\{r_1^t,r_2^t,r_3^t,\cdots,r_n^t\}$;如果任务 r 满足工作者 w 的范围约束,则任务与参与者之间的边 $(r,w)\in E^t$,边 (r,w) 的权重为 $d_r\times p_r$,其中 d_r 为边 (r,w) 的单位距离。此时,对于给定的时段片 t,给定任务集合 R^t,给定参与者集合 W^t,给定任务与参与者之间的边集 E^t,请求者接受率 S 未知,全局动态定价问题的目的是找到一组合适的价格 p^t,使得在价格 p^t 下的预期收入最大化。

对于群智外卖远程配送的定价策略问题来说,在每个时间片 t 内需要最终生成一个二部图 $B'^t=<R'^t,W'^t,E'^t>$,其中,$R'^t\in R^t$,表示被接受的任务。$W'^t\in W^t$,表示负责任务的参与者。$E'^t\in E^t$,表示所有能被服务的任务和对应参与者之间的权重。在时间片 t 内,该二

部图的总收益为 $U(B^t) = \sum\limits_{r \in R'^t, w \in W'^t, (r,w) \in M} d_r \times p_r$，其中 M 是所有二部图中的最大权重二部图对应的边集。

按如上定义可知，对于任务集合 R^t 而言，可能会有 $2^{|R^t|}$ 个概率二部图，对应有 $2^{|R^t|}$ 个总收益。对于任意一个可能的概率二部图 PWB_i，$R^t_{PWB_i}$ 表示接受单位价格为 p_r 的任务集合，$R^t / R^t_{PWB_i}$ 表示不接受单位价格为 p_r 的任务集合，则任一二部图出现概率的计算公式如式(8-1)所示。

$$Pr[PWB_i] = \prod_{r \in R^t_{PWB_i}} S^g(p_r) \prod_{r \in R^t / R^t_{PWB_i}} (1 - S^g(p_r)) \tag{8-1}$$

所以，在价格 P^t 下的预期收入的计算公式如式(8-2)所示。

$$E[U(B^t \mid P^t)] = \sum_{PWB_i \subseteq B^t} U(PWB_i) Pr[PWB_i] \tag{8-2}$$

8.3.2　算法设计

1. 基础定价

基础定价策略首先估计使每个网格的预期总收入最大化的最优单价，然后将这些单价的平均值作为基础价格。当网格中的任务有一定的供给时，使网格中期望总收益最大化的最优价格与 Myerson 保留价格[25]一致。

GBP 算法是假设在系统初期，在供给充足的情况下为系统设计统一的任务单位价格。为了找到能够使网格收益最大化的价格，该算法首先估计请求者的接受率，之后通过对连续函数进行离散点采样的方法，得到每个网格的近似最优价格。

算法 8.1　GBP 算法

输入：初始价格范围$(p_{\min}, p_{\max})$、采样比 α、采样精准率参数 ε 和 δ。

输出：基础单位价格 p_b。

1. 令 $k = \left\lceil \dfrac{\ln(p_{\max} / p_{\min})}{\ln(1+\alpha)} \right\rceil$，$p = p_{\min}$，网格编号 $g = 1$，p^g_{cand} 为空。

2. 计算 $h(p)$：$h(p) = \left\lceil (2p^2 / \varepsilon^2) \ln(2k/\delta) \right\rceil$。

3. 将价格 p 使用 $h(p)$ 次，并根据价格计算接受率 $\widehat{S^g}(p)$。

4. 将 $\{(p, \widehat{S^g}(p))\}$ 放入集合 p^g_{cand} 中。

5. 将价格 p 更新为 $(1+\alpha)p$。

6. 判断价格 p 是否超过 $p_{\max}$，若 $p > p_{\max}$，则转到第 7 步，否则转到第 2 步。

7. 从 p^g_{cand} 中的所有价格 $p\widehat{S^g}(p)$ 中找出最大值，记为 p^g_m。

8. 判断是否遍历完所有网格，若遍历完，则转到第 10 步，否则转到第 9 步。

9. $g = g + 1$，返回第 2 步。

10. 对所有网格的单位价格求平均，记为 p_b。

11. 返回 p_b，结束。

对于一个给定的单位价格 p，一个在网格 g 中的请求 r 会以概率 $S^g(p)=Pr[v_r>p]=1-F^g(p)$ 被接受。若完成任务的参与者充足，即总有人能够完成任务，则任务 r 的收入表示为 $d_r p\,S^g(p)$，因此，在网格 g 内的请求的预期总收入可以表达为 $\sum_r d_r p\,S^g(p)=pS^g(p)\cdot\sum_r d_r$。由于完成任务的参与者充足，所以所有的任务都能被满足，上式最大化只需要最大化 $pS^g(p)$，从而最大化网格 g 的预期收益。由于该公式只与价格 p 有关，因此只找到能够最优的单位价格 p_m^g 即可。

由于给定网格 g 的最优单位价格 p 的精确计算依赖于连续的收益曲线 $pS^g(p)\cdot\sum_r d_r$，为了简化曲线的计算，这里考虑从一个固定的单位价格范围进行离散采样，从而获得曲线的大致变化范围，并从所抽样的价格中选择网格预期收益最高的价格作为网格最优单位价格，避免了对网格收益曲线的计算和模拟。

2. 局部定价

不同于基本定价假定供应充足的前提，当将城市分为不同网格时，每个网格内存在动态的供需关系。为了解决动态供需关系下的局部定价策略，本文提出一种有效的近似值，估计供应有限的电网的期望收益，设置每个网格的最优单位价格，最大限度地提高预期收入。

LBP 算法采用一种置信上界算法(UCB)[26]提高请求者对价格的接受率估计。由于多个网格的供应是相互依赖的，因此要逐步优化每个网格的相关供应，并有效地设置价格，以最大化所有网格的预期总收入。

算法 8.2　LBP 算法

输入：初始价格范围$(p_{\min}, p_{\max})$、采样比 α、任务集合 R^{tg}、参与者集合W^{tg}。

输出：网格最优单位价格 p_{new}。

1. 令 $N=0$, $\tilde{I}_{\text{new}}=0$, $p=p_{\max}$。
2. 对于单位价格 $p\in(p_{\min}, p_{\max})$ 来说，计算可接受的任务数量 $N=N+N(p)$。
3. 计算 $A=p\,\hat{S}^g(p)+p\sqrt{\dfrac{2\ln N}{N(p)}}$ 和 $B=\dfrac{\sum\limits_{i=1}^{n^{tg}}d_{ri}p}{\sum\limits_{r\in R^{tg}}d_r}$。
4. 如果 $\tilde{I}_{\text{new}}<\min(A,B)$，则转到第 5 步，否则转到第 6 步。
5. $\tilde{I}_{\text{new}}=\min(A,B)$, $p_{\text{new}}=p$。
6. 更新价格 $p=p/(1+\alpha)$。
7. 判断 $p\geqslant p_{\min}$ 是否成立，如果成立，则转到第 3 步，否则转到第 8 步。
8. 返回 p_{new}，结束。

这里使用以价格 p^{tg} 为变量的需求曲线和供给曲线近似期望收益，其中，需求曲线定义为式(8-3)：

$$D_c=\sum_{r\in R^{tg}}d_r p^{tg}S^g(p^{tg}) \tag{8-3}$$

为了方便表示,假设 $d_{r1} \geq d_{r2} \geq d_{r3} \geq \cdots \geq d_{r|R^{tg}|}$。由于需求大于供给,即任务数量小于参与者数量,所以所有的任务都应该被分配。

类似地,将供应曲线定义为式(8-4):

$$S_c = \sum_{i=1}^{n^{tg}} d_{ri} p^{tg} \tag{8-4}$$

其中,n^{tg} 表示网格 g 中本文需要指派的任务数。由于需求小于供给,即参与者数量小于任务数量,因此所有的出租车都应该至少分配一个任务,并且分配的是单位价格最高的前 n^{tg} 个任务。

需求曲线可以看作供给充足条件下的期望收益。供给曲线表示 n^{tg} 工人最多能获得的收入。此时给定需求和供给曲线,t 时段在网格 g 的期望收益表示为式(8-5):

$$L^g(n^{tg}, p^{tg}) = \min\left(\sum_{r \in R^{tg}} d_r p^{tg} S^g(p^{tg}), \sum_{i=1}^{n^{tg}} d_{ri} \ p^{tg} \right) \tag{8-5}$$

基于如上公式,有 3 种情况可以得出最佳单价。第一种情况,供给曲线有一个较大的斜率(大量的参与者在网格 g 内为指定任务服务),表明供应充足;第二种和第三种情况,供应是有限的,即 $n^{tg} < |R^{tg}|$。由于单位价格低,所以供应会出现短缺。对于较高的单位价格,请求者倾向拒绝这个价格,从而使供应变得很充足。

为了设定每个网格的最优价格,需要首先估计请求者的价格接受率。在该问题中,通过置信区间上界(UCB)提高对接受率的估计。与基本定价的抽样过程相比,UCB 采用不同的分数函数选择合适的价格,它仅依赖于对接受率的粗略估计。它需要更少的样本决定一个网格的最佳单价,更适合需要频繁更新的情况。

在数学上,UCB 被定义为样本均值加上一个置信半径。在本文的问题中,当在一个网格中设定一个特定的单位价格时,不采用真实接受率 $S^g(p)$,而是使用 $\widehat{S}^g(p) + \sqrt{\dfrac{2\ln N}{N(p)}}$,其中,$\widehat{S}^g(p)$ 表示样本均值;N 表示网格内请求者的数量,即任务的数量;$N(p)$ 表示网格 g 内使用价格 p 的次数。

和基本定价类似,本文仍然从候选集中选择一个价格。基于上述定义,为每个价格设置一个分数,并选择分数最大的价格。分数 $\widetilde{I}(p)$ 的计算公式如式(8-6)所示:

$$\widetilde{I}(p) = \min\left(p \, \widehat{S}^g(p) + p \, \sqrt{\frac{2\ln N}{N(p)}}, \frac{\sum_{i=1}^{n^{tg}} d_{ri} p}{\sum_{r \in R^{tg}} d_r} \right) \tag{8-6}$$

得到的分数最大的价格,即每个网格的最佳单位价格。

8.3.3　实验验证

本节介绍算法在合成数据集和真实数据集上的性能。

本节使用 3 个真实世界的数据集在中国成都进行评估。第一个是 10 000 辆出租车的出租车轨迹数据,使用 2014 年 7 月—2014 年 8 月的出租车轨迹数据,其中包含出租车的位置和乘客信息;第二个是餐馆数据,包括餐馆位置、食物和销售的信息;第三个是蜂窝基站的数据,每个蜂窝基站的呼叫数用来模拟用户的分布。

如表 8-1 所示,任务和参与者的开始时间是从一个正态分布中提取出来的。这里将时间分布的平均值设为 0.5。在每个时段片内,任务和参与者的起始位置都是由二维高斯分布生成的,这里称之为空间分布。通过实验发现,改变时间和空间分布的均值和方差具有相似的影响。因此这里省略了改变这两种分布方差的实验。

表 8-1　数据集参数设置

影 响 因 素	设　　　置
高峰时段片	11:00—13:00,17:00—19:00
价格均值	1,2,3,4,5
价格方差	1,2,3,4,5
时间分布均值	0.5
空间分布均值	0.5
任务数量 R	500,1 000,1 500,2 000,2 500
出租车数量 W	125,250,500,750,1 000
服务半径 a_w	5,10,15,20,25
时间片数量 T	200,400,600,800,1 000
网格数量 G	20×20,30×30,40×40,50×50,60×60

之后,通过正态分布模拟价格需求分布。正态分布均值在 1～10 离散取值。然后从每个正态分布均值中提取方差 v_r,这里将所有的 v_r 限制在 [1,5] 内,因此 v_r 的分布是一个条件概率分布。本节还试验了其他需求分布,如指数分布,结果与使用正态分布需求的结果相似。这里把出租车的半径从 5 变到 25,还改变了参与者的数量、任务的数量、时段片 T 的数量和网格 G 的数量。

最后,采用正态分布模拟价格在现实环境中的分布,价格均值的取值范围为 [1,10],方差范围为 [1,5]。同样考虑改变任务数量和出租车数量,观察它们的变化对系统预期总收益的影响。

本节的定价策略将与以下算法进行比较,根据输出的期望总收入、运行时间评估定价策略的性能。

(1) GBP。这是在基础定价中提出的策略,它假设无限的供应,并为所有网格设置相同的基本价格 p_b。

(2) PR。该定价策略将一个网格的单位价格设定为一个系数乘以一个网格内供需比的倒数。具体来说,在一个给定时段片 t 内的网格 g 中,如果供大于需,即 $|R^{tg}| > |W^{tg}|$,则价格设置为 $0.5p_b|R^{tg}|/|W^{tg}|$;如果供小于需,则价格仍为基础价格 p_b。

(3) PE。该定价策略通过指数函数中的供需差为任务定价。具体来说,在一个给定时段片 t 内的网格 g 中,如果供大于需,即 $|R^{tg}| > |W^{tg}|$,则价格设置为 $p_b(1+2e^{|W^{tg}|-|R^{tg}|})$;如果供小于需,即 $|R^{tg}| \leqslant |W^{tg}|$,则价格仍为基础价格 p_b。

8.3.4　实验结果

(1) 出租车数量对实验结果的影响。

图 8-1(a)展示了改变出租车数量 W 对实验结果的影响。当 W 从 125 增加到 1 000 时,所有定价策略的收益都会增加,这是由于请求数量的增加,即供应逐渐与需求相匹配。在 4 种策略中,LBP 算法获得的总收益最高。基本定价策略 GBP 算法优于其他 3 个对比方

法,因为它可能已经确保每个任务的最大预期收益,这在有大量参与者的网格中是最优的。图 8-1(b)展示了在运行时间方面,除了 LBP 算法之外的其他策略都只需要常数级的运行时间。这是因为 LBP 算法需要进行匹配并输出匹配结果,因此,随着出租车数量 W 的增加,匹配的计算需要花费的时间也在不断增长。但是,它的运行时间增长是可以接受的,因为运行时间跨越了所有的 T 时段片,与时段片的长度相比,运行时间可以忽略不计。

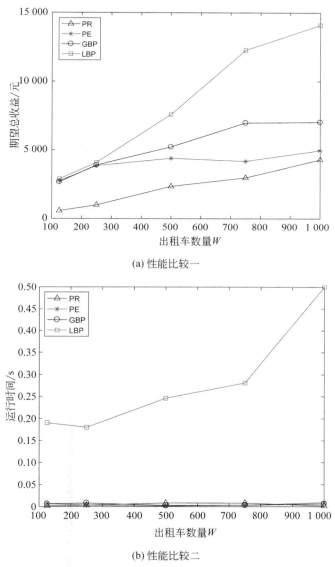

(a) 性能比较一

(b) 性能比较二

图 8-1　不同出租车数量下的性能比较

（2）任务数量对实验结果的影响。

图 8-2 展示了改变任务数量 R 对实验结果的影响。当 R 增加时,所有策略都会产生更大的收入,因为可以执行的任务更多。当任务数量 R 大于 2 000 时,增长趋于稳定,这是因为出租车总数为 500,成为限制总收益增长的主要因素,使得增加收入逐渐变得困难。本节

提出的 LBP 算法在任务数量变化的情况下仍能在 4 种策略中获得最高的总收入。由于需要计算匹配结果并输出,LBP 算法仍旧花费了最多的运行时间,其他 4 种策略同样需要常数级的运行时间。

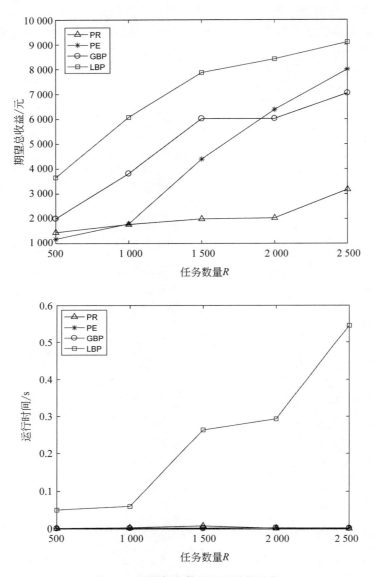

图 8-2　不同任务数量下的性能比较

(3) 价格均值对实验结果的影响。

图 8-3 展示了不同价格均值对实验结果的影响,价格均值的变化范围为[1,10]。当系统对任务请求者的估值增加,即他们愿意接受更高的价格时,系统的期望总收入也会增加。对于不同的均值,LBP 算法总是能够在 4 种定价策略中获得最高的收益,验证了 UCB 技术的有效性。同时,当价格均值变大时,LBP 算法需要花费更多的时间。因为当外卖请求者对价格的接受率增加时,有更多的任务可以被接受,从而需要分配更多的出租车完成

被接受的外卖配送任务。在考虑每个时段片内的平均运行时间时，LBP 算法仍然是最有效的。

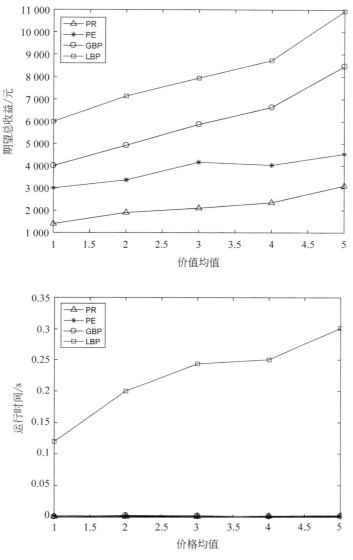

图 8-3　不同价格均值下的性能比较

（4）价格方差对实验结果的影响。

图 8-4 展示了不同价格方差对实验结果的影响，价格方差的变化范围为[1,5]。当用于模拟价格规律的正态分布的均值固定在 2 时，则实际均值将随着方差的增大而增大。因此，所有定价策略的收入都会增加，因为所有任务的实际价格都有所增加，从而使得系统总收入提高。对于运行时间而言，它们的波动是正常的。

（5）时间片数量对实验结果的影响。

图 8-5 展示了不同时间片数量 T 对实验结果的影响。由于所有的策略都在每个时段

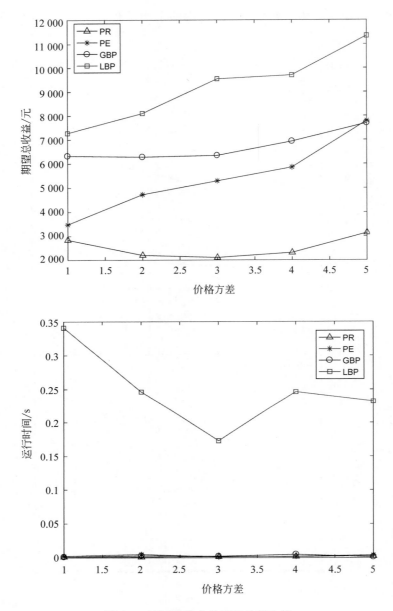

图 8-4　不同价格方差下的性能比较

片内进行优化,因此当它们都在一个时段片时,可以观察到最佳性能对应的策略。当总外卖配送任务数和总出租车数量固定时,每个时段片内的外卖配送任务数和出租车数量都随着 T 的增加而减少,并且所有策略的收益都略有下降。总的来说,随着时间片数量 T 的增加,LBP 算法的运行时间减少。原因可能是每个时段片中的外卖配送任务数和出租车数量减少,使得匹配结果的计算变得更容易。

（6）网格数量对实验结果的影响。

图 8-6(a)展示了不同网格数量 G 对实验结果的影响。当 G 增加时,每个网格的大小都变

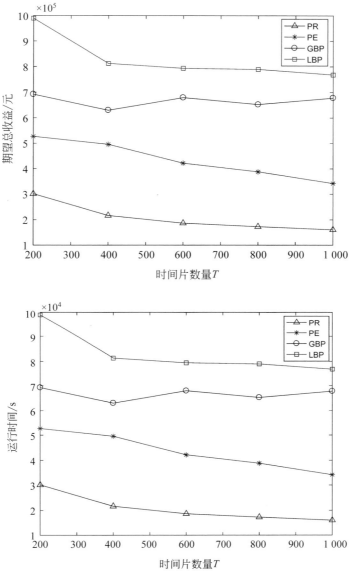

图 8-5　不同时间片数量下的性能比较

小。由于整个城市区域的大小是固定的，因此，可以执行更细粒度的算法优化。图 8-6(b)展示了随着网格数量 G 的增加，收入首先会经过一段时间的增长，但这一增长不能任意大，否则一个网格中的样本为独立同分布的假设可能逐渐失效，导致对接受率的不准确估计。因此，当 G 大于一定数量时，收入不会继续增加。很显然，随着 G 的增加，所有的策略都会消耗更多的运行时间，但相对于时间片长短来说，运算时间的增长是可接受的。

　　(7) 出租车服务半径对实验结果的影响。

　　图 8-7 展示了不同服务半径 a_w 对实验结果的影响。服务半径的大小决定任务与出租车之间的二分图边集。更多的边将带来更大的期望总收入。就总收入而言，LBP 算法仍然

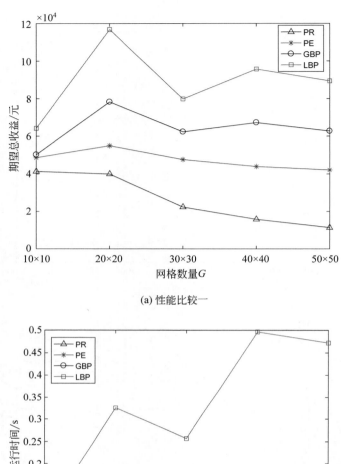

(a) 性能比较一

(b) 性能比较二

图 8-6　不同网格数量下的性能比较

是 4 种策略里最好的。然而,由于 ori_r 和 l_w 的空间分布均值相近,当半径达到一定值时,边数可能停止增加,导致 a_w 大于一定值时收益趋于稳定。图 8-7 展示了随着 a_w 的增加,LBP 算法的运行时间增加,因为二分图有更多的边,从而会产生更复杂的运算过程和匹配结果。

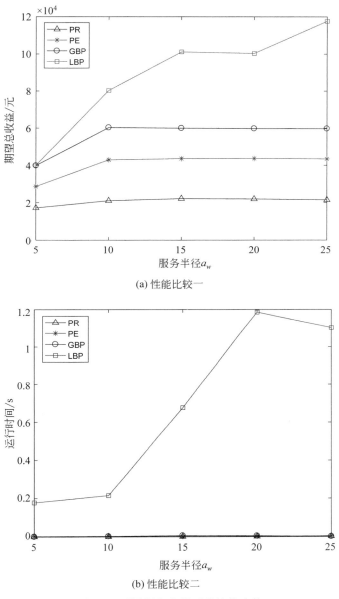

(a) 性能比较一

(b) 性能比较二

图 8-7　不同服务半径下的性能比较

8.4　本 章 小 结

　　本章主要讨论了移动群智感知平台服务中如何激励平台参与者的积极性并提高平台收集数据和服务质量的水平,同时对常见的激励机制进行了简单的介绍,包括物质激励和非物质激励。本章还详细介绍了激励机制方面的代表性工作,并对实验算法和实验结果进行了详细介绍,证明了激励机制在移动群智感知平台内的有效性。

习　题

1. 试比较以系统平台为中心的激励机制与以参与者为中心的激励机制的异同,它们分别适用于哪些场景?

2. 思考激励机制与用户隐私保护的关系。

3. 在以参与者为中心的激励机制中,有哪些措施可以保证参与者报价提交的真实性?

本章参考文献

［1］ McSherry F，Talwar K. Mechanism design via differential privacy［C］//48th Annual IEEE Symposium on Foundations of Computer Science (FOCS' 07). IEEE，2007：94-103.

［2］ Chow C Y，Mokbel M F，Liu Xuan. A peer-to-peer spatial cloaking algorithm for anonymous location-based service［C］//Proceedings of the 14th annual ACM international symposium on Advances in geographic information systems，2006：171-178.

［3］ 潘晓，肖珍，孟小峰. 位置隐私研究综述[J].计算机科学与探索，2007,1(3)：268-281.

［4］ Dwork C，Roth A. The algorithmic foundations of differential privacy[J]. Foundations and Trends in Theoretical Computer Science，2014，9(3-4)：211-407.

［5］ Shin H，Atluri V，Vaidya J. A profile anonymization model for privacy in a personalized location based service environment［C］//The Ninth International Conference on Mobile Data Management (mdm 2008). IEEE，2008：73-80.

［6］ Mokbel M F. Privacy in location-based services：State-of-the-art and research directions［C］//2007 International Conference on Mobile Data Management. IEEE Computer Society，2007：228-228.

［7］ 赵东，马华东. 群智感知网络的发展及挑战[J]. 信息通信技术，2014(5)：66-70.

［8］ Gedik B，Liu Ling. Protecting location privacy with personalized k-anonymity：Architecture and algorithms[J]. IEEE Transactions on Mobile Computing，2007，7(1)：1-18.

［9］ Krontiris I，Albers A. Monetary incentives in participatory sensing using multi-attributive auctions ［J］. International Journal of Parallel，Emergent and Distributed Systems，2012，27(4)：317-336.

［10］ Chow C Y，Mokbel M F，Liu Xuan. A peer-to-peer spatial cloaking algorithm for anonymous location-based service［C］//Proceedings of the 14th annual ACM international symposium on Advances in geographic information systems，2006：171-178.

［11］ Bamba B，Liu Ling，Pesti P，et al. Supporting anonymous location queries in mobile environments with privacygrid[C］//Proceedings of the 17th international conference on World Wide Web，2008：237-246.

［12］ Yang Dejun，Fang Xi，Xue Guoliang. Truthful incentive mechanisms for k-anonymity location privacy[C］//2013 Proceedings IEEE INFOCOM. IEEE，2013：2994-3002.

［13］ Gao Lin，Hou Fen，Huang Jianwei. Providing long-term participation incentive in participatory sensing［C］//2015 IEEE Conference on Computer Communications (INFOCOM). IEEE，2015：2803-2811.

［14］ Yang Dejun，Xue Guoliang，Fang Xue，et al. Crowdsourcing to smartphones：Incentive mechanism design for mobile phone sensing［C］//Proceedings of the 18th annual international conference on Mobile computing and networking，2012：173-184.

[15] Luo Tie，Kanhere S S，Tan H P. SEW-ing a simple endorsement web to incentivize trustworthy participatory sensing［C］//2014 Eleventh Annual IEEE International Conference on Sensing，Communication，and Networking (SECON). IEEE，2014：636-644.

[16] Ueyama Y，Tamai M，Arakawa Y，et al. Gamification-based incentive mechanism for participatory sensing［C］//2014 IEEE International Conference on Pervasive Computing and Communication Workshops (PERCOM WORKSHOPS). IEEE，2014：98-103.

[17] Bigwood G，Henderson T. Ironman：Using social networks to add incentives and reputation to opportunistic networks［C］//2011 IEEE Third International Conference on Privacy，Security，Risk and Trust and 2011 IEEE Third International Conference on Social Computing. IEEE，2011：65-72.

[18] Faltings B，Li J J，Jurca R. Incentive mechanisms for community sensing［J］. IEEE Transactions on Computers，2013，63(1)：115-128.

[19] Chow C M，Lan K，Yang C F. Using virtual credits to provide incentives for vehicle communication ［C］//2012 12th International Conference on ITS Telecommunications. IEEE，2012：579-583.

[20] Lan Kunchan，Chou Chienming，Wang Hanyi. An incentive-based framework for vehicle-based mobile sensing［J］. Procedia Computer Science，2012，10：1152-1157.

[21] Ra M R，Liu Bin，La Porta T F，et al. Medusa：A programming framework for crowd-sensing applications［C］//Proceedings of the 10th international conference on Mobile systems，applications，and services，2012：337-350.

[22] Eisenman S B，Miluzzo E，Lane N D，et al. BikeNet：A mobile sensing system for cyclist experience mapping［J］. ACM Transactions on Sensor Networks (TOSN)，2010，6(1)：1-39.

[23] Cardone G，Foschini L，Bellavista P，et al. Fostering participaction in smart cities：a geo-social crowdsensing platform［J］. IEEE Communications Magazine，2013，51(6)：112-119.

[24] Maisonneuve N，Stevens M，Ochab B. Participatory noise pollution monitoring using mobile phones ［J］. Information polity，2010，15(1，2)：51-71.

[25] Tong Yongxin，She Jieying，Ding Bolin，et al. Online minimum matching in real-time spatial data：experiments and analysis［J］. Proceedings of the VLDB Endowment，2016，9(12)：1053-1064.

[26] Tong Yongxin，Wang Libin，Zimu Zhou，et al. Flexible online task assignment in real-time spatial data［J］. Proceedings of the VLDB Endowment，2017，10(11)：1334-1345.

第 9 章　群智感知典型应用

群智感知以大量普通用户作为感知源,强调利用大众的广泛分布性、灵活移动性和机会连接性进行感知,并为城市及社会管理提供智能辅助支持。因此,群智感知计算可应用在很多重要领域,如城市环境监测、城市动态感知、智慧交通、公共安全、社会化推荐、商业智能等。

目前,国内外面向群智感知计算的应用已经开展了大量相关的研究。

在城市感知方面,微软亚洲研究院的 Zheng Yu 等提出了基于多源用户贡献数据的空气质量预测模型[1],通过群体用户的社交媒体签到数据获得人口流动情况,同时综合气象数据、交通流量、路网结构以及兴趣点(POI)等多源数据构建半监督学习模型,对空气质量进行预测;布鲁塞尔自由大学的 Matthias Stevens 等提出了利用群体移动感知设备进行城市噪声监测的方法[2],利用智能手机中的内嵌传感器,将其作为噪声传感器,使得每个公民能够在使用智能手机的过程中同时刻画和监测噪声污染,通过群智的方式构建以人为中心的低成本开放式平台,用于测量、注释和定位噪声污染。

在智慧交通方面,南洋理工大学的 Li Mo 等利用群体持有的智能手机准确预测公交车到达站台的时间[3],通过乘客携带的智能手机上的麦克风检测公交 IC 卡读卡器的音频指示信号,进一步利用智能手机中的加速度计的数据变化区分公交车和其他交通方式,同时根据手机与车辆行驶途中经过的蜂窝信号塔的交互确定公交车当前的位置,最终结合历史知识和实时路况预测各路线的公交车到达时间;清华大学刘云浩教授团队利用群体参与进行室内定位[4],采用室内 WiFi 信号与用户携带的移动设备之间的关联,得到用户的室内移动轨迹,通过大量用户的移动轨迹刻画建筑物的室内平面图,进而根据用户设备对 WiFi 信号的影响将用户位置与室内平面图对应,得到用户的当前位置。

在公共安全方面,美国波士顿警察部门通过建立基于群智感知的知识挖掘系统进行犯罪预防[5],根据普通市民在社交媒体中发布的照片或文字信息,能够实时得知当前正在发生的事件,从中获取重要知识或信息,这些公民提供的信息往往比传统媒体更具有实时性;罗格斯大学的 Hui Xiong 等人提出了一种根据大众提供的公共交通工具的使用数据进而发现偷窃行为的方法[6],通过乘客在乘坐地铁等公共交通工具时产生的刷卡或购票数据得到乘客的乘车起止点,刻画出各个乘客的轨迹以及乘车规律,在群体规律中发现异常轨迹,推测对应的乘客极有可能存在偷窃行为。

在社会化推荐方面,微软亚洲研究院的 Zheng Yu 等提出了一项基于位置的社交网络服务——GeoLife[7],用户可以使用位置记录分享经历并建立彼此之间的联系,通过挖掘群体用户的位置记录,可以发现最吸引人的地点以用于旅行推荐,同时可以根据用户的历史位置记录测量用户之间的相似程度并进行个性化好友和位置推荐;浙江大学陈积明教授团队研究了基于地点的群智感知任务分配推荐方法[8],首先考虑一组感知任务的总执行时间取决于移动用户的位置和任务的位置,感知任务的细微变化可能导致总执行时间发生显著变化;其次需要协调多个移动用户以执行相同的感知任务,同时在任务分配推荐过程中需要为移动用户和平台设计公平、有效的激励机制。

在商业智能方面,北京大学李晓明教授团队基于群体移动轨迹和拍照数据展示了楼层店铺的分布情况[9],首先采用计算机视觉技术从用户拍摄的图像中提取单个地标的几何特征(例如,商店入口的宽度、墙壁的长度和方向等),之后设计若干类型的数据收集任务,利用群体用户的移动性执行相应任务,进而收集到对构建平面图有用的数据,得到相邻地标之间的相对空间关系,根据用户移动轨迹获取走廊连通性、方向和房间形状大小等特征;北京邮电大学马华东教授团队研究了群智感知的激励机制[10],主要考虑了 6 种激励机制属性:计算效率、个人合理性、预算可行性、真实性、消费者主权以及持续竞争力。计算效率保证激励机制可以实时运行,个人合理性确保每个参与的用户有所收益,预算可行性确保不违反任务发起方的预算,真实性确保参与用户的任务执行的到达和离开时间,消费者主权确保每个参与用户都有机会执行任务,持续竞争力保证该机制在离线情况下根据用户先验执行近似最佳解决方案。

本章将重点从城市环境监测、城市动态感知、商业智能、智慧交通、公共安全 5 个方面结合具体应用实例对群智感知相关应用进行介绍。

9.1　城市环境监测

为了提升城市的宜居性和可持续发展能力,需要进行城市环境监测,以获取必要的信息支持城市管理的决策。城市环境问题包括噪声污染、空气污染、公共设施损坏等,这些问题困扰着全球各个国家和地区,传统的城市环境数据收集方法,如采用无线传感器网络静态布置传感器节点,常常要花费大量的人力、物力和财力,代价很大。因此,通过群智感知的方式能够在获取大规模数据的同时降低时间成本和财力开销。例如,加州大学的 Mun 等[11]提出并实现了基于群智感知的城市噪声监测系统 PEIR(图 9-1)。该系统将人们的智能手机作为噪声监测终端,获取成千上万的参与者的测量数据得到整个城市范围内的噪声污染状况。

为了更好地理解群智感知计算在城市环境监测应用中的作用,以噪声监测系统和城市感知平台为典型案例进行介绍。

9.1.1　案例 1:CrowdNoise 噪声监测应用系统

1. 应用背景

产业革命以来,各种机械设备的创造和使用给人类带来了繁荣和进步,但同时也产生了越来越多而且越来越强的噪声。噪声不但会对听力造成损伤,还会诱发多种致癌、致命的疾病,对人们的生活、工作有所干扰。因此,噪声污染能够极大地影响人们的生活质量以及城市的宜居性。噪声污染地图旨在刻画城市各个区域噪声污染的分布情况和严重程度,实时监测整个城市的噪声污染状况,有助于相关部门采取措施对不同严重程度的噪声污染进行改善和治理,对城市的发展和人们的生活都具有重要意义和价值。智能手机内嵌麦克风、GPS、陀螺仪等传感器,将智能手机作为移动感知节点对所处区域进行噪声污染数据采集,使得通过群智感知获取噪声地图成为可能。基于此,设计并实现了基于群智感知的城市噪声监测系统 CrowdNoise[12]。

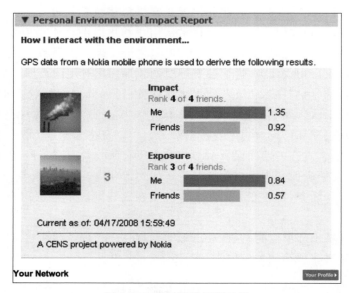

图 9-1　PEIR 环境监测系统

2. 系统设计

CrowdNoise 系统架构如图 9-2 所示，其分为手机端和服务器：手机端作为传感器节点感知参与者周围的噪声污染情况，同时能够查看噪声地图；服务器负责管理、处理测量数据。

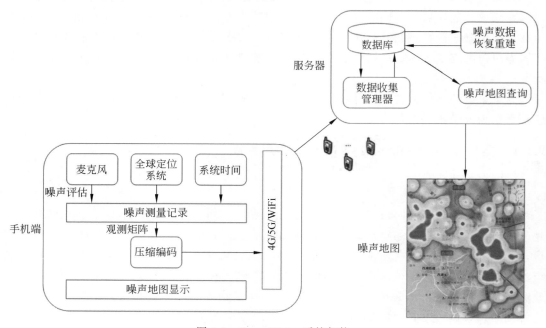

图 9-2　CrowdNoise 系统架构

噪声大小的评估在手机端完成。软件被启动后，开始计算从麦克风获取的声音的分贝值以及用户当前的 GPS 位置,进而根据经度、纬度、分贝值、系统日期和系统时间得到一个五元组(日期,时间,经度,纬度,分贝),该五元组构成一条噪声测量记录。由于参与者测量数据的时间和地点是不固定的,相互之间没有通信和协作,因此所有的测量数据在时间和空间上是随意分布和存在冗余的。为了得到较好精度的噪声地图,需要从随意的、不完整的数据中恢复重建出各个地方的噪声污染情况。因此,在得到多条噪声测量记录后,软件使用测量矩阵对测量结果进行压缩编码。编码结果在软件检测到 4G/5G 或者 WiFi 信号时被上传到服务器。手机端还能查看噪声地图。噪声地图利用谷歌地图显示,地图被划分成大小相同的矩形区块,通常称之为噪声测量单元。该系统设置手机的 GPS 每 30s 更新一次位置(30s 的时间间隔既能保证每一次定位操作顺利完成,也有利于降低能耗)。根据每个噪声测量单元的噪声污染等级,在地图上对应区块以不同颜色标示得到噪声地图。每个噪声测量单元的噪声污染情况是由服务器计算的。

服务器的数据收集管理模块负责接收所有参与者的噪声测量数据并将其存储于数据库中。噪声数据恢复重建模块根据一段时间内目标区域内的所有测量记录,计算出该区域内所有噪声测量单元在该段时间内的噪声值,并将结果存储到数据库中。

3. 关键技术

由于群智感知方式下噪声数据收集依赖参与者贡献其测量数据,这些测量数据只是反映了参与者当前所在位置在这个时间点上的噪声污染情况。

该系统采用压缩感知[13]的方法处理数据压缩和恢复重建。将被测区域的噪声测量单元中的噪声值转化为向量形式表示区域的噪声污染情况,当参与者在一个时段片内得到多个采样数据,手机端通过设置随机矩阵实现原始数据的降维,即只有一个向量被传输到服务器端。在重建时,使用相同的伪随机数生成器和种子将从所有参与者获得的数据堆叠起来,采用正交匹配追踪算法[14]求解恢复出数据全集。具体恢复过程如下。

对于一块区域 G,假设这块区域内有 N 个划分好的测量单元,每个测量单元的噪声值为 $x_i(i=1,2,\cdots,N)$。x 为数据全集,城市噪声监测需要目标区域的所有噪声信息,噪声数据恢复的作用就是从不完整的、随意的测量数据中恢复出数据全集。

在手机端,假设第 s 个参与者在一个时段片 T 内得到了一串采样 v,其仅包含部分噪声单元的测量值。首先使用一个随机生成的伯努利矩阵 $\boldsymbol{\Phi}$ 将 v 编码成一个矩阵 y,$y=\boldsymbol{\Phi}x$,再将已获得的所有用户数据 x^* 和计算得到的矩阵拼接起来 $y=\boldsymbol{\Phi}^*x^*$,由于 x^* 中有严重的数据重合和缺失,为了还原原始的 x,需要按照 x 中元素的顺序对 $\boldsymbol{\Phi}^*$ 进行重构,使得 $y=\boldsymbol{\Phi}x=\psi x=A\bar{x}$,其中,$y$ 是 x 在离散余弦变换矩阵 ψ 上的稀疏表示。对于欠定矩阵 $y=A\bar{x}$,使用正交匹配追踪算法[15]求解 $\bar{x}$ 后,恢复数据全集 $x=\psi\bar{x}$。

9.1.2　案例 2：CrowdCity 城市感知平台

1. 应用背景

近年来,随着国家电子政务建设的不断推动,在基础设施和应用系统方面,城市市政管理信息都取得了很大的进步,城市感知系统已经在日常的市政管理、规划决策、应急救灾、环保、市政执法等方面发挥了巨大的作用。在城市基础设施建设过程中,道路裂纹、井盖丢失、路面积水、路灯损坏等问题均为常见的市政问题,如果问题不能被及时发现和修复,将会大大影响人们的生活,同时也会影响基础设施的使用寿命,增加维护费用。目前,城市市政问题主要依赖于专业人员和设备进行检测,不仅成本昂贵,而且只能覆盖城市的主干道,难以快速、便捷、全面地检测城市的基础设施问题。随着智能手机的快速发展,智能手机可以作为任务感知工具,普通市民利用手机对发生问题的基础设施进行拍照,记录拍照时刻的信息,通过市政平台将问题上报给相关部门。通过大量用户的拍照数据,相关部门可以快速收集到整个城市出现问题的基础设施信息,并采取相应的解决办法。为了方便普通用户参与,进行协同感知,设计了 CrowdCity 城市感知平台[16-17]。该平台目前主要用于收集井盖丢失、路面积水、路面破损、照明设施损坏等若干类市政相关问题。

2. 系统设计

CrowdCity 的系统架构如图 9-3 所示,其分为移动客户端和服务器端。移动客户端主要用来收集数据,记录的内容包括用户的当前位置、出现问题的基础设施照片、时间戳信息等。服务器端主要用来存储和处理从客户端采集上传的数据信息,包括将大量照片数据进行筛选、分割、聚类、拼接,以及分析基础设施问题的严重程度等。

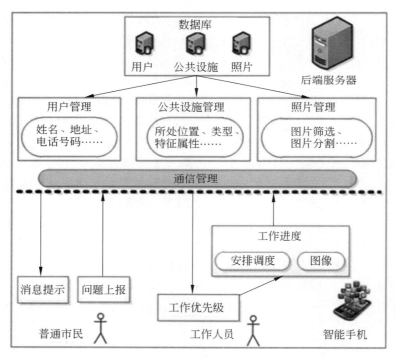

图 9-3　CrowdCity 的系统架构

当市民用户发现需要修整的问题时,可以通过移动客户端对相关问题进行拍照或者用文字简要描述,上传给服务器端。服务器端对数据质量审核通过后,会利用激励机制给用户一定的积分奖励,激励用户参与智能市政问题上报平台,以收集到更多的高质量数据。在服务器端,首先对不同类型的市政问题进行分类,根据地理位置信息进行细分,对同一地点发生的相同问题的照片进行去冗余和拼接操作,使其能够较为完整地展现问题的全貌。之后,服务器将图片和描述相结合进行问题严重性评估,优先将严重程度高的问题上报给相关部门,使问题能够尽快得到解决。

3. 关键技术

对于参与者的管理和选择,平台结合节点特征(如社会属性、移动性、终端性能等)和感知任务需求(如覆盖区域、时间、角度等),提出基于效用模型的参与节点选择方法。针对大规模众感平台多任务并发及参与者资源不足的情况,提出基于改进遗传算法的多任务参与者优选方法。在参与激励机制方面,结合反向拍卖理论提出跨空间动态群智感知激励模型。为提高数据质量,在给定预算约束和任务需求下,提出基于数据效用度量的参与者激励机制,根据参与者贡献数据的质量进行支付计算。设计和实现众感平台参与者管理中间件,能够根据应用需求进行参与者选择、激励机制选择及支付管理,在一定程度上保持了用户参与任务的积极性。

在数据获取方面,通过线上线下两种方式进行数据采集。线下方式主要通过移动终端内嵌的传感设备(如 GPS、蓝牙、摄像头、麦克风、加速度等)获取物理世界的数据。通过语义网等技术构建任务模型,进行后台任务设定与本地任务执行之间的关联,进而实现对本地传感设备的自动控制。线上方式则通过移动互联网应用(如微博、微信、基于位置社交网络等)获取信息空间中的数据,具体技术包括社交媒体 API 调用、爬虫等。结合百度、高德地图 API,实现原始 GPS 数据到语义地址信息的转换,降低用户采集成本。设计和实现终端及后台两种众感数据采集模块,分别负责前端物理感知数据智能化采集及后台信息空间用户贡献数据的获取和汇聚。

在数据智能化分析与挖掘方面,针对感知任务的需求和限制,提出无监督决策树方法对冗余数据进行分组和优选,减少传输开销。同时提出基于多维情境的质量评估方法对数据进行进一步过滤,提高群智感知数据的质量。针对群智感知数据来自不同空间的特点,对虚拟空间节点行为和物理空间交互之间的关联关系进行分析,提出基于线上线下特征(如图像、文字、背景声音、移动轨迹、群物交互频次等)融合的分类和重要性评估模型。通过数据挖掘方法对历史数据进行分析,发现市政问题出现的规律性及关联性,并对发现的信息进行可视化呈现,进而根据挖掘发现的隐含规律进行决策支持,如引导政府部门对重点区域实施监控或工程改造等。实现众感平台可视化分析及智能决策支持模块,方便信息共享、内容呈现及决策引导。

4. 应用界面

如图 9-4 所示,用户进入平台注册登录后,平台提供常见市政问题列表,包括井盖丢失、路面积水、路面破损、桌椅损坏、照明设施损坏等,用户选择需要上报的问题对应的按钮,进入图片采集界面,用户可添加 1～3 张照片,后台程序会收集智能手机拍照时的传感器信息并将照片上传至服务器端。服务器端对数据质量审核通过后,会利用激励机制给用户一定的积分奖励,激励用户参与智能市政问题上报平台,以收集到更多的高质量数据。

服务器端提供了可视化界面,用于帮助相关部门更加直观化地了解问题的严重性以及

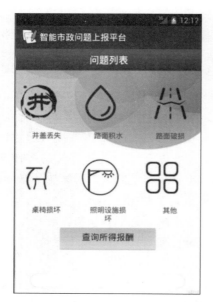

图 9-4　CrowdCity 移动客户端用户界面

城市整体的市政问题情况。如图 9-5 所示,对于移动客户端用户上报的数据,在服务器端进行统计与可视化,统计的信息包含用户数量、待解决问题的情况、各类问题在城市区域中的分布情况以及解决状态等。对于市政问题在城市区域中的具体情况,同样在服务器端提供可视化界面,如图 9-6 所示,相关工作人员单击地图中的标识位置,可以得知目前该地点上报问题的类型以及出现问题位置的具体信息。

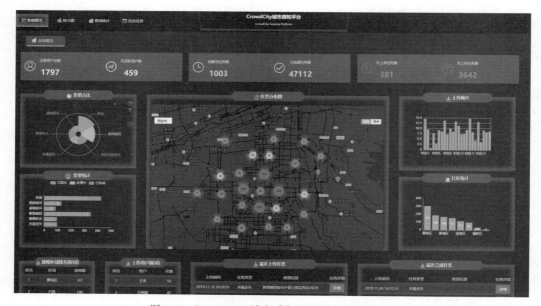

图 9-5　CrowdCity 城市感知平台数据统计界面

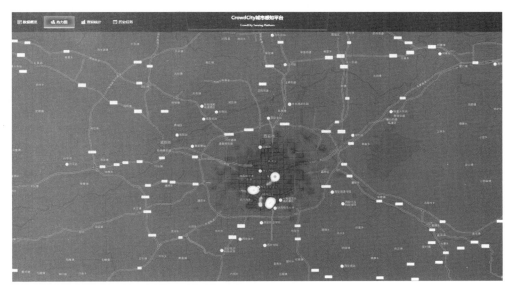

图 9-6 CrowdCity 城市感知平台市政问题可视化界面（见彩图）

9.2 城市动态感知

城市动态感知对于城市的发展以及提升居民生活质量具有重要作用,有利于政府部门进行城市规划以及改善基础设施,使人们的生活更加便利、舒适和安全。但是,感知城市的动态变化需要大量的多源数据,这样才能全面地认知和挖掘城市的发展态势。随着群智感知的发展和普及,获取大量的多源数据成为可能,为研究城市动态提供了数据基础。本节以基于群智感知的跨空间信息转发、共享系统和视觉群智实时事件感知系统为例,介绍城市动态感知的典型应用。

9.2.1 案例 1：FlierMeet 基于群智感知的跨空间信息转发和共享系统

1. 应用背景

社区中的公告栏是人们获取信息的一种重要方式。传统的公告栏分散在城市中的生活区、工作区和人流密集的地点,可以为人们提供生活、娱乐、工作等多方面的帮助和信息,例如图 9-7 所示的社区公告栏和工作区公告栏。通过传统的公告栏的形式传播信息具有操作便利、灵活性高、发布成本低等优势。但是,传统的公告栏这种形式仍然存在一些不足:第一,它被约束在一定的时间和空间范围内,例如旧的公告常常被新的公告所覆盖;第二,公告栏上的公告没有明确的分类和排序,人们很难短时间内准确定位到自己需要的信息。因此,通过群智感知传播和阅览公告可以带来更多的便利和优势。目前有一些工作针对公告栏电子化进行了研究[18-19]。例如,使用 RFID(射频识别)标签或条形码使得公告电子化,但是这种方式下的物理空间和网络空间的交互十分复杂,网络空间的信息难以与物理空间的信息同步。

图 9-7　社区公告栏和工作区公告栏

为了解决跨空间信息收集和共享的问题,本案例提出了一种基于群智感知的跨空间信息转发和共享系统——FlierMeet[20]。该系统利用群智感知的方式对线下公告进行拍照再重新发布到网络平台。在网络平台对这些电子公告根据语义和图片特征进行分类。

2. 系统设计

基于群智感知的跨空间信息转发和共享系统的框架如图 9-8 所示,主要包含以下 4 个部分。

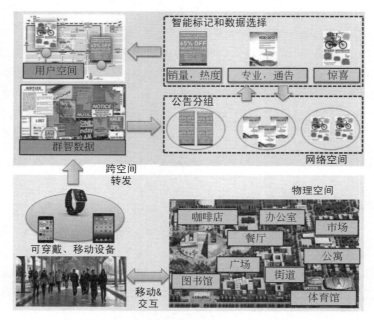

图 9-8　基于群智感知的跨空间信息转发和共享系统的框架

(1) 跨空间转发:为了同步物理空间和网络空间的公告,系统通过群智感知的方式发现公告并上传至服务器。用户通过手机客户端上传从公告栏拍摄的照片,同时上传照片的位置信息等。

(2) 公告分组:这个模块使用情境感知的方式将上传至服务器的电子公告进行分组。

（3）数据选择：为了更好地展示这些电子公告，系统从大量冗余的公告中选择拍摄清晰的公告。

（4）智能标记：为了提高用户浏览公告的体验感，系统对数据选择后的清晰公告根据内容和语义信息进行分类。

3. 关键技术

1）时空约束的公告分组

为了减少数据冗余，提升公告推送的效率，需要对用户上传的公告进行聚类，以对公告分组。由于用户不断上传大量公告，因此对每个新上传的公告进行分组会消耗大量的时间成本和计算成本。为了减少对大量公告进行对比和分类的时间和计算成本，系统首先使用时空约束的公告分组方式对这些公告进行分组。从空间维度，将城市划分为 $150\text{m} \times 150\text{m}$ 的区块，当用户登录系统时，可以选择一个自己感兴趣的区块，并且只能上传这一区块的公告，这样可以有效地减少公告上传的数量。从时间维度，系统仅将新发布的公告和近期的公告进行对比，而不是和历史所有的公告进行对比。设定一个阈值 $AgingThres$ 作为公告的有效期，公告分组的最新更新时间为 $UpdateTime$，为了减少匹配的次数，只有当满足式（9-1）所示的条件时，才会触发分组：

$$CurrentTime\text{-}UpdateTime < AgingThres \tag{9-1}$$

式中，$CurrentTime$ 表示当前时刻。

2）数据选择

数据选择过程中选取了 3 种特征对公告照片进行评估，分别是光照强度、模糊程度、拍摄角度。其中光照强度分为 3 类，即明亮、正常、黑暗，系统对光照正常的公告给予高分，对其余两类给予低分。评判模糊程度时，系统使用拍摄时的加速度传感器判断拍摄时的抖动程度，加速度越小，得分越高。拍摄角度通过角速度传感器获得。为了获得最佳拍摄角度的照片，系统使用群智感知的方式计算最佳拍摄角度。如图 9-9 中的圆点所示，通过群智感知的方式拍摄照片时，大部分用户会在适当的角度对公告栏进行拍摄，最佳的拍摄角度往往在大部分用户的中值点，如图 9-9 中的正方形位置所示。用户在最佳位置附近拍摄时，拍摄的照片得分较高。

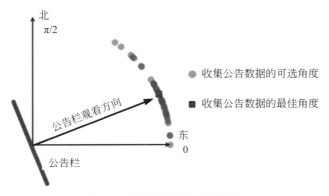

图 9-9　拍摄角度监测示意图

综合以上 3 个特征,图片的评分由式(9-2)计算,其中 $LigL$ 为光照强度,取值为{1.5,1.0,0.5},Ag 为用户的拍摄角度,$RAg(Board)$ 为最佳拍摄角度,Var_x、Var_y、Var_z 分别为 x、y、z 三轴传感器的值。

$$score = \frac{LigL \times \left(\dfrac{1}{2}\right)^{|Ag-RAg(Board)|}}{Var_x + Var_y + Var_z} \tag{9-2}$$

4. 应用界面

FlierMeet 的安卓应用程序界面如图 9-10(a)所示。FlierMeet 主要有 4 个功能:Flier capture 用来对公告栏进行拍摄;Flier timeline 可以将已有的公告按照时间排序进行展示;Flier map 可以将已有的公告在地图上展示,如图 9-10(b)所示,用户可以单击地图上的图片查看公告的详细信息,如图 9-10(c)所示;Meet up 功能可以根据用户的拍摄和兴趣帮用户找到与其兴趣相似的其他用户。

(a) 应用主界面　　　　　　　(b) 地图页面　　　　　　　(c) 公告的详细信息

图 9-10　FlierMeet 的安卓应用界面

9.2.2　案例 2:InstantSense 视觉群智实时事件感知系统

1. 应用背景

随着智能手机和大量移动应用,越来越多的用户通过手机实时记录事件,并将视频发布到社交媒体上,例如微博。这种移动视觉感知可以帮助人们了解正在发生的事件的详细情况。这是一种典型的群智感知应用。但是,目前的移动视觉感知还存在一些缺陷:第一,拍摄的事件和拍摄的时间取决于用户本身,使得社交网络上存在大量碎片事件的图片,虽然社交网络使用标签的形式将描述相同事件的图片分为一组事件,但是这些图片存在大量的噪声并且没有展示出事件发生的全过程;第二,大部分数据存在冗余并且没有描述出清晰的事件脉络。因此,本案例提出了一种实时协作的视觉感知和分享系统——InstantSense[21]。

2. 系统设计

InstantSense 系统的框架如图 9-11 所示。使用 InstantSense 系统进行实时事件记录需要经过 4 个步骤。第一步,用户上传正在发生的事件的图片到服务器;第二步,将这些图片根据时间先后整合成图片序列,同时标记每张图片的 GPS 坐标、拍摄角度、拍摄时间戳和用户编号;第三步,将图片序列根据语义相似度划分成图片子序列;第四步,系统从图片子序列中根据语义信息挑选出子事件总结(SESM)和高潮事件总结(HLSM)。

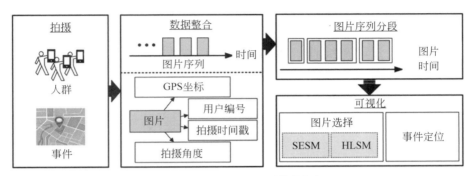

图 9-11　InstantSense 系统的框架

3. 关键技术

1) 图片序列分段

图片序列分段用于对子事件的描述。一个图片是否能够被划分在一个子事件中,需要满足两个条件:第一,图片的内容和这个子事件中已有的图片是不同的;第二,这个子事件中的所有图片可以描述一个完整的事件过程。为了对从群智感知收集来的图片序列进行分段,InstantSense 系统使用动态图片序列分割的方式。动态分割分为以下 3 种方式。

多个上传者触发的分割:一般情况下,当一个事件发生变化时,多个事件目击者会同时上传关于这个事件的新图片。因此,如果大部分目击者上传了新的图片,则可以认为这个事件发生了变化。所以,当事件目击者的数量除以在场所有上传者的数量大于一定的阈值,则新的图片被划分为新的子事件。

多次上传触发的分割:假设有很少的用户会上传重复的图片,但是这些图片不能划分在同一个子事件中。所以,如果出现了一张与之前重复的图片,则将它划分为一个新的子事件。

多个上传者多次上传触发的分割:为了避免用户个人行为带来的不合理划分,系统使用一种基于群体的划分方式。如果新图片的上传者与上一张图片的上传者是同一人并且目击者的数量除以在场所有上传者的数量大于一定的阈值,则将这张图片划分为新的子事件,否则将其划分到当前子事件。

2) 事件总结

子事件总结:当得到图片序列划分成子事件后,一个子事件中的语义信息是相似的。所以,当一个时间被定位后,上传者被划分为两组:一组为距离较远的上传者,负责提供事件的总览;另一组为距离较近的上传者,负责提供事件的细节。将这些上传者拍摄的图片根据相似度进行匹配,选择每组中与组内其他图片相似度最高的图片作为子事件的照片集。相似度的计算方式如式(9-3)所示。

$$sim(p_i, p_j) = (dd_i \times dd_j) \wedge \left(\mid \theta_i - \theta_j \mid \leqslant \frac{\pi}{6} \right) \qquad (9-3)$$

其中,dd 为图片拍摄位置与事件发生位置的距离,θ 为图片拍摄的角度。当给定一组图片 $P = \{p_1, p_2, \cdots, p_i, \cdots\}$ 时,这些图片被划分为多个碎片事件 $\Omega = \{\Omega_1, \Omega_2, \cdots, \Omega_n\}, \Omega_i \in P$。再对一个碎片事件内的图片进行聚类,使得每个碎片事件由多个微聚类构成,每个微聚类表示该事件各角度的信息,即 $\Omega_i = \{\omega_1, \omega_2, \cdots, \omega_m\}$,则子事件总结由每个微聚类中的第一张图片组成。

高潮事件生成:为了生成事件的高潮部分,系统通过对所有子事件进行排序得到最受关注的子事件。排序采用信息熵的方式进行计算。$H(F)$ 表示上传者图片的多样性,如式(9-4)所示。

$$H(F) = -\sum_{i=1}^{|AR|} \frac{\mid F_i \mid}{\mid F \mid} \log_2 \frac{\mid F_i \mid}{\mid F \mid} \qquad (9-4)$$

其中,F_i 表示第 i 个上传者上传的图片子集。

9.3 商业智能

随着近年来智能移动设备和无线通信技术的发展,线上服务成为人们日常生活中进行娱乐消费的主要方式之一,因此商业智能成为企业和商家提升竞争力的有效手段。同时,社交媒体的流行促使人们更加愿意在社交平台上分享线上服务的体验,以及个人的消费喜好或习惯。因此,通过社交媒体和线上服务平台,用户可以分享上传的评论或图片,与此同时,商家能够快速便捷地获取有用信息,以了解用户的喜好和建议,进一步提升服务质量,或针对用户个人偏好为用户制定个性化服务。用户在社交媒体或线上服务平台中上传的信息或表达的观点即为群智贡献的数据信息。对于用户个人,这种群智贡献的信息可以帮助其他用户进行参考对比,能够更快地找到自己感兴趣的信息。对于企业和商家,通过对广大用户的数据进行分析以及对服务质量进行评估,有助于商业智能的实现和提升,进而扩大经济效益。为了更好地理解群智感知计算在商业智能应用中的作用,下面以旅游推荐应用和外卖配送系统为典型案例进行介绍。

9.3.1 案例 1:CrowdTravel 旅游景点路线推荐系统

1. 应用背景

社交媒体作为一种在线交互平台,近年来呈现多样化发展的趋势,大量用户组成虚拟网络社区,允许用户发布信息并支持群体用户分享和传播信息。随着旅游业的快速发展,旅游成为现代社会人们最重要的娱乐活动之一。随着移动社交网络的发展,越来越多的人愿意通过社交媒体记录和分享旅行经历,这为其他用户制订旅行计划提供了丰富的信息。同时,有关旅游景点介绍和推荐的商家也可以根据用户的类型和不同的需求为用户提供个性化的旅游景点和路线的推荐,使得商家的服务更加人性化,提升用户的体验,从而吸引更多的用户使用。旅行评论和博客游记是用户旅游共享的两种主要方式,是旅游信息提取的可靠知识来源。虽然在单一的评论或游记中提供的信息可能是嘈杂的或有偏见的,但是,众多游客提供的内容作为一个整体可以反映出景区的本质特征。考虑到持续增长的海量旅游相关信息,迫切需要一种自动的旅游信息感知和推荐系统,方便用户获取准确的信息,因此设计了CrowdTravel 旅游景点路线推荐系统[22],根据用户的个人需求推荐景区当中适合用户游览的个性化旅游景点路线。

2. 系统设计

系统输入是某一个经典的评论、游记和景点词的集合,输出是一组按照推荐旅游路线的顺序排列的景点特征刻画,利用高质量且有代表性的图像进行推荐路线的可视化。CrowdTravel 系统架构如图 9-12 所示,主要包含以下 4 个部分。

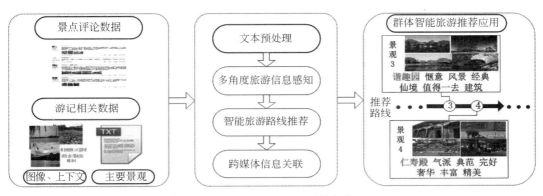

图 9-12　CrowdTravel 系统架构

(1) 文本预处理:将景点所有的评论数据作为输入,挑选至少包含一个景点词且具有高信息熵的句子作为下一步的输入。

(2) 多角度旅游信息感知:利用上一步得到的文本内容,结合景点词集合,挖掘每个景观对应的特征。

(3) 智能旅游路线推荐:从每篇游记中提取一条旅游路线,将热度最高的路线呈现给用户。

(4) 跨媒体信息关联:通过比较图像、上下文和评论之间的文本相似性,投票选择与景观对应的有代表性的图像。

3. 关键技术

文字形式的游记或评论以及景点相关的图片记录是两种流行的社交旅游分享方式,二者在结构和内容上是相辅相成的,这些异构数据形成了大量零散的旅游知识。此外,不断增加的游记、评论和照片可能会给获取和重组旅游知识带来巨大的负担。针对这些问题,采取多源社交媒体数据融合的信息感知方法。

首先,采用关键词匹配和关联规则挖掘的方法从群智贡献数据中发现热门景点。对游记或评论进行分词处理,为每个景观建立一个单独的词典,然后过滤掉中文停顿词。假设关于景点的信息均匀分布在评论数据集中,根据信息论知识可知,当一个随机事件的结果已知时,信息熵可以反映携带信息的平均数量。计算每个单词的信息熵,挑选具有高信息熵的重要的句子构成集合。根据与景观相关的句子集合为该景观提取特征词,构成特征词集合。特征词包括名词和形容词,能够很好地描述游客对该景观的评价。

其次,利用序列模式挖掘算法从游记中挖掘热门旅游路线。游记中图像和上下文是按照作者的写作顺序组织的,在大多数情况下,可以看作用户的旅游路线。与关联规则挖掘中发现频繁项集的过程不同,在这一步处理的输入和输出都是有序的。序列模式挖掘与关联规则挖掘不同,可以从离散数据集合中发掘频繁出现的有序事件或子序列。根据景点集合在游记中的出现顺序,利用模糊匹配算法得到一条旅游路线。若路线中不存在重复的景观且其中包含的景观数量大于或等于景点内总景观数的1/3,则采用该旅游路线作为候选集,这是为了保证提取的路线足以完整地描述一条景点内活动轨迹。

最后,基于评论之间的相似性实现跨媒体信息关联。由于同一景观的照片图像数量巨大且质量参差不齐,所以需要从图像集群中为每个景点特征刻画挑选有代表性的照片。根据观察可知,用户通常会为游记中的图像在相邻的位置给出简单的文字描述。通过提取景观句以及游记中图像的上下文可以构建文本到图像的关联,采用多数表决的方式为景观选择对应的图像。具体过程如下。

(1) 图像聚类:首先提取游记中包含上下文的图像,得到关于景点的图像集合和上下文集合。在图像集合上利用谱聚类,基于视觉内容特征矢量分成视觉上的不同集群。

(2) 投票选择图像聚类:对于景观句子集合中的每个句子,根据余弦理论从上下文集合中查找最相似的上下文句子,投票决定可能关联的图像集群,即得到与每个景观相关联的图像集群,之后采取亲和传播算法[23]从图像集群中为每个景观-特征刻画组合挑选有代表性的图像,作为最终推荐路线的可视化结果。

4. 应用界面

CrowdTravel 可视化推荐路线如图 9-13 所示,在应用界面中展示出整个景区中适合用户按顺序游览的景观,并匹配出该景观的特征描述以及具有代表性的照片,帮助用户更加直

图 9-13　CrowdTravel 可视化推荐路线

观地了解所推荐的路线。以北京故宫、西安大唐芙蓉园为例,分别为两个景点推荐了包含若干景观的旅游路线,用户能够清晰地看到各个景观的推荐游览顺序,以及各个景观的若干图片,包含景观的多个角度或不同时段片的景色,同时在图片下面列出了若干介绍该景观的关键词,便于用户对景观有更加具象的了解,并根据自己的喜好决定是否游览该景观。

9.3.2 案例 2：基于群智的智能外卖配送系统

1. 应用背景

近年来,随着智能移动设备的快速普及和无线通信技术的进步,越来越多的人开始关注在线服务,特别是外卖订餐配送(TOD),由于其方便快捷,已经成为一种新兴的、非常受欢迎的服务,如图 9-14 所示的 ele.me[1]、seamless[2]、UberEats[3]。然而,目前的在线订购平台仍然存在一些局限性。首先,目前 TOD 服务主要通过自行车或电动车完成,运输成本的限制导致速度慢且配送范围有限。即使外卖食品在一些平台上通过汽车配送,现有的配送策略也只考虑短期利益的最大化,而不考虑可能导致长期成本激增的不合理的配送路径。其次,大部分订餐都集中在午餐和晚餐时间,员工数量有限,很难保证准时到达送餐地点。然而,如果平台招聘更多的员工,会导致劳动力冗余浪费。另外,快递员数量有限,会导致订单服

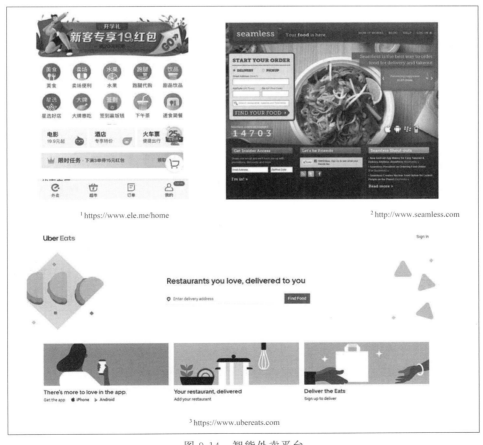

[1] https://www.ele.me/home
[2] http://www.seamless.com
[3] https://www.ubereats.com

图 9-14 智能外卖平台

务质量在高峰期有所下降。开发一种新的外卖配送系统策略解决现有系统中的这些限制是非常重要的,因此提出了新的基于群智众包的 TOD 框架 FooDNet[24] 以及 CrowDNet[25],在出租车营业途中可以同时运送乘客和外卖食物。

2. 系统设计

基于群智的智能外卖配送系统架构如图 9-15 所示。系统主要由 3 个核心部分组成。

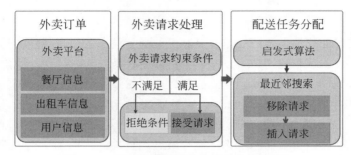

图 9-15　基于群智的智能外卖配送系统架构

(1) 外卖订单模块:在该模块中,餐厅上传订单信息、外卖种类、营业时间等信息,出租车司机上传当前位置、历史轨迹以及乘客要求等信息,订购外卖的用户上传地理位置、期望外卖到达时间等相关信息。

(2) 外卖请求处理模块:用户提交外卖请求之后,系统将决定是否接受该请求。根据餐厅和出租车的信息,考虑用户的要求,如果满足一定条件,系统将接受外卖配送请求,否则系统将拒绝该请求。

(3) 配送任务分配模块:系统将已接受的送餐任务分配给合适的出租车,综合考虑乘客的等待时间以及出租车司机与餐厅的收益。

3. 关键技术

在该系统中,群智众包网主要由 3 个核心部分组成:全局分配、局部调度和路径排名。外卖配送系统关键技术算法框架如图 9-16 所示。

在第一阶段,使用现有的出租车平台算法[26],将乘客分配给每辆出租车。首先,出租车将相关信息上传到系统,包括当前位置和占用状态。其次,当乘客开始预订出租车时,乘客提供包括上车时间、上车点、下车时间以及下车点的请求信息,形成乘客查询。最后,系统根据出租车信息以及乘客查询的截止时间点,在满足约束条件的情况下将乘客请求分配给出租车,并将出租车标识返回给乘客。

在第二阶段,根据餐厅和用户的分布情况,将适当的送餐请求插入现有路径中。餐厅向系统提供地址、餐厅名称等相关信息,当用户开始在餐厅订购食物时,收集送餐请求信息,包括餐厅位置以及到达餐厅的时间,形成送餐请求。系统将送餐请求分配给合适的出租车。首先应用贪婪算法得到初始可行解,然后使用基于重要性水平的请求插入算法对请求和区域进行优先级排序,从而优化初始解决方案。在局部调度模块主要设计了插入检查算法和局部块调度算法。

(1) 插入检查算法:局部调度模块的主要思想是为每辆出租车分配适当的送餐请求。

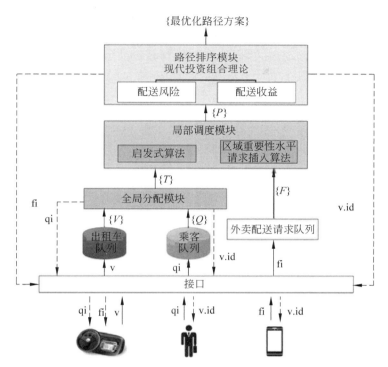

图 9-16　外卖配送系统关键技术算法框架

然而,使用历史轨迹信息直接估计两个点之间的行进时间或距离时间开销较大。因此,使用网格对路网进行划分。假设新的点插入队列中时,请求点在当前分配中的顺序保持不变。将插入操作分为两个阶段：首先将当前送餐订单的原点插入队列,之后将当前送餐订单的目的地插入队列。在所有可能的插入方法中,该算法选择所有出租车行驶时间最少的路径。

(2) 局部块调度算法：在划分的路网栅格中,中心栅格的辐射范围与周围栅格的辐射能力有关,并且在高峰时间通过车辆较多的栅格更可能满足新的送餐订单要求。因此,使用周围路网栅格的重要性级别测量中心栅格的辐射容量。首先,计算每个网格中的餐厅、用户和过往车辆的数量,并将它们作为重要程度的指标。一个网格中的餐厅和用户越多,该网格越重要,将来可能会产生更多的请求。其次,按照辐射能力从高到低的顺序对送餐请求进行排序,并优先考虑更重要和迫切的送餐请求。完成任务后,出租车将停在更具影响力的网格中。每次成功完成订单插入后,都会检查总的行驶时间成本并使用新的行驶时间更新路径。

在第三阶段,提出一个基于现代投资组合理论[27]的路径排序模块,对交付路径进行优化,使交付成本与及时服务达到平衡,按照预期效益的下降顺序重新排列全局行驶路线。最后,系统为出租车司机推荐风险和利润符合要求的最佳方案。

9.4　智　慧　交　通

交通出行是人们生活中的一个重要部门。实时地感知交通状况可以合理规划路径,减少出行时间,保障出行安全。随着智能终端、智能穿戴设备的普及,以及物联网技术的发展,可以通过线上平台实时获取人们在城市中的移动轨迹,例如用户的移动轨迹、线上签到等。这种实时获取的群智数据使得对城市交通的感知能力得到了大幅提升。通过这种方式可以实时反馈人们的移动模式,进而在交通管理、交通规划、公众出行等交通领域提供应用和服务。本节通过以下两个典型案例对群智数据在出行和交通规划方面的应用进行介绍。

9.4.1　案例1：基于群智感知的静态障碍物检测系统

1. 应用背景

随着人们对智能手机的依赖越来越强,在出行过程中行人使用手机发生事故的概率不断增加,因此障碍物检测在行人出行辅助方面具有重要意义。近年来,有许多障碍物检测的应用和研究,例如,利用超声波[28]、红外传感器[29]、摄像头[30]等传感器进行检测,这些方式是基于单个用户进行环境感知,易受环境噪声干扰而导致错检或漏检。目前也有工作使用众包方式标记全景地图中的障碍物,但是全景地图的更新频率较低,不能实时检测障碍物。通过群智感知收集到的用户移动轨迹可以实时感知道路状况,进而发现障碍物。用户行为检测提取是障碍物检测的难点之一,也是障碍物检测的基础之一。但是,真实情况下道路上的情况比较复杂,实现障碍物检测需要解决以下3个难点:第一,从用户的各种行为中准确地提取出避让行为十分不易;第二,如何通过融合群智数据检测障碍物;第三,检测到障碍物后如何定义障碍物的危险区域。针对上述问题,该工作提出了一种基于群智感知的静态障碍物检测系统——CrowdWatch[31]。

2. 系统设计

基于群智感知的静态障碍物检测方法由3个模块组成,如图9-17所示:用户行为检测、基于群智感知的临时障碍物检测和障碍物危险区域定义及提醒。

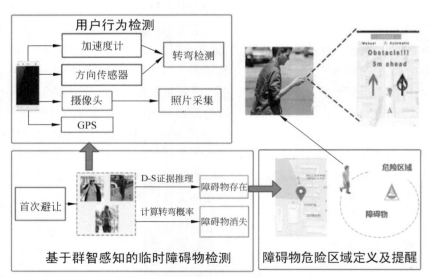

图9-17　基于群智感知的静态障碍物检测系统框架

（1）用户行为检测：通过群智感知的方式收集不使用手机的行人遇到障碍物时的轨迹数据和图片数据，这些人可以看作后续使用手机人群的引导者。利用这些群体数据可以帮助后续检测障碍物是否存在。如果道路上存在障碍物，则这些行人会做出避让行为，这些避让行为可以由传感器检测出来。但是，道路上的情况较复杂，仅依靠传感器会产生一些错检的情况，因此该系统引入图片拍摄的方式判断障碍物是否存在，以增加判断障碍物的可信度。

（2）基于群智感知的临时障碍物检测：单人感知不能全方位地检测障碍物，所以该系统使用 D-S 证据推理的方法融合群体的数据检测障碍物。D-S 证据推理将图片信息和转弯信息融合起来计算障碍物存在的可信度。

（3）障碍物危险区域定义及提醒：危险区域是包含障碍物的区域，用来提醒使用手机的行人不要进入该区域，起到保护行人的作用。当检测到障碍物存在时，通过整合未使用手机的行人在障碍物附近的轨迹界定一个危险区域。当使用手机的行人进入该区域时，对他发出警告。

3. 关键技术

1）基于 D-S 证据推理的障碍物检测

由于多个用户经过某个地点时拍摄的照片具有差异性，一些照片包含障碍物，一些照片不包含障碍物。因此，该系统使用 D-S 证据推理[32-33]的方式结合照片判断该地点是否存在障碍物。D-S 证据推理通过结合不同方面的证据推断一个信任程度，即信任函数。信任函数用来评估每个事件出现的可能性，可以由质量函数计算得到。根据用户的移动行为和拍摄的照片可以分为两种情况：存在障碍物或不存在障碍物。分别计算这两种情况的信任度。综合这两种情况的信任度得到最终这个地点是否存在障碍物。

假设在怀疑区域内产生转弯的行人认为存在障碍物，没有产生转弯的行人认为不存在障碍物。相似的照片越多，认为这个区域内存在障碍物的可能性越大。因此，本文定义的假设空间为 $\Phi = \{T_1, T_2\}$，其中 T_1 表示的事件为行人产生转弯行为，T_2 表示的事件为行人没有产生转弯行为。$T_2 = \{H_1, H_2\}$，其中 H_1 表示的事件为行人在怀疑区域内产生转弯行为并且拍照的图片中包含障碍物，H_2 表示的事件为行人在怀疑区域内转弯，但是拍摄的照片不包含障碍物。其中事件 H_1 发生的概率就是障碍物出现的概率。统计每个事件出现的概率，计算事件 H 的质量函数 $m(H)$。计算事件 H_1 的下界 $\mathrm{Bel}(H_1) = m(H_1)$ 和上界 $\mathrm{Pel}(H_1) = m(H_1) + m(T_2)$。如果事件 H_1 的可信度 $\mathrm{conf}(H_1) = (\mathrm{Bel}(H_1) + \mathrm{Pel}(H_1))/2$ 大于其他事件的可信度，则认为障碍物存在。

2）障碍物危险区域定义

为了定义合适的危险区域，这里利用引导者的轨迹分析危险区域的形状以及大小。图 9-18 所示为引导者在障碍物附近的移动模式，每条线段的左侧为引导者的第一个转弯点，右侧为引导者的第二个转弯点。由引导者的轨迹变化可以推断出危险区域是一个椭圆形，用户行走轨迹越靠近障碍物中间位置，第一次转弯时间越早；用户行走轨迹越靠近障碍物两侧，第一次转弯时间越晚。因此，对于使用手机的行人来说，如果走向障碍物时越靠近障碍物中心，越应该尽早被提醒。

为了计算这个椭圆区域，根据椭圆的定义，通过引导者的轨迹计算椭圆的长轴和短轴。从多个用户的多个第一次转弯点中选择距离障碍物最远的点作为长轴上的顶点，从多个用

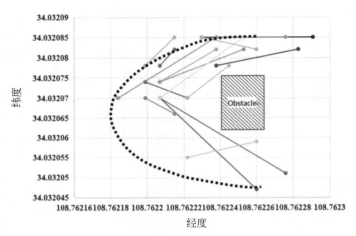

图 9-18 用户转弯轨迹拟合示意图

户的多个第二次转弯点中选择距离障碍物最近的点作为短轴上的顶点,以此计算危险区域的范围。

4. 应用界面

CrowdWatch 的安卓应用界面如图 9-19 所示,当使用手机的行人进入危险区域时,系统提示前方有障碍物并提示障碍物的大小。

图 9-19 CrowdWatch 的安卓应用界面

9.4.2 案例 2:基于移动群智感知的"最后一千米"导航系统

1. 应用背景

导航服务是行人辅助的研究热点之一。许多现有的地图应用,如谷歌地图和百度地图很大程度上为行人出行提供了便利。这些地图应用可以在大范围内根据 POI 信息为用户提供准确的导航服务。但是,一些小范围的区域和店铺(如小区中的洗衣店)在电子地图上没有标记,所以不能进行导航。一般来说,电子地图在两种情况下不能提供导航服务。第一种情况为电子地图上没有记录某些 POI 的细节信息,不能搜索到该地点的路线,例如,校园环境下在电子地图上搜索从 S 点到计算机学院的路线时得到的结果如图 9-20 所示,图中的虚线部分是未知路线,所以用户不能通过该路线直接进入计算机学院。对用户而言,他们希望导航的终点应该是计算机学院的入口,但是电子地图的信息不完善,不足以提供到计算机学院入口的导航服务。第二种情况为某些小型目的地 POI 信息未上传到电子地图。如图 9-21 所示,洗衣店在电子地图上并未上传 POI 信息,所以当用户搜索洗衣店时,不能得到搜索结果。为了解决以上问题,本案例提出基于移动群智感知的"最后一千米"导航系统——CrowdNavi[34]。

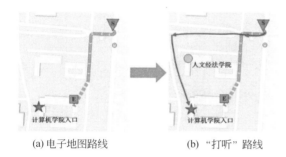 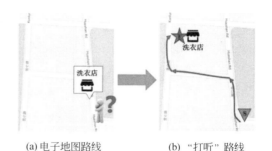

(a) 电子地图路线　(b) "打听"路线　　　(a) 电子地图路线　(b) "打听"路线

图 9-20　到计算机学院的路线　　　图 9-21　到洗衣店的路线

2. 系统设计

为了解决以上难点,该系统设计了面向"最后一千米"的智能出行辅助方法,如图 9-22 所示。方法由 3 部分组成:群智数据收集、细粒度地图生成、视觉路径规划与导航。

(1) 群智数据收集:首先召集一些志愿者贡献轨迹和图片数据。数据采集的要求为:志愿者必须在起点和终点处各拍摄一个标志物。在起点到终点之间的路径可以选择离路边较近、重要且容易被追随者发现的标志物进行拍照。在到达终点之后,志愿者将采集的数据上传。为了激励更多的志愿者参与其中,根据志愿者的贡献为其支付一定的报酬。使用他们路径的人越多,获得的报酬越多。

(2) 细粒度地图生成:该系统将生成的细粒度地图分为两部分:一是对相同标志物进行整合,二是整合群体路径。当一组新的数据被上传时,使用图片节点整合算法对数据库中的图片进行过滤,达到加快图片节点整合的目的。然后结合 GPS 和步伐节点整合新路径和数据库中的路径。

(3) 视觉路径规划与导航:首先设计路径段节点权重的计算公式,在此基础上设计两种路径规划的策略(PDR 和 PHR)满足不同追随者的偏好。接下来通过展示推荐路径沿途的图片为追随者提供情境导航。在提供导航的同时,对追随者进行偏离检测和偏离提醒。

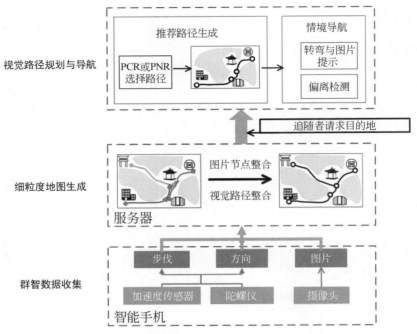

图 9-22　基于移动群智感知的"最后一千米"导航

3. 关键技术

1) 图片节点整合

为了避免过大的计算量,将图片以及拍摄图片时的传感器信息和 GPS 地理信息结合以整合图片节点。在使用图片匹配方法之前,通过两个步骤筛选一个图片匹配的候选集:第一,使用 KNN 的方式从数据库中选择与新上传图片距离较近的图片候选集;第二,在已有的图片候选集的基础上查找与新上传图片的拍摄俯仰角相似的图片组成最终的图片候选集。

当一张新的图片节点 img_{new} 上传时,系统在图片节点数据库中检索与 img_{new} 的拍摄地点距离小于阈值 $thre_{dis}$ 的图片节点 img_i。再将图片节点 img_{new} 的拍摄俯仰角与图片节点 img_i 的俯仰角作比较,如果俯仰角之差的余弦值大于阈值 $thre_{sim}$,则将图片节点 img_i 加入候选集。最后使用图像匹配算法对图片节点 img_{new} 与候选集中的图片节点的图像进行图像匹配。如果两张图片匹配成功,则认为这两张图片中包含同一标志物。

2) 视觉路径整合

为了减少群智感知数据中的冗余,系统对现有的路径进行整合。根据图片节点将路径分为路段,通过对齐图片节点和 DTW 算法[35]对重叠路段进行整合,将这些路段的图片节点重新标记在新的路段上,具体分为两个步骤。

第一步,搜索附近的视觉路径。由于设备的差异性,难以直接找到与新路径完全重合的或恰好相交的视觉路径。但是,如果两条路径是重叠路径或相交路径,则它们之间的距离较近。因此,只要搜索到与新路径之间距离足够近的视觉路径,则将它们加入候选集。

第二步,根据路径之间节点的距离和各路径的斜率重建节点之间的连接关系。对于重叠的路径,需要对重叠部分的轨迹进行整合。然而,不同用户的手机传感器精度不同,难以直接进行整合。因此,利用 GPS 数据粗粒度、噪声小和传感器数据噪声大、粒度细的特征,在 GPS 轨迹的基础上进行整合;对于相交的路径,从节点的连接关系中找到相交路径的交点形成交点集合,再根据交点集合将相交的路径划分为连接各个交点集合的路段。

4. 应用界面

CrowdNavi 安卓应用界面如图 9-23 所示。界面上部是对追随者的提示信息,从左至右分别为转弯提示、到下一个标志物的距离、追随者轨迹和目的地参考位置,中间为下一个标志物图片,底部为确认到达按钮。其中转弯信息表示的是下一路段与当前路段的关系,如果下一路段与当前路段之间没有转弯,则提示直行。

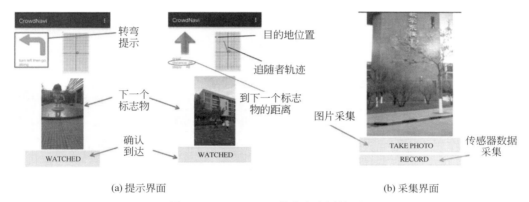

(a) 提示界面   (b) 采集界面

图 9-23 CrowdNavi 的安卓应用界面

9.5 公 共 安 全

在公共安全领域,群智数据通常用来对威胁人们生活的社会事件进行多方位的感知和跟踪。其中,对移动目标(如嫌疑人、肇事车辆)的跟踪是一种典型的群智数据应用。现有的对移动目标的跟踪主要基于两种方式:一种是基于网络视频监控的方式[36],政府/警察收集基于预先部署的视频监控系统的城市动态信息,如 CCTV(闭路电视)系统。但是,要达到较好的跟踪效果,需要部署大量的高清摄像头,这会使设备购买和维护成本高、部署代价大。限于这些因素,系统只在特定场所部署导致覆盖范围十分有限。另一种是基于移动通信网络或社交网络的方式[37],人们通过短信、热线电话以及社交媒体等分享他们的目击证据或亲身经历,以帮助政府/警察获取线索。这种方式借助移动用户完成大规模、复杂的城市与社会感知任务,从而加快了对移动目标任务的反应速度,有利于进行下一步决策,同时大大减小了在跟踪设备部署、维护方面的成本。本节通过基于移动群智感知的实时车辆移动跟踪系统和基于群智感知的移动目标跟踪系统这两个典型案例对群智数据在公共安全领域的应用进行介绍。

9.5.1 案例 1：基于移动群智感知的实时车辆移动跟踪系统

1. 应用背景

使用群智感知的方式对车辆进行监控，可以补充摄像头未覆盖的空白区域，从而实现对车辆的实时跟踪。但是，通过群智感知的方式召集人群对移动车辆进行拍照需要提前预估车辆的移动轨迹，才能提前召集沿途人群进行感知，并且尽量召集最少的人群以减少拍摄成本。为了解决这些问题，本案例提出基于移动群智感知的思路解决城市中的移动目标感知任务——CrowdTracking[38]。

2. 系统设计

CrowdTracking 系统框架如图 9-24 所示，其由 3 个主要功能组成：第一，在服务器端通过路网信息上传的图片对车辆定位；第二，服务器选择合适的参与者并将跟踪任务派发给可能目击车辆的参与者；第三，参与者拍摄并上传车辆图片、车辆定位。

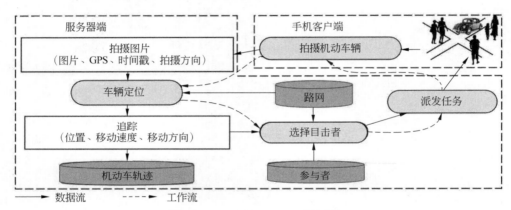

图 9-24　CrowdTracking 系统框架

3. 关键技术

1）车辆定位

在追踪过程中只判断车辆经过的十字路口即可预测车辆的移动轨迹，进而对车辆进行定位。随着用户上传的图片不断增多，这些图片可以分为 3 种类型：一个参与者拍摄的一张包含十字路口的图片、同一个参与者拍摄的多张包含十字路口的图片、多个参与者拍摄的多张包含十字路口的图片。为了实现车辆定位，本案例设计了 3 种十字路口过滤的方式以选择有利于推理车辆定位的图片。

基于距离的过滤：这种过滤方式适用于一个参与者拍摄了一张包含十字路口图片的情况。十字路口分布较密集的地区很难通过上传图片和地理位置对路口进行准确定位。由于拍摄的参与者只能在其最近的路口进行拍摄，因此系统使用近邻法找到离参与者距离最近的路口。定义一个距离阈值，当参与者与十字路口的距离小于该阈值时，该十字路口就是车辆经过的路口。

基于拓扑结构的过滤：这种过滤方式适用于同一个参与者拍摄的多张包含十字路口的图片。将这些图片所在的十字路口分为两个集合：一个是起点集合；一个是终点集合。通过计算起点集合中的点到终点集合中的点的欧几里得距离判断这些十字路口之间的移动顺序。

基于路网的过滤：根据交通状况，计算路网中十字路口的可达时间，从拓扑结构中筛选可能经过的十字路口。

通过以上过滤方式，得到车辆经过的十字路口，进而推断出车辆的移动轨迹。

2）跟踪任务派发

参与者等待派发（STM）：参与者在路口等待，直到任务完成。系统在每个路口选择一个参与者。选择参与者时，优先考虑参与者正在完成的任务，避免为了完成下一个任务而影响完成当前任务的质量。

参与者偶遇派发（ETM）：参与者和车辆都在移动，当车辆经过参与者时，参与者进行拍摄。这种派发方式需要同时预测参与者和车辆的移动方向，为所有车辆和参与者可能的交集路段建立树模型，随着车辆和参与者的移动，动态地在树模型上选择参与者。

4. 应用界面

CrowdTracking 的安卓应用界面如图 9-25 所示，界面中包括参考图片、当前视图、跟踪任务的文字描述、"跟踪"按钮。当车辆出现在视野中时，参与者单击"跟踪"按钮并且持续拍摄车辆，直到车辆消失在视野中时，参与者再次单击"跟踪"按钮结束拍摄。

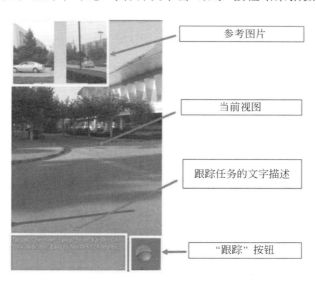

图 9-25　CrowdTracking 的安卓应用界面

9.5.2　案例 2：基于群智感知的移动目标跟踪系统

1. 应用背景

使用群智感知进行移动目标跟踪时，面临两个挑战：如何判断移动目标和参与者的位置,使得参与者可以准确拍摄到移动目标的图片。为了使用尽量少的参与者并且高效地完成跟踪任务,需要对各个路口进行重要性排序。为了解决这两个问题,该案例提出基于群智感知的移动目标跟踪系统——CrowdTracker[39]。

2. 系统设计

CrowdTracker 系统框架如图 9-26 所示,由以下 3 个模块组成。

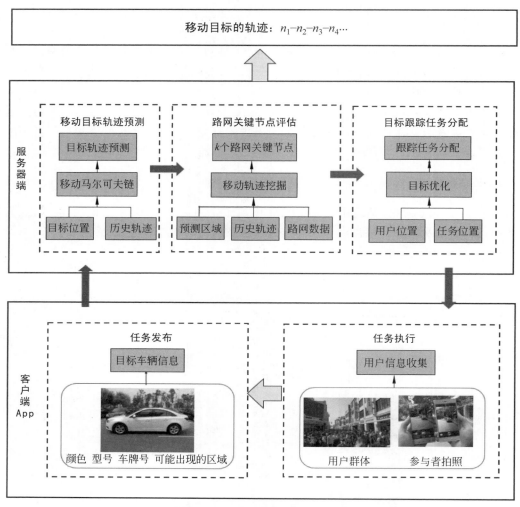

图 9-26　CrowdTracker 系统框架

1) 移动目标轨迹预测

基于移动群智感知的目标跟踪问题是根据车辆的移动轨迹选择参与者,所以首先需要预测车辆的移动轨迹。城市中车辆的历史轨迹数据和用户上传信息中的位置信息作为该模块的输入。基于移动马尔可夫链模型,通过对城市中车辆的历史轨迹数据进行分析和挖掘,建立城市中各个位置间的转移概率矩阵,基于该矩阵和目标当前的位置信息预测目标下一步的移动轨迹,该模块输出目标下一步可能移动到的区域,从而有针对性地在预测的区域内安排平台参与者等待目标出现。

2）路网关键节点评估

路网关键节点评估问题就是在进行任务分配之前确定预测区域内跟踪任务的位置。移动目标轨迹预测模块输出的预测区域、城市中车辆历史轨迹数据和路网数据作为路网关键节点评估模块的输入。在给定的预测区域内，提出基于移动轨迹挖掘的路网关键节点评估法，基于轨迹多样性的评估策略，从大量历史轨迹和路网数据中挖掘出最具影响力的 k 个路网关键节点作为任务地点。该模块输出预测区域中的 k 个路网关键节点，即 k 个跟踪任务的位置。

3）目标跟踪任务分配

基于移动目标轨迹预测和路网关键节点评估模块的结果，进一步研究跟踪任务和参与者之间的任务分配问题。基于移动群智感知的目标跟踪任务需要多个用户协作完成，因此需要在多个可用的候选参与者中选择一部分合适的参与者完成任务。路网关键节点评估模块输出的 k 个跟踪任务的位置以及感知平台中用户的位置作为该模块的输入。综合考虑任务位置、参与者位置和任务时间限制等因素，提出基于贪心启发式和多目标优化思想的任务分配算法，输出跟踪任务与参与者的最佳匹配。

3. 关键技术

1）任务为中心的任务派发

任务为中心的任务派发是以任务为中心的参与者选择方法。采用贪心启发式算法的思想，首先在预测区域的跟踪任务集合中随机选择一个任务作为初始任务；然后以任务位置与参与者位置之间的距离为标准进行参与者选择，选择可在时间约束内到达且距离最近的参与者完成该任务，形成跟踪任务与参与用户的最佳匹配。限制一个跟踪任务只能由一个参与者完成，一个参与者只能完成一个跟踪任务，在原始任务集合和参与者集合中剔除已分配的任务和参与者，直到对任务集合中的每一个任务都选择出距离最近的参与者完成该任务。具体地，在任务集合 T 中随机选择一个任务 t_i 作为初始任务，从候选参与者集合 C 中选出满足时间约束的参与者集合。若该参与者集合为空，则表明没有能够完成该任务的参与者；若该参与者集合不为空，则存在能够完成该任务的参与者，进一步在该参与者集合中选出与任务点距离最近的参与者，形成一个参与者与任务点的最佳匹配。在原任务集合以及候选参与者集合中剔除掉已经形成匹配的参与者和任务，接着对下一个任务进行参与者选择。按照该方法，直到任务集合中的每一个任务都找到一个最佳的参与者，最后输出可被完成的跟踪任务集合 T' 和完成该任务相应的参与者集合 C'。

2）参与者为中心的任务派发

群智感知目标跟踪任务分配问题中的两个核心要素是任务和参与者。在贪心启发式算法的求解过程中，要素顺序不同，通常结果也不同。参与者为中心的任务派发是以参与者为中心的任务选择方法，该方法以参与者为中心，贪心地搜索距离参与者最近的跟踪任务。参与者为中心的任务派发首先在候选参与者集合中随机选择一个参与者，然后基于任务与参与者位置之间的距离为标准进行任务分配，选择参与者可在一定时间内到达且距离最近的跟踪任务去完成，形成任务与参与者的最佳匹配。同样，一个跟踪任务只能由一个参与者完成，一个参与者只能完成一个跟踪任务。在原始参与者集合和任务集合中剔除已分配的任务和参与者,直到对参与者集合中的每一个参与者都选择出距离最近的任务。具体地,在候选参与者集合 C 中随机选择一个参与者 c_j,从任务集合 T 中选出在时间约束内可到达的任务集合。若该任务集合为空,则表明该参与者不能完成任何任务;若该任务集合不为空,则存在能够完成的任务,进一步在该任务集合中选出与参与者距离最近的任务,形成一个参与者与任务点的最佳匹配。在原任务集合以及候选参与者集合中剔除掉已经形成匹配的参与者和任务,接着对下一个参与者进行任务分配。根据此方法,直到候选参与者集合中的每一个参与者都能找到一个最佳的可完成的跟踪任务,最后输出可完成跟踪任务的参与者集合 C' 以及相应的任务集合 T'。

9.6 本章小结

移动智能设备的普及和应用为大范围的群智感知提供基础支撑。群智感知将感知任务众包给大量的用户群完成了复杂的社会感知,为智慧城市提供了数据基础。本章从智慧城市中的环境监测、智能动态感知、商业智能、智能交通和公共安全 5 个方面介绍了群智感知在多领域的应用情况。针对环境监测、智能市政、智慧交通和公共安全这 4 种领域中的应用,本章分别对群智感知过程中独有的问题和挑战提出了解决方案,例如,群智数据收集、动态感知、任务分配优化、群体数据融合等。这些方案不仅局限于本章提出的代表性应用,对于大范围的群智感知也具有借鉴价值。本章总结的应用以及解决方案证明了群智感知在大范围城市计算中部署的可能性。随着智能设备的感知能力与计算能力的提升,基于群智感知的应用将广泛应用于社会的各个领域。

习 题

1. 除本章介绍的移动群智感知应用,思考一下还有哪些领域可以适用移动群智感知技术。

2. 试设计一个面向大型商场室内无线网络信号强度地图构建的移动群智感知应用。

本章参考文献

[1] Zheng Yu,Liu Furui,Hsieh H P. U-air:When urban air quality inference meets big data[C]// Proceedings of the 19th ACM SIGKDD international conference on Knowledge discovery and data mining. Chicago,USA:ACM,2013:1436-1444.

[2] Maisonneuve N,Stevens M,Ochab B. Participatory noise pollution monitoring using mobile phones [J]. Information Polity,2010,15(1,2):51-71.

[3] Zhou Pengfei,Zheng Yuanqing,Li Mo. How long to wait?:predicting bus arrival time with mobile phone based participatory sensing[C]. Proceedings of the 10th international conference on Mobile systems,applications,and services. Lake District,UK:ACM,2012:379-392.

[4] Yang Zheng,Wu Chenshu,Liu Yunhao. Locating in fingerprint space:wireless indoor localization with little human intervention[C]. Proceedings of the 18th annual international conference on Mobile computing and networking. Istanbul,Turkey:ACM,2012:269-280.

[5] Sheth A. Citizen sensing,social signals,and enriching human experience[J]. IEEE Internet

Computing，2009，13（4）：87-92.

[6] Du B，Liu C，Zhou W，et al. Catch me if you can：Detecting pickpocket suspects from large-scale transit records［C］//Proceedings of the 22nd ACM SIGKDD international conference on knowledge discovery and data mining. California，USA：ACM，2016：87-96.

[7] Microsoft GeoLife Project［EB/OL］.［2020-02-20］. http://research. microsoft. com/en-us/projects/geolife/.

[8] He S，Shin D H，Zhang Junshan，et al. Toward optimal allocation of location dependent tasks in crowdsensing［C］//IEEE INFOCOM 2014-IEEE Conference on Computer Communications. Toronto Canada：IEEE，2014：745-753.

[9] Gao Ruipeng，Zhao Mingmin，Ye Tao，et al. Jigsaw：Indoor floor plan reconstruction via mobile crowdsensing［C］//Proceedings of the 20th annual international conference on Mobile computing and networking. Hawaii，USA：ACM，2014：249-260.

[10] Zhao Dong，Li Xiangyang，Ma Huadong. How to crowdsource tasks truthfully without sacrificing utility：Online incentive mechanisms with budget constraint［C］//IEEE INFOCOM 2014-IEEE Conference on Computer Communications. Toronto，Canada：IEEE，2014：1213-1221.

[11] Mun M，Reddy S，Shilton K，et al. PEIR，the personal environmental impact report，as a platform for participatory sensing systems research［C］//Proceedings of the 7th international conference on Mobile systems，applications，and services. Krakow，Poland：ACM，2009：55-68.

[12] 吴文乐，郭斌，於志文，等.基于群智感知的城市噪声检测与时空规律分析［J].计算机辅助设计与图形学学报，2014，26（4）：638-643.

[13] Candes E J，Romberg J，Tao T. Robust uncertainty principles：exact signal reconstruction from highly incomplete frequency information［J］. IEEE Transactions on Information Theory，2006，52（2）：489-509.

[14] Tropp J A，Gilbert A C. Signal recovery from random measurements via orthogonal matching pursuit［J］. IEEE Transactions on information theory，2007，53（12）：4655-4666.

[15] Tropp，J A，Gilbert，A C. Signal Recovery From Random Measurements Via Orthogonal Matching Pursuit［J］. IEEE Transactions on Information Theory，2007，53（12）：4655-4666.

[16] Wang Zi，Guo Bin，Yu Zhiwen，et al. PublicSense：a crowd sensing platform for public facility management in smart cities［C］//2016 Intl IEEE Conferences on Ubiquitous Intelligence & Computing，Advanced and Trusted Computing，Scalable Computing and Communications，Cloud and Big Data Computing，Internet of People，and Smart World Congress（UIC/ATC/ScalCom/CBDCom/IoP/SmartWorld）. Toulouse，France：IEEE，2016：114-120.

[17] Kong Yingying，Yu Zhiwen，CHEN Hui-Hui，et al. Detecting type and size of road crack with the smartphone［C］//2017 IEEE international conference on computational science and engineering（CSE）and IEEE international conference on embedded and ubiquitous computing（EUC）. Guangzhou，China：IEEE，2017：572-579.

[18] Broll G，Markus Haarländer，Paolucci M，et al. Collect&Drop：A Technique for Multi-Tag Interaction with Real World Objects and Information［C］//Ambient Intelligence，European Conference，AmI 2008，Nuremberg，Germany：Springer-Verlag，2008：175-191.

[19] Broll G，Rukzio E，Paolucci M，et al. Perci：Pervasive Service Interaction with the Internet of Things［J］. IEEE Internet Computing，2009，13（6）：74-81.

[20] Guo Bin，Chen Huihui，Yu Zhiwen，et al. FlierMeet：A Mobile Crowdsensing System for Cross-Space Public Information Reposting，Tagging，and Sharing［J］. IEEE Transactions on Mobile Computing，2014，14（10）：2020-2033.

[21] Chen Huihui，Guo Bin，Yu Zhiwen，et al. Toward real-time and cooperative mobile visual sensing

and sharing[C]//IEEE INFOCOM 2016—The 35th Annual IEEE International Conference on Computer Communications, San Francisco, USA, 2016: 1-9.

[22]　Guo Tong, Guo Bin, Ouyang Yi, et al. CrowdTravel: scenic spot profiling by using heterogeneous crowdsourced data[J]. Journal of Ambient Intelligence and Humanized Computing, 2018, 9(6): 2051-2060.

[23]　Frey B J, Dueck D. Clustering by passing messages between data points[J]. Science, 2007, 315 (5814): 972-976.

[24]　Liu Yan, Guo Bin, Chen Chao, et al. FooDNet: Toward an Optimized Food Delivery Network Based on Spatial Crowdsourcing[J]. IEEE Transactions on Mobile Computing, 2018, 18(6): 1288-1301.

[25]　Du Jing, Guo Bin, Liu Yan, et al. CrowDNet: Enabling a Crowdsourced Object Delivery Network based on Modern Portfolio Theory[J]. IEEE Internet of Things Journal, 2019, 6(5): 9030-9041.

[26]　Guo Bin, Chen Huihui, Yu Zhiwen, et al. Taskme: Toward a dynamic and quality-enhanced incentive mechanism for mobile crowd sensing[J]. International Journal of Human-Computer Studies, 2017, 102: 14-26.

[27]　Markowitz H. Portfolioselection[J]. The Journal of Finance, 1952, 7(1): 77-91.

[28]　Wen Jiaqi, Cao Jiannong, Liu Xuefeng. We help you watch your steps: Unobtrusive alertness system for pedestrian mobile phone users[C]//Proceeding of International Conference on Pervasive Computing and Communications, St. Louis, Mexico: IEEE, 2015: 105-113.

[29]　Guo Peng, Liu Xuefeng, Tang Shaojie, et al. Concurrently Wireless Charging Sensor Networks with Efficient Scheduling[J]. IEEE Transactions on Mobile Computing, 2017, 16(9): 2450-2463.

[30]　Foerster K T, Gross A, Hail N, et al. SpareEye: enhancing the safety of inattentionly blind smartphone users[C]// International Conference on Mobile and Ubiquitous Multimedia. New York, USA, 2014: 68-72.

[31]　Wang Qianru, Guo Bin, Wang Liang, et al. CrowdWatch: Dynamic Sidewalk Obstacle Detection Using Mobile Crowd Sensing[J]. IEEE Internet of Things Journal, 2017, 4(6): 2159-2171.

[32]　Yang B, Yamamoto R, Tanaka Y. Dempster-Shafer evidence theory based trust management strategy against cooperative black hole attacks and gray hole attacks in MANETs[C]//16th International Conference on Advanced Communication Technology. Pyeongchang, Korea, IEEE, 2014: 223-232.

[33]　Basir O, Yuan X. Engine fault diagnosis based on multi-sensor information fusion using Dempster-Shafer evidence theory[J]. Infomation Fusion, 2007, 8(4): 379-386.

[34]　Wang Qianru, Guo Bin, Liu Yan, et al. CrowdNavi: Last-mile Outdoor Navigation for Pedestrians Using Mobile Crowdsensing[J]. Proc. ACM Hum.-Comput. Interact, 2018(2): 1-23.

[35]　Müller Meinard. 2007. Information retrieval for music and motion[M]. Berlin, Springer, 2007, 2: 59.

[36]　Liu Liang, Zhang Xi, Ma Huadong. Dynamic node collaboration for mobile target tracking in wireless camera sensor networks[C]//IEEE INFOCOM 2009, Rio de Janeiro, Brazil, 2009: 1188-1196.

[37]　Li Yiming, Bhanu B. Utility-based dynamic camera assignment and hand-off in a video network [C]//Proceedings of the 2nd ACM/IEEE International Conference on Distributed Smart Cameras. California, USA, 2008: 1-9.

[38]　Chen Huihui, Guo Bin, Yu Zhiwen, et al. CrowdTracking: Real-Time Vehicle Tracking Through Mobile Crowdsensing[J]. IEEE Internet of Things Journal, 2019, 6(5): 7570-7583.

[39]　Jing Yao, Guo Bin, Wang Zhu, et al. CrowdTracker: Optimized Urban Moving Object Tracking Using Mobile Crowd Sensing[J]. IEEE Internet of Things Journal, 2018, 5(5): 3452-3463.

第 10 章　移动群智感知操作系统 CrowdOS

10.1　概　　述

10.1.1　研究背景

随着众包和群智应用技术的兴起,涌现出大量基于群智思想[1]的平台和应用软件,如 Amazon Mechanical Turk[2]、CrowdFlower[3]、美食及旅游平台[4]和情报分析平台[5]。另外还有许多众包应用程序[6-8],均通过群智思想解决不同领域的难题。我们将依靠众包思想发展起来的应用和技术定义为第一代群智技术,其特点主要包括:通过互联网平台发布任务,利用问题切分的思想解决大规模问题。这些平台本身作为任务发布和结果收集的媒介,不包含针对任务本身的分析和评估,且不优化平台收集到的结果质量。

近年,随着移动终端及便携传感设备等的不断普及,第二代群智技术发展起来,并被应用于环境监测、公共设施监测等领域[9-10],较为有名的系统有 Common Sense[11]、Ear-Phone[12]、Chimera[13]、Creekwatch[14]和 PhotoCity[15]等。另外,相关的群智感知技术也得到广泛研究,如 Wang 等研究了群智应用中的多任务协作分配问题[16-17],Restuccia 等研究了群智感知数据的质量评估方法[18-19]。另外,众包工作者的激励机制和隐私保护机制也得到了广泛关注[20]。以上应用和技术大多为一些特定的任务而设计,复用性较差,不易迁移到其他任务上。此外,这些技术大多是在理想环境下基于诸多假设条件进行的,并未考虑与真实环境的有机结合。

针对第一代及第二代群智技术在发展和推广时面临的不足和挑战,我们期望研究统一的群智感知平台进行解决,于是提出一个面向群智感知的泛在操作系统 CrowdOS。通过对群智任务的复杂环境和多样化特征的深入分析,进而基于操作系统框架设计了一套综合处理机制和核心功能组件。作为群智应用的孵化器和加速器,CrowdOS 作为中间件运行在异构设备的原生操作系统和应用层之间。本章重点介绍 CrowdOS 的 3 个核心机制:任务语义解析及用户调度、系统资源管理以及任务结果深度反馈交互,同时还将介绍系统功能插件及内外部交互接口,并进一步讨论系统未来可拓展的方向。

当前平台面临的困难和挑战包括:①缺少能够处理多种类型任务的框架,且该框架需要能对任务进行统一的、深层的理解。众包平台通常只作为集中发布和收集任务的互联网公告栏,缺少区别对待不同任务的功能。当前的群智感知应用大多使用定制的软件以及特定的感知设备执行任务,应用和任务是一对一绑定的关系。因此,应用软件普遍缺乏普适性和扩展性,难以被迁移到其他类型任务上。②缺乏对群智系统中各类资源的抽象和统一管理。系统无法对人、任务、设备资源、软件资源以及产生的知识数据等资源进行联合分析和调度。当前技术研究大多是在理想环境下为解决特定问题进行的,以诸多条件假设为前提。由于研究的假设条件及场景设定都不同,因此技术之间是互相隔离的。由于这些分散的研究之间缺少沟通桥梁,因此各学者提出的局部性方法也很难推广到实际应用中。③缺少结果质量评估和优化方法。众包平台通常只是对任务结果数据做汇总,没有进一步评估分析。群智应用中可能预置一些简单的结果筛选方法,但由于这些方法通常针对的是特定类型的任务或数据,难以推广到其他任务或数据类型上且不能支持复杂的数据处理任务(如数据语义理解等)。还有一些优化方法是在任务发布者拿到结果之后进行的,例如用户对数据做清洗和筛选等,该操作与发布平台或应用无关,不能降低群智感知的数据汇聚成本。

本章将详细介绍 CrowdOS 的核心架构和设计原理,并阐述 CrowdOS 如何解决以上 3 个挑战。CrowdOS 的主要贡献和创新点是:第一,系统基于自然语言处理相关技术分析了群智任务,结合离散特征对任务进行了细粒度的语义分析和建模,据此建立起了任务与系统沟通的桥梁,以自然语言交互理解作为基础,解决了第一个挑战中提到的平台对任务结果只有汇总功能或只能通过模板处理单一任务的问题;第二,操作系统抽象出了群智任务执行需要的各类资源(如用户资源、任务资源、系统资源等)并对其进行了软件定义,进而建立起系统资源图谱,为系统中各类资源的统一高效管理提供了基石,操作系统的核心管理机制解决了第二个挑战;第三,针对任务结果质量问题,系统提出了评估方法和优化机制,该机制基于深度人机融合的思想,使用自然语言反馈交互并使用深浅层推理等方法,主要解决了结果稀疏和结果错误率高两类质量问题,该人机协同的任务结果优化机制解决了第三个挑战。最后,CrowdOS 还提供了丰富的群智功能组件、扩展库以及应用开发接口,方便系统的扩展、个性化定制以及服务推广。

10.1.2　群智任务的定义

首先对群智任务及其执行过程进行统一定义。任务的存活和执行须依托生态系统。群智生态系统是一个典型的信息、物理、社会融合系统(Cyber, Physical, and Social System, CPSS),它从底层到上层分别包括服务器集群、智能终端、感知设备、传感器、通信网络、基础软件层、平台及应用软件、参与者等。现阶段的群智应用主要以社会、机构或个人需求为导向。因此,任务发布者通常为有需求的个人、组织或政府机构。群智任务的整个流程主要包括任务发布、任务执行以及结果反馈 3 个阶段。各阶段的主要工作描述如下:在任务发布阶段,发布者通过群智应用软件发布相关任务,任务通过一定规则经网络上传到平台中;在执行阶段,平台将符合不同任务执行条件的参与者分别汇聚起来,参与者选择感兴趣的任务贡献他们的终端设备感知及采集数据的能力;在反馈阶段,若发布者对结果有异议,系统需要根据反馈内容进一步修正任务结果,然后,发布者再次进行结果评估,直到其对结果满意为止。任务的生命周期从用户编辑任务开始,直到用户对任务执行结果给出正面反馈时结束。

图 10-1 为群智感知生态系统框图,展示了任务执行过程和生命周期概念,具体可细化为下列 7 个步骤完成。

(1) 任务发布者通过智能手机等终端设备输入原始数据并提交至平台。平台捕获到新来的任务,并给该任务分配唯一的任务 ID,该 ID 伴随其整个生命周期。

(2) 任务进入平台之后,系统会进行任务解析,生成对应的任务特征向量并和其他已知离散特征进行拼接。通过任务向量可进一步提取重要特性,如任务种类、需要的参与者人数、任务执行的地点、需用到的传感器、采集数据的类型等信息。

图 10-1　群智感知生态系统框图

（3）系统通过执行任务推理、关联及匹配等操作，完成用户调度和任务分配过程。

（4）进入任务执行状态。此时接收到任务并对该任务感兴趣的参与者将采集的感知数据或设计方案上传到系统中。系统对这些异构多模态数据进行分类存储。

（5）系统中存在大量正在执行的任务。操作系统对任务、用户及各类资源进行抽象和软件定义，然后对其统一进行调度和管理，以最大化利用系统资源。

（6）根据详细的任务特征信息描述，系统选择需要使用的任务中间件并对采集的数据进行汇总。例如，使用统计类、追踪类、推荐类或其他类的处理插件完成数据统计和挖掘等操作。

（7）最后一步是结果呈现和反馈交互。发布者对任务执行的最终结果进行评价和反馈。系统根据反馈结果决定结束任务或者进一步修正结果。

10.2　体系框架

基于对群智应用的调研以及群智任务的深入分析，我们在国际上率先提出的开源群智感知操作系统——CrowdOS，旨在解决众包以及群智感知计算过程中的通用性及个性化问题。我们设计并实现了系统核心功能机制，屏蔽了异构设备下原始操作系统的差异，预留了可扩展功能模块及个性化插件的接口。该架构融合了机器学习及深度神经网络的统计和推理方法，借鉴了终身学习系统的思想。此外，在确保操作系统稳定性的同时也加入了系统模块在线升级更新的功能。

从图 10-2 中可以看出,CrowdOS 运行在原生操作系统和上层应用之间。CrowdOS 包含了感知端以及服务器端。其中感知端(Sensing-end)的软件载体由两类设备组成:第一类是具备人机交互功能的便携式智能感知设备,如智能手机、智能手表等;第二类是部署在物理世界中的固定传感器,它们无须直接与人交互,如汽车传感器、水质监测传感器、空气质量传感器等。服务器端(Server-end)软件是提供综合管理服务的,通常部署在服务器集群、云服务器或者边缘服务器之上。操作系统的核心处理机制,如任务进程调度、资源管理等也部署在服务器端。感知端以及服务器端通过我们定义的一系列通信和交互协议进行数据传输和行为控制。

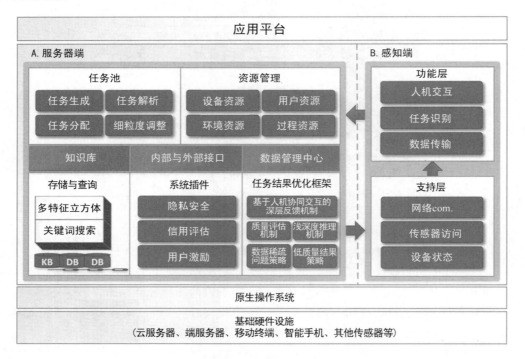

图 10-2　CrowdOS 系统架构图

感知端内部分为两层。底层是系统支持层,主要负责以下功能。

- 获取设备状态,如当前设备可用性、电量及位置信息等。
- 统一封装传感器接口和数据传输格式。
- 捕获设备通信种类以及可用通信方式,并将其存入结构体中。

上层是功能层,主要完成人机交互、任务确定以及数据传输 3 类操作。发布者可以通过交互功能将任务上传到服务器。参与者可通过终端浏览并执行已发布到系统中的任务。对于没有人机交互功能的设备,一旦该设备被系统中的某个任务激活,并且感知端通过了对该任务的验证,设备则开始自动按照预定规则收集并上传感知数据。

另外,感知端主要负责任务调度和分配、系统资源管理及核心机制运行等。从图 10-2 中可以看出,服务器端不仅需要对任务进行细粒度解析,并将其合理分配给平台中的用户,它同时要对收集到的方案和感知数据进行存储和处理,最后还要通过其中的深度人机交互功能模块优化任务结果。接下来对各模块的功能进行简要介绍。

任务池模块对接收到的任务进行解析、调度、分配以及微调。资源管理模块对系统中的感知设备、环境资源、用户及任务进程进行综合管理。存储与查询模块提供了海量异构数据的分类存储以及快速检索功能。系统插件（system plugin）模块提供了丰富的系统特色功能，包括隐私安全、信用评估及用户激励等。TRO 框架模块主要是为了优化任务结果。数据管理中心主要负责管理任务自带的数据、参与者上传的任务数据以及任务执行过程中生成的中间数据。这些多源异构数据大多属于非结构化数据。知识库则生成并维护系统中的知识和规则关系网。接口部分则包含了系统内部接口及第三方应用开发调用接口（Crowd API）。其中系统接口是用来进行系统测试及内部模块之间交互的协议，CrowdAPI 则为上层应用开发提供了统一的调用接口。

CrowdOS 采用的是"云-边-端"的部署方式。感知端主要部署在各类终端感知设备上，以收集环境、商业、社会、人群等数据信息。服务器端则部署在云服务器或者边缘服务器上，它负责对系统资源及数据资源进行综合管理，并实时响应系统操作。其中部署在边缘服务器的系统软件通常是经过裁剪的、轻量级的。通过各端之间的互相配合，确保系统高效运转。

操作系统对生态系统中的各类实体及虚拟资源进行了抽象，并对其进行了软件定义。最终通过构建 5 个动态智能体（Agent）生成系统资源图谱，以管理系统中的任务和资源。它们分别是任务智能体（Task-agent，TA）、用户智能体（User-agent，UA）、设备智能体（Device-agent，DA）、环境智能体（Environment-agent，EA）、过程智能体（Process-agent，PA）。

如图 10-3 所示，Agents 之间可互相通信，它们抽象并定义了系统中的所有资源。其中 TA 包含每个任务的详细信息，如种类、执行时间、地点、收集的数据格式等。UA 是对系统中用户的抽象描述，记录了此用户的信息，如发布和执行过的任务、信用等级等。DA 是对终端设备资源的描述，记录了该设备的类型、当前状态等信息。EA 抽象了当前系统本身所处的软硬件环境资源，包括当前 CPU、内存、存储等的使用情况，以及系统中的用户数目及可用设备总量。PA 管理了当前系统中存在的所有任务进程，包括进程状态、优先级、调度策略等。后面章节中会具体说明各 Agent 的构建和使用方法。

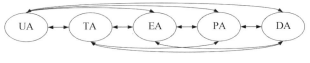

图 10-3　系统资源图谱

10.3　核 心 机 制

10.3.1　任务解析及调度

本节主要探索任务解析、用户调度以及任务分配的问题。该过程从发布者编辑任务并提交到系统开始，持续到系统将任务分配给合适的参与者结束。作为系统的核心步骤之一，该过程尝试解决人们提出的第一个挑战,即在一个框架下自适应处理多种类型的群智任务。要解决该问题,需完成两个目标:第一,深入理解任务本身,即能够细粒度提取出任务的共性及差异性;第二,系统需将任务合理分配给参与者,确保在最短时间、最低的能源消耗条件下完成数据收集过程。

群智任务不同于普通任务,它本身有两个特点:一是群体思维和表达习惯的多样性,同一个问题可以通过多种表达方式描述;二是任务结果的非唯一性。对于同一个任务,参与者不同或执行时间的差异会导致满足条件的执行结果有无限种组合。本节主要解决自然语言描述的多样性问题,最终提供系统可理解的任务信息的统一编码方式,将任务抽象为 Task-agent。

图 10-4(a)是系统对任务进行语义解析和特征提取的过程。系统将对接收的任务进行自然语言分析。对于通过中文、英文等语言描述的任务,系统首先会进行分词处理,然后执行词性标注、命名实体识别、关键词提取这些不区分语种的操作,最后提取出任务的关键信息,如任务的执行方式、地点、时间、参与者数目等。系统进一步对提取出的任务信息和通过规则单击选取而得到的离散特征进行拼接,将拼接完的特征输入到一个深度神经网络中进行统一编码,输出一个高维的任务中间向量,最后通过解码将向量映射到该任务的 Task-agent,这样就完成了图 10-4 中对任务进行语义解析和特征提取的过程。

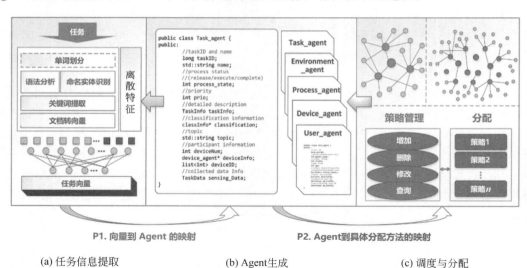

(a) 任务信息提取　　　　　　　(b) Agent生成　　　　　　　(c) 调度与分配

图 10-4　任务分配及调度框架图

Task-agent 的结构如图 10-4(b)所示,该 Agent 包含任务全部的共性及个性信息。其中,taskID 是任务在系统中的唯一标识符。process-state 表示了该任务进程的当前状态,是处于生成态、执行态,还是处于反馈态等。该状态会协助 Process-agent 进行任务进程管理,该 Agent 后面会介绍。Prio 代表了该任务的优先级,为 $0\sim15$,系统会根据优先级顺序进行任务进程调度。taskInfo 是一个结构体,里面包含了任务详细信息,如任务时间、地点、向量表示等。Classification 代表了该任务所属的类别,如数据标注类、传感信息采集类、问卷回答类等。Topic 代表了该任务的主题,可以从关键词信息中提取,如音频采集、照片收集等。deviceNum、deviceInfo、deviceID 分别代表了参与执行该任务的设备数目、设备详细信息以及设备 ID 列表。Sensing-Data 是收集到的任务数据集指针,指向存储数据的立方体地址。

图 10-4(c)中有 3 个部分,分别是策略库、映射模型及策略管理模块。策略库是图 10-4(c)中右下角的方框,方框里面包含 n 种策略;映射模型是图 10-4(c)上方,指的是任务 ID 映射到策略库中的具体策略;策略管理模块是左下角方框,包含以增加、删除、修改、查询为例的策略管理。对任务资源图谱的内容进行分析和推理,系统可以将任务 ID 映射到策略库中的具体策略,从而完成该任务的分配策略选取过程。然后,系统根据选取的分配策略对设备和用户执行调度操作,并将任务推送给合适的用户。策略库中存放了常用的任务分配函数及其编号,如基于位置优先的任务分配算法、基于博弈论的算法以及基于遗传算法的分配方法等。

10.3.2　资源管理

资源管理作为 CrowdOS 的核心机制,其管理的内容从宏观上讲主要有人、硬件、软件 3 类,具体包括用户、感知终端、系统环境、任务进程、系统软件、任务数据以及知识库等。通常,群智系统需要处理的任务是无限的,而系统服务器资源是有限的,如果没有统一的管理机制,很难合理利用这些异构软硬件资源。例如,针对相互竞争的任务进程,系统如何保证资源分配、使用和回收过程有序进行。资源如何在多个任务之间共享。本节将 CrowdOS 的管理对象抽象为 4 类。

1. 设备、用户及环境管理

感知终端连接到系统时会被信号触发,自动向系统发送设备当前的状态信息,如设备类型、剩余电量、位置信息、存储占用率等。系统通过 Device-agent 智能体捕获和存储这些信息。该 Agent 能够协助资源最大化利用和任务调度等系统功能的实现,进而帮助系统细粒度、有条理地管理设备资源。

用户主要包括两类:任务参与者和发布者。系统通过 User-agent 描绘用户画像。这两类用户都依托 device 这个桥梁与系统进行交互,例如通过智能手机应用交互界面发布任务。User-agent 不仅保存了用户姓名、年龄、参与过的任务等通用特征,同时会根据用户参与任务的情况生成用户信用等级、用户偏好、兴趣领域等个性化信息。用户管理的工作主要通过对 User-agent 的操作实现。

环境资源是系统服务器的软硬件资源集合。它记录了服务器架构和处理能力,例如,集中式、分布式或边缘式部署架构,系统中 CPU 数目,系统 CPU 占用率,内存使用率,可用磁盘存储空间,系统访问量等。这些资源被存储于 Environment-agent 中并且定时更新,以确保系统能获取到最新的数据。该 Agent 具备报警功能,它会根据当前系统的状态和任务量的增减情况进行预判,如果系统 CPU 利用率或内存占用率达到额定阈值,系统会给出警报。在条件具备的情况下,系统自动将任务数据分配或迁移到分布式或边缘服务器中。

2. 任务进程调度管理

Process-agent(PA)类似操作系统中的进行管理模块,它是任务当前阶段状态信息的集合。系统给每个任务分配了进程识别号作为系统中任务进程存在的唯一标志。这个 ID 同时存储于 Task-agent 及 Process-agent 中,它伴随任务的整个生命周期。PA 类里包含丰富的任务进程信息,例如 TPID,它是进程唯一的标识符;process_state 描述了当前任务在系统中所处的状态,共有 7 种可切换状态;process_strategy 代表进程调度策略,如 FIFS、RB 等;process_prio 代表进程优先级,取值为 0~15,0 代表最高优先级,依次递减;还包含一些其他进程的相关信息。

任务进程具有多种状态。除初始状态和终止状态外,还有生成态、分配态、执行态、处理态及反馈态 5 种状态。它们之间的转换关系如图 10-5 所示。正常情况下,任务会从初始状态顺时针走到终止状态。当任务结果未通过发布者接收验证时,系统会暂时停留在反馈态。经过推理和修正,任务进程可能再次回到生成态、分配态或处理态,然后顺序往下执行。图 10-5 中,状态上方或下方的文字代表执行该状态的主体,是发布者、系统或者参与者。箭头上面的文字表示从一个状态转到另一个状态需要的操作。

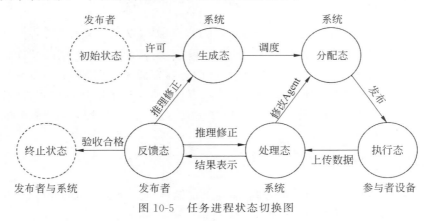

图 10-5　任务进程状态切换图

系统常用的任务进程调度算法如下。①先到先服务(FCFS):优先处理先进入系统的任务,为其提供资源和服务。②循环法:以一个周期性间隔产生任务中断,将当前正在运行的进程置于任务就绪队列,基于 FCFS 选择下一个就绪进程运行。③任务优先级:优先处理高级别的任务,同一优先级的任务按照 FCFS 原则执行。④最高响应比优先(HRRN),$R=(w+s)/s$,其中 R 表示响应比,w 表示已经等待的时间,s 表示期待被服务的时间。⑤反馈优先:对于进入反馈态的任务,在原始优先级基础上上调两级,优先使用系统资源。调度算法的选择根据智能体中的调度算法标志位确定。

3. 异构多模态数据资源管理

数据资源有两类:一是任务本身携带的数据,称之为原始数据(RD);二是参与者在执行任务过程中上传到系统的新数据(ND)。RD 通常包括描述任务用到的文本、图像以及需要被打标签的数据集等,它将随着任务发布而展示给参与者。ND 包括参与者上传的各类感知数据,如文本描述、传感器数据、统计图表、设计文档以及打完标签的数据。系统中的数据形态和结构复杂多样,包含结构化数据、半结构化数据及大量非结构化数据。

对于非结构化数据检索,收集和存储数据是第一步,接下来需要构建基于群智的非结构化数据的检索方法。一旦数据准备完成,系统则可以开始构建数据堆栈,并为非结构化数据制定索引方式。我们采用数据立方体技术管理和存储任务数据,同时构造了多特征立方体结构(MC)。为了方便数据的查找,MC 提供了基于多维特征的复杂查询方法,这样有助于后续有针对性地分析任务数据。在立方体空间中进行多维数据挖掘能够将不同任务的群智数据联合起来,为从海量任务中发现通识性知识提供支持。它有助于在大规模半结构化数据集中系统地和聚焦地发现知识,从而深度利用数据资源。我们已经为海量群智数据的细粒度分析提供了更加灵活的检索和管理方法。随着系统中任务量的增长,部分已完成的任务数据和中间数据会被定期清理,而一些经过深层分析的数据则会被转移到知识库中进行管理。

4. 知识库管理

关于知识和知识库,操作系统需要具备以下功能。首先,它需要能够从现有知识中分辨出哪些是对系统或任务自身有用的知识。其次,对于待被发现的知识,系统需要提供合理的机制对其进行挖掘。再次,系统要对知识进行分层,并用合理的方式对知识进行表达或描述。最后,要能对新知识进行存储、运算和推理。知识本身包含丰富的内容,如任务、数据、策略、方法等都可以称为知识,但这里提到的知识是指能够帮助改善系统机制或者更新系统模型的知识。通过任务数据挖掘出的其他对用户或者第三方有用的信息不包含在知识管理范围内。

系统中的知识分为两类:一类是现有知识;另一类是从任务或数据中新挖掘的知识。现有知识包括事先在系统中定义好的专家策略、决策规则或网络模型。例如,策略库中已存在的任务分配策略,反馈机制中的推理树。新挖掘的知识则是从数据集或现有知识中识别出有效的、新颖的、潜在有用的以及可解释的内容、方法、模型等。CrowdOS 中的新知识往往是在原始知识基础上的扩展,例如决策方法的改进,规则的增加或者网络模型的更新,而不是无规则的爆炸式挖掘和扩张。知识库会自动限定在可控范围。

知识库会根据知识的种类、形式和层级,对这些知识进行归纳和存储。知识并不是集中存储于系统中的某个管理列表或模块中,它分布式存在于系统的各个模块或列表中。知识库主要记录了知识地址、知识之间内在的关系,并根据这些记录建立起知识网络。

10.3.3　结果质量优化

为了解决任务结果质量未达到发布需求的问题,CrowdOS 设计了基于人机协同交互的深层反馈机制(DFHMI)。该机制模仿人类思考问题的过程,依靠分析和推理解决问题。本节将任务质量问题分为两类:一是结果数量稀疏;二是结果错误率超标。当前常见的群智应用通常只负责结果汇总,主要由于任务的发散特性,并无统一地对结果质量作评估和反馈的方法可供使用。这里使用优化方法实际依托了系统中的 Agent 核心机制,使得用户能够和系统进行更深层次的交互。该方法不但能够调整和改善系统中的决策模型,也扩展和提升了系统对同类型问题的应对和解决能力。

DFHMI 的原理框图如图 10-6 所示,从底向上依次为交互层、推理层以及执行层。在交互层,发布者通过输入评价信息或单击人机界面上的按钮评估任务结果,系统负责对多样化的评价内容进行分析。如果评价显示接受或者满意,系统会执行结束指令,该任务就会被终止。若通过分析发现结果存在质量问题,则进入下一层。在推理层,系统会对发布者的反馈内容执行关键信息抽取和深度分析操作,推理出现质量问题的可能原因;然后根据系统建立的推理模型,将原因映射到问题编码库中;找到对应的错误编码,然后进入下一层。第三层是执行层,在该层系统会将问题编码与对应的内部操作进行映射,系统最初已经定义好了大部分映射机制。这些操作大部分是通过修正 Agent 中的某些值实现的,当然还有其他类型的操作。修正完毕后,任务会进入新的进程状态。通过各种途径修正的任务结果将再次反馈给发布者,等待交互层给出新的评估结果。整个优化过程形成一个闭环,直到发布者对任务结果满意为止。

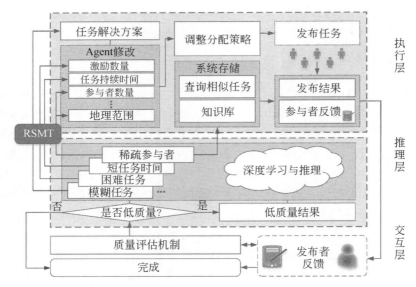

图 10-6   DFHMI 的原理框图

首先需要找到结果稀疏的原因,之后再探索解决思路。易被人们理解的或可从反馈建议中直接获取到的原因称为浅层原因。深层原因通常不能被系统直接获取到,需要结合任务相关信息联合分析而得到。为问题原因建立一棵树,初期,我们基于决策树的模型探索。数据稀疏问题作为树的根结点,第一层结点代表浅层原因,新出现的浅层原因可作为根结点的叶子结点加入,所有浅层原因互为兄弟结点。深层原因通常建立在浅层原因的基础上,是结点在纵向上的延伸,称之为深层结点。随着问题规模的增加,为了减少检索时间,系统定期对树进行增枝、剪枝等更新操作,确保该决策树维持在一定规模范围内。

决策树中每个叶子结点及中间结点代表了问题原因,它们会被映射到系统的修正号码。每个修正号码都代表了系统的某种具体操作机制。当 Task-agent 中的反馈修正位被某个修正号码填充时,系统会自动激活内部修正机制。

问题代码与修正编号的映射关系是通过决策树和神经网络共同构建的。系统根据先验知识和执行过程中产生的反馈数据自动建立决策树,决策树将每种问题以最大概率对应到特定的修改机制上。对于没有辅助信息的补偿策略,系统默认使用这种概率模型,树模型可以加速决策速度。对于有任务反馈等辅助信息的补偿策略,浅层原因通过决策树判定,而深层原因则根据神经网络判断,该网络的输入是任务本身及系统其他资源的特征,输出是对应的深层修改机制。

10.4   关 键 组 件

CrowdOS 提供了丰富的功能组件和可扩展库,在此部分已经做了较丰富的研究。强隐私安全模块可以增强系统对用户隐私保护的能力,提供更加隐秘和安全的隐私保护功能,如基于区块链的用户位置隐私保护机制。激励机制模块可以调动用户参与任务的积极性,通过现金激励和虚拟激励结合的方式提高用户参与度。复杂任务分解模块能够简化,将需要多个步骤完成的任务拆分为可并行执行的子任务。信用评估模块则为用户划分了信用等级,提升了任务结果质量。结果评估模块作为反馈机制的核心,内嵌在任务质量优化机制中,可单独更新,而不用编译整个系统内核。个性化可选择的群智组件不仅能够丰富系统功能,提高用户体验,同时也辅助核心机制准确高效地运行。

可扩展库和模型属于系统内部机制,其中不包含开放给第三方应用开发者调用的链接库。任务分配策略库中包含了多种基础分配算法和适用于特殊场景的专用算法,新的分配算法可以根据协议添加到库中。任务资源图谱则将系统中可用的资源链接起来。错误原因和对应的修正机制都是可扩展的,存储在各自的库列表中。新加入该列表的原因或机制编号系统会根据原始编号向后顺延,两者的对应关系会根据推理模型进行更新。

另外,我们定义了详细的内部交互和外部调用接口。内部接口负责核心机制和模块之间的交互沟通,通常不对应用层开放。对于应用开发者来说,他们只需要关心上层业务逻辑,群智功能和机制可通过调用 CrowdOS API 实现,CrowdOS 的 API 提供了一套完整的应用开发者接口,并支持第三方调用接口。

10.4.1　功能组件

1. 感知端

1) 感知任务列表与任务加载

RecyclerView 是 Android 系统提供的显示组件,能够通过适配器自定义列表显示数据,列表中的每个数据单元都作为 RecyclerView 的一个 item。感知任务加载功能使用 RecyclerView 作为任务数据显示组件,能够循环回收已显示的 item 资源作为新加载列表的资源,避免大量任务加载时内存溢出。单独为不同界面的任务列表创建了符合需求的数据适配器和 item 显示布局(ItemLayout)。SwipeRefreshLayout 是 UI 的滑动组件,应用中使用 SwipeRefreshLayout 实现列表下拉刷新、上滑加载功能。

2) 语言切换功能

中英文切换功能主要通过 Locale 类实现,其一般用于应用的国际化适配。为了让应用能够识别智能设备系统使用的语言并随之在初始启动时呈现对应语言的应用内容,使用了 Configuration 类获取设备系统信息,创建了 MultiLanguageUtil 静态类和 SPUtils 工具类辅助完成用户语言设置项存储,使用 SharedPreference 将用户选择的语言存储项作为用户个人的应用设置信息,下次进入应用默认初始化对应语言设置。

3) 多类型数据上传

网络传输主要使用的是 Retrofit 网络框架,目前实现了允许文本、图片、音频、视频数据格式同时上传。图片选择使用开源框架 PictureSelector,音频、视频选择使用 Android 系统源生的文件选择功能。为能够分辨且记录用户选择的文件类型和路径源,设立了各类型对应的 ResultCode,并在处理数据提交的 Activity 中重写 onActivityResult()方法对各类型数据进行处理。在上传的同时,编写了新的网络上传监听接口,在提交页面加入 ProgressBar,以此实现数据上传的进度显示功能。

4）应用账户信息存储

编写 SerializableUtil 序列化类将 User 基类序列化，通过 base64 加密隐藏账户信息，实现应用账户的信息本地化记录，并使用 SharedPreference 将记录的账户信息在应用内流通传递，使得网络请求、登录验证、任务加载等功能模块获取用户 ID。

5）版本检查和自动更新

在应用启动类 MainActivity 中加入版本检测的网络请求，其可以上传本地应用版本号，并使用 AlerDialog 给予用户是否下载文件的选项。负责文件下载的网络接口加入了 Stream 标志，避免内存溢出。应用通过 Intent 跳转到系统"应用权限"页面申请安装权限，并在下载结束通过带有 FLAG_GRANT_READ_URI_PERMISSION 标识的 Intent 访问应用 APK。下载进度显示同样使用创建的网络下载监听接口完成，并设立了数据下载百分比显示接口，在下载提示窗口中通过 Progressbar 显示下载进度。

6）权限动态申请

Android 系统在 7.0 版本及之后的版本规范了应用权限获取，本应用使用 easypermissions 框架完成权限的动态申请，将需求的权限常量加入权限集中，通过弹出窗口依次寻求权限开放，编写 onRequestPermissionsResult() 方法对用户拒绝授予的权限进行识别，并弹窗提示应用功能受限。

7）多主界面和底部导航

应用 5 个同级主界面通过 Fragment＋FragmentContainer 实现，减少因频繁创建、销毁 Activity 的资源开销。界面切换使用底部导航栏 BottomNavigation 完成，通过界面的外 TAG 和导航栏各子标题 TAG 的匹配，使得 FragmentContainer 对其管理的 Fragment 队列进行调整（隐藏和显示）。

8）页面跳转

主界面的 Fragment 跳转其他界面功能通过建立"页面跳转"抽象接口并交由 MainActivity 管理和响应，而其他 Activity（二级页面）跳转则直接使用 Intent 完成，并使用 startActivityForResult 方式保留跳转前界面的相关参数和组件数据，以便界面的回溯显示。

2. 服务端

服务端的功能组件主要有六大部分，分别为 DemoApplication、Controller、Service、Mapper、Mapping 和 Entity，功能组件详细信息见表 10-1。

表 10-1　后台功能组件

功能组件	作　　用	实　　例
DemoApplication	启动以及参数设置	
Controller	控制器，接收前端的数据	Controller->getService();
Service	定义接口，用户请求需求的函数的定义	Service->getMapper();
Mapper	进行函数的请求，对数据库进行永久性操作	Mapper->getMapping();
Mapping	MyBatis 语言操作数据库	NULL
Entity	进行数据的结构组成的定义	NULL

后台主要采用 SSM 框架。SSM 框架是 Spring＋Spring MVC ＋ MyBatis 的缩写，用于架构设计，其六大部分组件 DemoApplication、Controller、Service、Mapper、Mapping 和

Entity 的实现方法如下。

1）DemoApplication

它由函数启动和参数设置组成，其中参数设置包括函数参数设置、文件参数设置等。

2）Controller

控制模块，它是前台、后台的交界处，管理着前台请求的映射，后台处理完请求后又将结果返回给前台，进行函数的定义和参数的接收，由多个模块组成，目前由 UserController、TaskController、User_TaskController、Version_UpdatingController 4 个控制模块组成，每个控制模块分别对应相应的函数控制模块，进行与前端的对接，为前端提供访问接口，并与后台数据库进行多重操作。例如，进行注册时，前端通过访问 @ RequestMapping（"getUser/｛id｝"），从而进行注册的操作申请。

3）Service

实现方法层，实现接口类中写出的对应的方法，通过框架的注释通知服务器，目前由 UserService、TaskService、User_TaskService、Version_UpdatingService 4 个模块组成，每个模块里都有相应的实现函数，对应 Controller 里出现的每个函数，并且还引用下一层 Mapper 里定义的函数，并在一定程度上"限制"Mapper 层的函数。例如，进行注册时，Controller 里的 @RequestMapping（"getUser/｛id｝"）被申请时，下一步便是进入 Service 层访问 public User Sel（int id）。

4）Mapper

配置要实现的抽象方法，对数据库进行数据持久化操作，其内的方法语句直接针对数据库操作，目前由 UserMapper、TaskMapper、User_TaskMapper、Version_UpdatingMapper 4 个模块组成，每个模块包含的函数上承 Service，下启 Mapping 中的配置文件和数据库操作。

5）Mapping

在 Mapper 映射文件的配置开头配置信息，里面采用 MyBatis 语句，同 SQL 语句一样，具有 insert、delete、update 以及 select 增、删、改、查 4 种常用语句，也包含其他的数据库语句。Select 等语句的 ID 字段为相对应的 Mapper 接口方法类名，并且在 Mapper 映射文件里可进行判断操作。

6）Entity

存放实体类，与数据库中的属性值基本保持一致。

3. 可视化管理端

CrowdManager 系统管理与可视化平台对群智感知数据进行数据融合分析与展示，相关功能组件总结如下。

1）基础数据信息展示功能

群智感知平台的基本数据信息展示功能组件实现将平台整体实时数据展示给用户，具体内容见表 10-2。

表 10-2　基础数据信息展示功能概述

功　能　名　称	功　能　描　述
Online users	展示平台的当前在线用户数量
New tasks	平台新发布任务数量统计

续表

功 能 名 称	功 能 描 述
Finished tasks	平台已完成任务数量统计
All tasks	群智任务总数
Unfinished task（柱形图）	分类别统计未完成群智感知任务的数量
Finished task（柱形图）	分类别统计已完成群智感知任务的数量
任务发布与执行趋势（折线图）	展示平台每日发布及执行任务的趋势
任务种类占比（饼图）	展示 5 类群智感知任务占总任务数的比例
平台用户及参与者注册趋势（折线图）	展示每月新增用户以及参与者数目

　　该功能组件的前端实现方法为：采用 Ajax（即 Asynchronous JavaScript And XML）异步数据交互技术与后端服务器进行数据通信。需要获取的数据以 JSON 字符串的格式返回到前端，JSON 字符串经解析后添加到网页的相关图表中，以实现群智感知数据展示。数据展示图表部分采用 ECharts 框架进行设计，创建基于 Bootstrap 的响应式布局。用户通过相关图表及文字介绍可以实时追踪平台的数据更新及动态变化。

　　2）任务详细信息的展示功能

　　群智感知任务具体信息列表展示及详细内容展示功能组件实现将群智任务的具体详细信息展示给需要的用户。任务详细信息展示功能组件见表 10-3。

表 10-3　任务详细信息展示功能组件

功 能 名 称	功 能 描 述
未完成任务列表	列表展示平台中存在的未完成任务
已完成任务列表	列表展示平台中存在的已完成任务
任务文档	包括任务的所有详细信息

　　列表展示功能主体包含两个表格，分别展示未完成任务信息和已完成任务信息。列表中每条数据的内容包括：任务编号、任务名称、任务发布者、任务参与者人数、任务激励、任务细节描述。

　　任务文档展示了一个群智感知任务的全部信息，基础信息内容包括任务 ID、任务名称、任务类型、任务状态、发布者 ID、发布者姓名。任务约束信息包括任务发布时间、截止日期、任务位置、参与者信息、任务激励以及任务详细描述等。

　　该功能组件的前端实现方法为：采用 Ajax（即 Asynchronous JavaScript And XML）异步数据交互技术与后端服务器进行数据通信。需要获取的数据以 JSON 字符串的格式返回到前端，JSON 字符串经解析后添加到对应列表及文档展示页面中，以实现群智感知任务信息展示。用户通过相关表格及文档介绍可以实时查看平台的感知任务更新及动态变化，表格展示部分主要分为两块：已完成任务和未完成任务。

　　3）群智感知任务热力图及位置分布图展示功能

　　群智感知任务热力图及位置分布图展示功能组件实现对群智任务地理信息的展示，其功能描述见表 10-4。

表 10-4　群智感知任务热力图及位置分布图展示功能组件

功能名称	功能描述
热力图	展示群智任务的热点分布地区
位置分布图	展示群智任务的详细位置

该功能组件的前端实现方法为：采用基于 JavaScript 的文件传输技术与后端服务器进行数据通信,将需要的数据集文档返回到前端,前端对文件内容进行解析,批量读取任务的位置信息并添加到相应的地图中进行展示。用户通过群智任务热力图以及位置分布图可查看任务的实时分布情况等整体信息。

4）用户信息加密功能

用户信息加密功能采用 SHA256 加密算法对用户信息进行加密,保障 CrowdOS 群智感知平台用户的账户安全。

该功能组件的实现方法为：采用 SHA256 加密算法对用户密码等敏感信息进行加密,最后存储到数据库中。SHA 系列加密算法是目前被广泛使用的账户信息加密算法。

10.4.2　调用接口

移动群智感知平台涉及感知端、服务器端和可视化端 3 部分的感知数据的交互。其中,感知端通过感知端的接口利用移动传感器进行数据感知,然后通过感知端和服务器端的接口将数据传送给服务器端,可视化端也可以通过特定的接口进行感知任务的数据展示。本节将介绍感知端、服务器端、可视化端的接口及其调用。

1. 感知端

网络接口设计见表 10-5。

表 10-5　网络接口设计

模块名称	功能名称	URL 接口设计
用户模块	用户登录、用户注册、用户注销、用户查询、头像更新	47.96.146.104:8889/user_task/函数名/参数
任务模块	任务发布、任务展示、任务查询1、任务查询2、任务查询3、任务查询4、任务查询5、上划刷新、下拉刷新、任务分类、任务分配、任务删除、任务提醒、任务接收、任务状态返回	47.96.146.104:8889/task/函数名/参数
用户任务模块	任务状态更新、数据上传、用户任务查询、用户任务更新、用户查询、多类型格式文件上传、多类型格式文件下载	47.96.146.104:8889/user_task/函数名/参数
版本与其他功能	版本更新、版本比较、版本名称、上传数据类型查询	47.96.146.104:8889/version_updating/函数名/参数

2. 服务端

1）接口设计

（1）用户模块。

用户模块里包括用户的基本信息和围绕基本信息进行的功能性操作，其主要功能包括用户登录、用户注册、用户注销、用户查询、头像更新等，URL 接口设计为：47.96.146.104：8889/user_task/函数名/参数。

（2）任务模块。

任务模块里包括任务的基本信息和围绕这些信息的功能性操作，其主要功能包括任务发布、任务展示、任务查询 1、任务查询 2、任务查询 3、任务查询 4、任务查询 5、上划刷新、下拉刷新、任务分类、任务分配、任务删除、任务提醒、任务接收、任务状态返回等，URL 接口设计为：47.96.146.104:8889/task/函数名/参数。

（3）用户任务模块。

用户任务模块里包括用户任务关联信息，将用户与任务模块关联到一起，任务与用户相对应，其主要功能包括任务状态更新、数据上传、用户任务查询、用户任务更新、用户查询、多类型格式文件上传、多类型格式文件下载等，URL 接口设计为：47.96.146.104:8889/user_task/函数名/参数。

（4）版本与其他功能。

其他功能主要包括版本更新、版本比较、版本名称、上传数据类型查询，URL 接口设计为：47.96.146.104:8889/version_updating/函数名/参数。

2）隐私保护模块

后台中还有诸多算法模块，如任务分配、隐私保护、激励机制等，下面以隐私保护模块为例进行介绍。

模块名称：分等级位置模糊。

功能描述：分等级位置模糊功能模块如图 10-7 所示，主要解决群智感知平台中缺乏对参与者位置隐私保护程度量化的问题，以及面对不同位置精度场景无法细粒度设置隐私等级的问题。本模块的主要功能如下：①基于移动群智感知中位置隐私保护的模糊需求，将数据库隐私保护中的差分隐私公式转化成移动群智感知中的距离不可分公式，提供不同隐私预算 ε-等级的位置模糊输出。②提供插件化开发接口，可支持嵌入更多的群智感知平台中，可扩展性高。通过实验证明加入位置模糊模型对应用本身性能和资源占用影响极小，可用性强。③提供细粒度分级别的隐私保护、可量化的隐私保护层级，参与者可根据设定的位置模糊等级和感知任务进行双向选择匹配。

实现方法：以参与者提交定位位置向群智感知平台查询周边任务为例，描述该功能的实现方法。

当参与者提交查询请求时，模糊模型向群智感知平台交互的位置信息 p' 是经过模糊模型加工处理的，而不是直接进行位置定位交互。如果模糊后的位置信息 p' 在真实地理空间中和 p 很相似，就表示模糊模型的这次加工处理模糊程度低，模糊保护效果不强。以差分隐私的角度进行描述：对于任意 p，噪声随机化算法为 S，加噪声处理后的位置 p' 和原始位置 p 对应的空间查询为 $S(p)$ 和 $S(p')$。对于这两个空间查询，继续定义一些计算二者

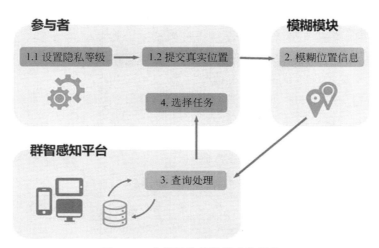

图 10-7　分等级位置模糊功能模块

之间差异距离的标准,如果二者的差异距离极小,那么可以定义随机化算法 S 的模糊效果在处理过这两个位置之后具有极强的迷惑性,保持了极小的差异性。

接下来依据标准差分隐私公式描述距离不可分位置模糊控制模型。

定义 1：假设有一个随机化的地理位置模糊机制 K,其中随机化算法为 S,如果对任意的两个地理位置点 p' 和 p,满足以下公式：

$$\frac{d_p(S(p), S(p'))}{d(p, p')} \leqslant \varepsilon \tag{10-1}$$

则随机化模糊机制 K 满足距离不可分位置模糊性。其中 ε 是设定的隐私参数,$d(p, p')$ 是二者的欧几里得距离,$d_p(S(p), S(p'))$ 为位置模糊后目标区域 $S(p)$ 和结果区域 $S(p')$ 重叠部分和原始查询区域之间的差异。

定义 $d_p(S(p), S(p'))$ 的计算方式为查询请求 $S(p')$ 覆盖参与者的初始查询需求之后的区域面积差。而初始查询需求以及初次查询反馈的范围半径默认设定为 500m(此参数可更改),以此保证满足 ε-位置模糊模型。

此模型将数据库领域中的差分隐私机制应用到位置隐私保护方向中,将差分隐私中的数据库不可分问题转化成距离不可分问题。从数学角度进行度量位置隐私的保护程度,将隐私等级预算 ε 分级别量化。

如图 10-8 所示,参与者使用模糊位置进行任务查询,假设预期查询结果范围是 300m 内的区域,群智感知平台将返回以模糊位置点为查询中心的任务列表反馈结果。这是设计模糊模型依据查询中心分批次进行查询结果返回,按照 500m 的幅度逐渐扩大搜索半径,提供瀑布流无限式结果反馈。改进的结果返回方式得益于网络通信技术的发展以及

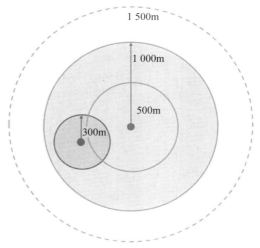

图 10-8　模糊位置查找模型示意图

移动应用技术的更新。在实验部分将分析返回结果对带宽的压力。

依据设定不同的隐私预算参数 ε,在平台级的系统中添加细粒度多级别位置隐私保护策略,解决当前多数平台的位置权限设计只有二元的场景,提供多层级的模糊位置接口,1~4级位置模糊对应的隐私预算参数 ε 值分别为 0.1,0.3,0.5,0.7。

3. 可视化管理端

1)基础数据信息展示功能

基础数据信息展示功能接口信息见表 10-6。

表 10-6 基础数据信息展示功能接口信息

接口名称	接口功能	接口 URL	输入参数	返回数据
用户数量信息统计	接收群智感知平台用户数量信息	http://localhost:8080/user/getUserNum	NULL	在线用户数量
任务数量信息统计	接收群智感知平台任务数量信息	http://localhost:8080/task/getTaskNum	NULL	已完成任务数量、未完成任务数量
分类别未完成任务统计（5类）	接收群智感知平台5类未完成任务统计信息并传给图表展示区	http://localhost:8080/task/getUnfinishedTaskNumByClass	NULL	5 类任务统计信息
分类别已完成任务统计（5类）	接收群智感知平台5类已完成任务统计信息并传给图表展示区	http://localhost:8080/task/getFinishedTaskNumByClass	NULL	5 类任务统计信息
平台新增用户统计	接收群智感知平台近一年每月新增用户信息	http://localhost:8080/task/getUserPerMonth	NULL	新增用户统计信息
平台新增参与者统计	接收群智感知平台近一年每月新增参与者信息	http://localhost:8080/task/getWorkerPerMonth	NULL	新增参与者统计信息

2)任务详细信息展示功能

任务详细信息展示功能接口信息见表 10-7。

表 10-7 任务详细信息展示功能接口信息

接口名称	接口功能	接口 URL	输入参数	返回数据
已完成任务列表	根据分页信息返回已完成任务列表信息	http://localhost:8080/task/findPage	{"pageNum":"页码","pageSize":"大小","flag":"true"}	已完成任务列表
未完成任务列表	根据分页信息返回未完成任务列表信息	http://localhost:8080/task/findPage	{"pageNum":"页码","pageSize":"大小","flag":"false"}	未完成任务列表
任务文档	根据任务 ID 返回任务详细信息文档	http://localhost:8080/task/getSingleTaskByID	任务 ID	任务详细说明文档

3)群智感知任务热力图及位置分布图展示功能

群智感知任务热力图及位置分布图展示功能接口信息见表 10-8。

表 10-8　群智感知任务热力图及位置分布图展示功能接口信息

接口名称	接口功能	接口 URL	输入参数	返回数据
任务热力图	展示群智感知任务分布的热点地区	http://localhost:8080/task/getHeat	数据集名称	群智任务数据集
任务位置分布图	展示任务位置分布情况	http://localhost:8080/task/getTasksLocation	数据集名称	群智任务数据集

4）用户信息加密功能

用户信息加密功能接口信息见表 10-9。

表 10-9　用户信息加密功能接口信息

接口名称	接口功能	接口调用	输入参数	返回数据
SHA256 用户信息加密	对用户的个人信息进行加密	import com.ShawnYin.WSP.utils.SHA；加密后的密码 = SHA.getSHA256StrJava(初始密码)	用户密码等字符串信息	加密后的字符串

10.5　平台实现及测试

2019 年,西北工业大学在全球率先开源发布支持通用型的"群智感知操作系统平台" CrowdOS(https://www.crowdos.cn/),如图 10-9 所示。该平台支持群智任务敏捷发布、复杂任务高效分配、多粒度隐私保护等核心功能,具有跨平台、支持多传感器、可扩展性、节能、数据分析、开源等特点,支持城市多形式感知任务的统一发布和关键技术模块的二次开发。系统自 2019 年 9 月开源上线以来已经有包括美、英、日在内的 20 余国家科研人员 7 000 次访问和下载(截至 2020 年 1 月底)。相关成果得到新华社、人民网、新浪网、凤凰网、大公网、中国青年报等知名媒体广泛报道。

目前,基于该平台,西北工业大学已与西安市相关部门展开城市精细化管理、公共安全等领域的应用探索,以期能大规模提高城市和社会治理的效率和质量,降低人工维护成本。CrowdOS 目前已经完全开源化,可支持 CrowdOS 安卓应用软件 WeSense,同时,开发人员可以在这个系统上进行修改和二次开发。

10.5.1　平台实现

WeSense 平台由 3 部分组成:感知端、服务端以及可视化管理端。

1. 感知端

1）架构设计

移动群智感知平台应用开发的程序架构设计使用了 MVC 架构思想,显示各个页面的用户界面(User Interface,UI),涵盖各类 View 组件的 Layout 布局文件作为 View 视图,负责展现数据、显示各个业务逻辑处理结果、开放交互入口给用户。Model 是实现应用业务逻辑的功能实体类,如实现将数据存储进数据库的功能类、实现感知数据获取的 Sensor 类。Model 层涵盖了所有耗时操作以及算法实现,并且将业务逻辑处理的数据结果返回给

图 10-9　CrowdOS 官网首页

View,即对应的布局,通知显示数据的组件更新界面,达到响应用户操作的目的。负责加载布局文件,初始化应用活动的 Activity 活动是 Controller 控制器,它从 View 布局文件中获取可操作性的组件实例对象,并处理用户交互操作,获取用户的输入,并根据不同的单击事件触发 Model 层对应的功能,将待处理的数据传递给 Model。感知端应用框架设计如图 10-10 所示。

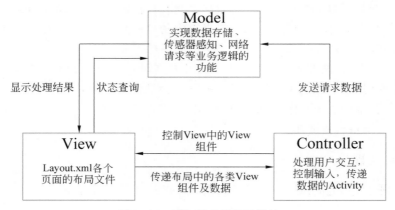

图 10-10　感知端应用框架设计

移动群智感知平台应用使用 MVC 框架,能够将数据与业务逻辑处理、视图分离,便于各层的独立更新和改进。例如,在更改业务逻辑时,不需要重写数据和视图层,只涉及实现业务逻辑的功能类的代码变更。如果出现个性化定制用户界面的需求,则只需要修改视图层布局文件的大部分操作,而不会影响功能实现达到高度解耦的目的。

2)功能结构

移动群智感知平台应用分为五大功能模块:感知任务发布与接受、感知信息的获取、数据存储、发送网络请求以及个人账户管理,如图 10-11 所示。

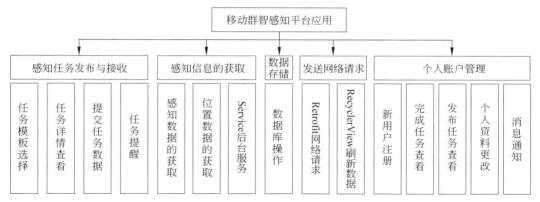

图 10-11　感知端应用功能结构图

(1) 感知任务发布与接收功能模块完成感知任务在移动群智感知平台中的流通。用户发布感知任务需要填写感知任务相关的内容,如感知任务类型、主要任务内容、任务涉及的传感器或感知信息。为引导用户顺利完成感知任务发布,应用设计了任务模板选择功能,通过经典任务类型的划分,设立不同类型的模板对应不同类别的感知任务发布。感知任务接受的前置步骤是能让用户查看到任务的详情,而接受的后续步骤是任务完成时进行的相关数据提交。在完成任务的过程中,感知任务处于待完成状态,应用应能提醒用户还未完成任务的状态以及更新感知任务相关的内容变动。

(2) 感知信息的获取是完成移动群智感知平台应用核心功能的模块,主要涵盖的 3 个子功能模块用于感知数据获取、位置数据的获取以及 Service 后台服务。感知数据的获取功能需要取得 Android 系统给予的传感器服务,才能对智能设备拥有的传感器进行操作。位置数据的获取功能与感知数据的获取功能类似,需要通过位置服务才能获取对应的位置经纬度数据。Service 后台服务让感知数据的获取转入后台进行,避免长时间的数据获取操作阻塞主进程业务逻辑的实现,需要结合 Serivce 服务类实现。

(3) 数据存储功能模块是通过 SQLite 数据库实现的,通过获取数据库管理服务,完成数据的写入以及相关数据库的操作。

(4) 发送网络请求功能模块使用 Retrofit 网络请求开源框架完成,负责应用的数据上传和发送,如用户账户注册、登录的网络请求发送、个人账户信息加载、任务列表刷新加载、感知任务和数据的提交、任务详情的获取、消息通知获取等。RecyclerView 刷新功能是为列表数据加载设计的功能,其本质也是通过滑动事件触发 Retrofit 发送网络请求。它承担了应用大部分页面中的网络请求工作以及数据交互。

(5) 个人账户管理功能模块有 5 个子功能模块,为新用户提供账户的注册功能以及为老用户提供账户的登录功能。登录账户后,程序应提供用户账户管理相关的功能入口。根据本应用的需求,设立了任务完成、发布任务历史查看功能,能让用户检索自己曾经接受和发布的任务,同时允许用户更改个人信息资料。而任务完成、任务发布成功、接受任务的内容状态变更以及平台应用通知等反馈和通知信息则设计了消息通知功能让用户接收。

3）页面层次结构

感知端页面层次结构图如图10-12所示，MainActivity是打开应用进入的第一个页面，根据框架设计，主活动是一个中心Controller，在页面层次架构方面，它负责根据用户不同的交互，将程序的最上层界面跳转到对应的二级页面或者完成切换一级页面的操作。主页面设计了能够跳转到首页、任务发布、任务提醒、个人信息4个一级页面的交互界面。这4个页面因功能独立、模块化而视作轻量级Activity，并且在层次架构中同属一个层次，能够视为同类页，使用Fragment片段化，交由MainActivity统一管理，根据用户交互创建和删除对应的功能页面，并设立底部导航栏（Bottom Navigation View）提供不同Fragment的切换功能。

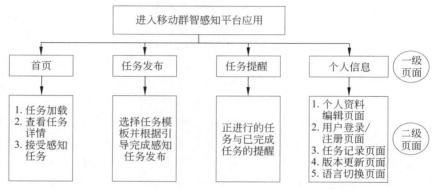

图10-12　感知端页面层次结构图

首页主要显示平台用户发布的感知任务，拥有计步功能的入口，允许用户单击查看具体任务、跳转到任务详情的二级页面。任务发布页面能够跳转到任务模板内容的二级页面。任务提醒的一级页面是实现任务提醒功能所在地。个人信息页面则能够跳转到实现个人账户管理功能的各个二级页面：个人资料编辑页面、用户登录/注册页面、任务记录页面、版本更新页面、语言切换页面等。

2. 服务端

后端架构设计采用SSM框架。SSM框架是Spring＋Spring MVC ＋ MyBatis的缩写，这是继SSH之后，目前比较主流的Java EE企业级框架，适用于搭建各种大型的企业级应用系统。

后台通过Java、SpringBoot、MyBatis等语言和技术进行实现，代码主体由Controller、Service、Mapper、Mapping和数据库组成，如图10-13所示。

图10-13中各部分的含义如下。Controller：控制器，接收前端的数据；Service：定义接口，用户请求需求的函数的定义；Mapper：进行函数的请求，对数据库进行永久性操作；User：进行数据结构组成的定义；Mapper.xml：写SQL语句操作数据库。

3. 可视化管理端

如图10-14所示，可视化管理前端采用HTML、CSS、JavaScript进行用户交互页面的全部设计，其中HTML负责平台网站的页面总体架构布局，将需要展示的信息显示给平台用

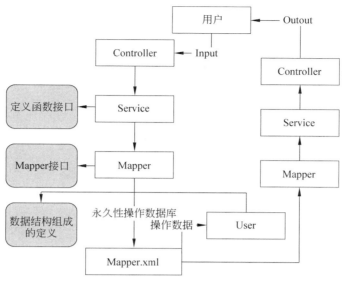

图 10-13　整体框架图

户。CSS 负责丰富页面的风格，控制字体、图片、交互组件、布景、动画等样式，为了实现更加友好的页面布局，本平台还采用了当前较流行的 Bootstrap 框架进行响应式布局的设计。JavaScript 负责 BOM/DOM 事件的操作，读入用户操作信息，与后端进行数据交互并将响应数据返回给用户。

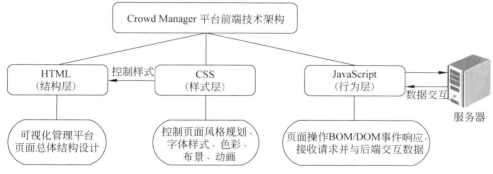

图 10-14　Crowd Manager 前端框架设计

可视化管理后端架构设计采用当前较为流行的 SpringBoot 框架，其设计目的是简化传统 Spring 应用的初始化搭建和开发过程，SpringBoot 通过集成大量的框架解决了复杂的依赖包版本冲突以及引用的不稳定性，具有优秀的性能。本平台在 SpringBoot 的基础上将后端划分为 4 个权限模块，并将这 4 个模块进行详细的功能特性划分，融合到整体开发框架中，如图 10-15 所示。

其中四大模块划分及其依托的技术架构组件解释如下。

（1）平台用户角色与权限管理：主要由 Controller（控制层）实现，其他层辅助，具有用户身份验证、权限判定等功能。

（2）Crowd Manager 通用权限模块：由 Controller 层进行操作请求接收处理，由

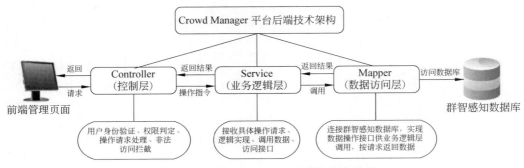

图 10-15　Crowd Manager 后端框架设计图

Service(业务逻辑层)进行具体逻辑实现,操纵 Mapper(数据访问层)并返回相关查询结果。该模块面向所有用户开放,展示群智数据的基本信息,提供用户个人信息修改权限、个人任务管理权限、个人数据打包下载权限等。

(3) Crowd Manager 企业级权限模块:由 Controller 层进行操作请求接收处理,由 Service 层进行具体逻辑实现,操纵 Mapper 层并返回相关查询结果。该模块继承用户通用权限模块的所有范围,新增大规模群智感知数据集下载权限、群智任务文档下载权限、参与者信息共享权限、数据分析报告等。

(4) Crowd Manager 平台管理员权限模块:由 Controller 层进行操作请求接收处理,由 Service 层进行具体逻辑实现,操纵 Mapper 层并返回相关查询结果。该模块具有平台最高权限,在以上 3 个模块的基础上新增群智感知数据库资源的数据整理、数据清洗、数据整合、文档归纳、命名格式规范等管理员操作权限。

10.5.2　局部测试

WeSense 是依托 CrowdOS 开发的一款为多种类型的人群感知和众包任务而设计的综合应用。它由部署在智能手机上的传感端和部署在云上的服务端及可视化管理端组成。用户可以在上面发布并执行各种传感任务,如道路拥堵信息的收集、空气质量状况的监测、产品价格的研究等。参与者可以使用 WeSense 收集和上传各种类型的传感器数据,不仅包括图片、音频,还包括手机上的重力传感器等信息。该章主要从 4 个方面评估 CrowdOS 以及依托该架构开发的应用 WeSense:正确性和效率(E_{v1}),有效性和可用性(E_{v2}),优化结果质量评估(E_{v3}),性能、负载和压力测试(E_{v4})。

1. 实验设置

我们开发了 WeSense。在实施 WeSense 期间,将基于两种开发方法对 E_{v1} 和 E_{v2} 进行评估:M_1(独立开发)和 M_2(基于 CrowdAPI 的开发)。E_{v3} 是对核心框架 TRO 的评估,而 E_{v4} 是由 CrowdOS 支持的 WeSense 的整体性能和压力测试。表 10-10 对开发及测试环境进行了说明。在 E_{v1} 和 E_{v2} 中,我们比较并分析了在 M_1 和 M_2 条件下完成相关功能模块所需的时间,然后将要测试的功能和模块 $F\{f_i\}$ 分为 5 个部分($F_{num} = 5$)。实验结果和时间消耗将在后面的小节中介绍。

表 10-10　应用运行及开发环境

应用运行的环境	
智能手机、CPU 型号	P30 ELE-AL00，Hisilicon Kirin 980
操作系统版本	Android 9.0，EMUI 9.1.0
内核、GPU、RAM、存储	8 核 2.6GHz，Mali－G76，8 GB，128 GB
传感器	重力、加速度、陀螺仪、GPS 等
服务器操作系统	CentOS 6.9 64bit
开发和测试的环境	
前端集成开发环境	Android Studio 3.4.2
JRE、SDK 版本	JRE 1.8.0，Android 9.0(Pie) API 29
后端集成开发环境	IntelliJ IDEA Community Edition 2019
数据库	Postman v7.2.2，MySQL 8.0.1
其他相关软件	Navicat Premium 12.1 Apache-maven-3.6.1，SSM Android Debug Bridge version 1.0.41

f_1：任务实时发布功能。

f_2：任务分配算法模块。

f_3：隐私保护模块。

f_4：众包数据收集和上传功能。

f_5：结果质量优化功能。

我们预先设置了实验环境并安装了相关软件。从硕士生中招募了 9 名熟悉 Java 编程语言的志愿者（$A_{num}=9$），并给他们两个星期的时间开发应用程序。我们首先花 25min（$time_{c1}$）介绍 CrowdOS 的功能和所有 API。首先将 9 名志愿者分配到 A 组中，然后再将他们切换到 B 组中，也就是说，每个志愿者在不同时间同时担任 G_A 和 G_B 成员，$G_{A\_num}=G_{B\_num}=9$。G_A 成员使用 M_1，而 G_B 成员使用 M_2。每个志愿者都参加了所有测试，测试总数为（$G_{A\_num}+G_{B\_num}$）$\times F_{num}=90$。

4 个评估指标的比较如下。

E_{v1}：M_1 和 M_2 开发模式对比，比较完成 $F\{f_i\}$ 的时间消耗，以及所完成任务的完整性和正确性。

E_{v2}：对比 G_A 和 G_B 两组测试者完成 $F\{f_i\}$ 的效果和时间消耗。

E_{v3}：对比使用 TRO 框架与其他优化方法优化效果及时间消耗的差异。

E_{v4}：系统稳定性及压力测试。

2. 有效性和效率评估

如图 10-16 所示，经过检测，90 项测试全部通过正确性筛选，下面对开发的 WeSense 用户界面进行简单介绍。图 10-16(a) WeSense 主页面：群智任务的显示和搜索；图 10-16(b) WeSense 任务详细页面：可单击，以查看感兴趣的任务；图 10-16(c) WeSense 任务提交页面：提交完成的结果数据。

(a) WeSense 主页面　　　　(b) WeSense 任务详细页面　　　(c) WeSense 任务提交页面

图 10-16　WeSense 可用性评估

图 10-17 则是对开发周期的分析和比较,即效率评估。其中图 10-17(a)显示了用 G_A 和 G_B 完成 $f_{1\sim3}$ 测试所需的时间,图 10-17(b)显示了基于 M_1 和 M_2 的所有测试的时间消耗比较。如图 10-17(b)所示,根据公式(10-2),$F\{f_i\}$ 的平均开发时间从原始的 $DT_{G_A}(tc_{f_i}) = \{12.1, 13.5, 7.3, 10.1, 14.1\}$h 减少到 $DT_{G_B}(tc_{f_i}) = \{3.1, 4.7, 0.8, 4.5, 5.4\}$h。

$$DT(tc_{f_i}) = \sum_{k \in \Lambda} tc_{f_i}^{\lambda_k} / \Lambda_{\text{num}} \tag{10-2}$$

$$DE_{\text{overall}} = \sum_{i=1}^{F_{\text{num}}} \frac{DT_{G_A}(tc_{f_i}) - DT_{G_B}(tc_{f_i})}{DT_{G_B}(tc_{f_i})} \bigg/ \Lambda_{\text{num}} \tag{10-3}$$

根据式(10-3),$f_1 \rightarrow f_5$ 的整体开发效率(DE)提高了 310%。

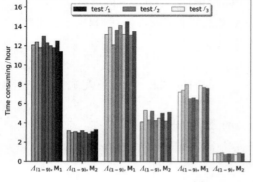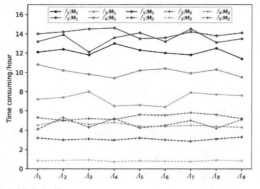

图 10-17　开发效率评估

通过分析和验证测试 f_2 和 f_3 证明其有效性和可用性。如果调用 CrowdAPI 后即使用 M_2 模式改善了性能,则意味着 CrowdOS 确实有效。图 10-18 所示为有效性评估图,其中图 10-18(a)中的任务是随机分配的,橙色圆圈是任务发布的地理范围;图 10-18(b)中的蓝色圆圈是使用基于位置的任务分配算法的效果；图 10-18(c)则是比较两种方法的效果；图 10-18(d)显示的是选择超级隐私保护模式。

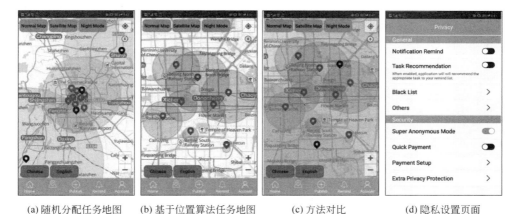

(a)随机分配任务地图　(b)基于位置算法任务地图　(c)方法对比　(d)隐私设置页面

图 10-18　核心框架有效性评估(见彩图)

调用 CrowdAPI 之后，开发时间的缩短反映了可用性。从图 10-17 中可以看出，与使用 M_1 相比，使用 M_2 的 f_2 和 f_3 的平均时间消耗减少了 65.4％和 88.7％。此外，随着算法库的扩展，CrowdOS 的优势得到了突出。使用它不仅可以大大减少每个功能模块的开发时间，而且可以提高整体可视化效果和程序可读性。

3. 优化结果质量评估

通过仿真实验，我们评估了 TRO 框架里应用程序接口的正确性和优化效果。

以数据格式错误问题为例，对于收集的数据 $D(n*V)$，其中 n 表示参与者人数，V 表示每个参与者贡献的数据量。通过 TRO 框架校正数据格式所花费的时间为 $T_{i_B} = T_{i_{\zeta_B}} + T_{i_{\eta_B}}$，其中 $T_{i_{\zeta_B}}$ 表示界面操作的时间($T_{i_{\zeta_B}} < 6\min$)，界面效果如图 10-19(a)所示。$T_{i_{\eta_B}}$ 是每个参与者花费在纠正格式和重新提交数据上的时间，即 $T_{i_{\eta_B}} \propto V$。如果没有 TRO 框架，则发布者纠正所有数据格式所需的时间是 T_{i_A}。$T_{i_A} = T_{i_{\zeta_A}} + T_{i_{\eta_A}}$，其中 $T_{i_{\zeta_A}}$ 是校正数据格式之前的准备时间($T_{i_{\zeta_A}} < 30\min$)，$T_{i_{\eta_A}}$ 是处理数据格式所花费的时间，$T_{i_{\eta_A}} \propto n*V$。

$$T_{i_{A,B}} = \begin{cases} T_{i_{\zeta_A}} + T_{i_{\eta_A}}, & T_{i_{\eta_A}} \propto n*V \\ T_{i_{\zeta_B}} + T_{i_{\eta_B}}, & T_{i_{\eta_B}} \propto V \end{cases} \tag{10-4}$$

式(10-4)给出了通过两种优化方法处理数据格式问题所花费的时间。图 10-19(c)则展示了 A 和 B 曲线之间的距离随着数据量 $D(n*V)$ 而变化的情况，即优化方法和时间消耗的对比。其中图 10-19(a)是数据格式校正请求界面；图 10-19(b)是参与者收到的纠正提示消息；图 10-19(c)则比较了随着参与者人数的增加，两种优化方法的时间消耗。

任务结果和任务需求之间的相关性可以通过多种方式反映出来，例如，需求以视频的形式提供，但是参与者却提交了图像；或者上传数据的实际位置与任务要求中的位置不匹配。我们的优化机制会重新筛选具有信用度高的用户，并根据特定信息(如地理位置)更新任务特征，然后将任务及反馈信息重新推送给原始参与者，如图 10-19(b)所示。

(a) 数据格式校正请求界面

(b) 消息通知页面

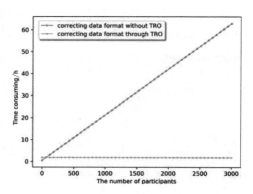
(c) 优化方法时间消耗对比图

图 10-19　优化时间对比

可以看出,TRO 框架的使用不仅避免了因大量处理而导致的能耗,而且还适用于各种类型的任务。该框架使用分段和集成的思想将不同阶段的工作正确地移交给人或机器。如图 10-19(c)所示,与其他优化方法相比,TRO 的时间消耗相对稳定,并且随着参与者数量的增加而不会显著增加。同时,许多优化问题更适合通过 TRO 解决,与纯机器优化相比,可以大大减少资源消耗。

4. 性能、负载及压力测试

这里从以下两方面对 WeSense 的感知端和服务器端进行全面测试。

(1)性能和负载测试。依次加载不同规模的任务,并测量系统的响应时间、CPU 和内存使用率以及传感端的能耗。对每个测试运行 10 次,并在应用程序运行时使用 Android Studio 的配置文件性能分析器实时监控数据,结果如图 10-20 所示。尽管任务数量增加了,但是系统响应时间基本上在 0.22s 内,CPU 和内存使用率也保持在 3%～6%和 0.87%～1.14%的范围,能耗基本上保持在最低水平以下(L1:轻),这表明系统运转良好。

(2)稳定性和压力测试。结合两种测试方法,首先,服务器连续运行 7×24h。在此期间,任务的数量和内容通过移动设备进行更新。不断观察并记录传感器端和服务器端的输出日志,没有出现死机或软件错误等异常情况。其次,在设置测试环境后,使用 Android SDK Monkey 软件对 WeSense 进行稳定性和压力测试。例如,我们发送了 Monkey-p com.hills.WeSense-v-v 1 000 请求执行 1 000 个随机命令事件(RCE),如 Map 键、Home 键,记录了 CRASH 和 ANR(应用程序无响应)的发生次数。CRASH 是指在发生应用程序错误时程序异常停止或退出的情况。ANR 表示当 Android 系统在 5s 内检测到应用程序未响应输入事件或 10s 内未执行广播时,它将引发无响应的提示。测试结果见表 10-11。结合以上两个测试结果,可以看到系统可以在不同的压力条件下稳定高效地运行。

表 10-11　稳定性及压力测试

REC number	1 000	5 000	10 000	50 000	100 000
CRASH times	0	0	0	0	0
ANR times	0	0	0	0	0
TOTAL	0	0	0	0	0

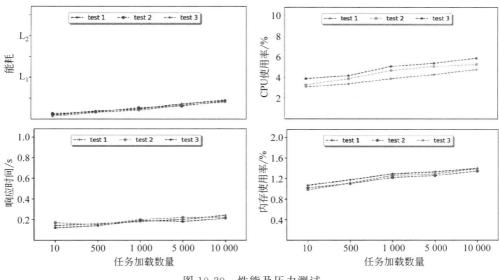

图 10-20 性能及压力测试

10.5.3 整体测试

1. 感知端

感知端测试详情见表 10-12～表 10-21。

1）功能测试

首页功能测试，见表 10-12～表 10-14。

表 10-12 任务加载功能测试结果

功能描述	测试输入	预期输出	结果输出
群智感知任务加载	1. 开启网络，进入应用首页	感知任务显示列表在刷新等待后显示并加载已发布的感知任务	任务列表成功加载并显示出感知任务
	2. 开启网络，下拉任务列表	感知任务显示列表响应下拉手势并加载最新任务，若无最新任务，则无新任务显示	出现加载动画，但因没有新任务发布，所以没有新任务更新
	3. 开启网络，上滑任务列表	感知任务显示列表响应下拉手势，并加载以往的任务	任务列表更新加载出低序列感知任务
	4. 关闭网络状态，重复上述 3 个步骤	应用无感知任务加载	无感知任务加载并被显示

表 10-13 任务查看功能测试结果

功能描述	测试输入	预期输出	结果输出
群智任务查看	1. 登录情况下，单击任务并接收任务	任务成功接收	显示任务接收成功
	2. 未登录情况下，单击任务	提示跳转到登录界面	出现登录界面提示进行用户登录

表 10-14　任务接收功能测试结果

功能描述	测 试 输 入	预 期 输 出	结 果 输 出
群智任务接收	1. 未接收任务,单击任务并接收任务	任务成功接收	显示任务接收成功
	2. 已接收任务,单击任务并接收任务	无法再接收任务	没有接收任务入口,再次接收失败

任务发布页功能测试,见表 10-15。

表 10-15　任务发布页功能测试结果

功能描述	测 试 输 入	预 期 输 出	结 果 输 出
发布群智任务	1. 根据待填项要求填入对应类型的内容	任务内容成功填写	感知任务的相关信息能够成功填入填写框中
	2. 填写不符合待填项要求类型的内容	无法输入	任务数量和奖励金额只能填写数字,截止日期只能通过日历选择,其他能填入任意字符
	3. 全部填写发布要求的待填项后,单击任务发布按钮	任务成功发布	单击任务发布按钮后返回到任务模板页面,显示成功发布
	4. 未填写完发布要求的待填项发布任务	任务发布按钮不可单击,无法发布任务	无法发布任务

提醒页功能测试,见表 10-16。

表 10-16　提醒页功能测试结果

功能描述	测 试 输 入	预 期 输 出	结 果 输 出
任务加载功能	1. 在登录状态下单击底部的导航栏进入提醒页面	进入提醒页面,加载显示当前账户相关的感知任务	显示出当前账户正在进行中的感知任务
	2. 在未登录状态下单击底部的导航栏进入提醒页面	跳转到登录界面	被转接到登录界面完成登录
切换 Tab 页	左、右手势滑动切换 Tab 页面	加载显示"已完成""推荐"感知任务列表	切换到对应 Tab 页面并加载显示了对应的感知任务
查看任务详情	单击感知任务	进入任务详情页面,显示对应任务的详细内容	进入任务详情页面

"我的"页面功能测试,见表 10-17～表 10-19。

表 10-17　登录/登出功能测试结果

功能描述	测 试 输 入	预 期 输 出	结 果 输 出
登录/登出	1. 输入正确的账户名和密码	成功登录	登录成功,允许使用登录完成情况下开放的功能
	2. 输入错误的账户名或密码	登录失败	无法登录
	3. 在已登录状态下单击退出登录	解除登录状态	账户退出登录,无法使用部分功能

表 10-18　应用更新功能测试结果

功能描述	测 试 输 入	预 期 输 出	结 果 输 出
应用更新	1. 在旧版本下且在网络开启状态下,在设置内单击版本更新选项,单击弹出的更新窗口的确认选项	弹出新版本应用下载进度显示窗口,等待网络下载	出现下载新版本 APK 的进度显示窗口
	2. 在旧版本下,在设置内单击版本更新选项,单击弹出的更新窗口的取消选项	下载提示窗口取消,无版本更新	结束新版本 APK 的更新
	3. 在最新版本下,在设置内单击版本更新选项	无更新窗口弹出	提示已为最新版本,不会进行应用下载
	4. 在旧版本下且在网络未开启状态下,单击版本更新选项	无网络连接,下载失败	更新失败

表 10-19　语言切换功能测试结果

功能描述	测 试 输 入	预 期 输 出	结 果 输 出
语言切换	1. 选择中文语言	应用中的所有文字显示为中文	应用跳转到首页界面重新加载为中文
	2. 选择英文语言	应用中的所有文字显示为英文	应用跳转到首页界面重新加载为英文

2）响应时间测试见表 10-20。

表 10-20　响应时间测试结果

响应事件	响应时间	测 试 结 果	异常提醒
单击事件	<0.5s	应用对用户单击、双击、滑动、指关节敲击等手势的最大响应时间在 0.5s 之下	有
网络加载	2～10s	在开启网络时,网络请求加载根据网速而定,应用最低的加载特效设置为 2s,未开启网络时,10s 后提示加载失败	有
动画时效	<1s	应用跳转动画效果的持续时间小于 1s	无

3）占用内存测试见表 10-21。

表 10-21　占用内存测试结果

测试序列	CPU 占比/%	内存/MB	耗　能
测试 1	3～61	64±2	Light-Med
测试 2	7～58	64±3	Med-Heavy
测试 3	2～63	64±1	Light
测试 4	2～54	64±2	Light-Heavy
综合	2～61	61—67	Med

2. 服务端

测试环境如下。

本次测试使用的测试机型为华为 P30,具体参数如下。

CPU 型号：海思 Kirin 980。

CPU 核心数量：八核心。

RAM 容量：8GB。

ROM 容量：128GB。

电池容量：3 650mA·h。

机身尺寸：149.1mm×7.57mm×71.36mm。

屏幕规格：6.1in(1in＝0.0254m)OLED 全面屏。

相机规格：4 000 万像素超感光镜头＋1 600 万像素超广角镜头＋800 万像素长焦镜头。

网络与连接：4G 网络移动 TD-LTE,联通 TD-LTE,联通 FDD-LTE,电信 TD-LTE,电信 FDD-LTE,3G 网络移动 3G(TD-SCDMA),联通 3G(WCDMA),电信 3G(CDMA2000),联通 2G/移动 2G(GSM),电信 2G(CDMA 1X)。

WLAN 功能：双频 WiFi,IEEE 802.11 a/b/g/n/ac(wave2,MIMO,VHT160),2.4G 和 5G。

导航：GPS 导航。

连接与共享：WLAN 热点。

蓝牙：蓝牙 5.0。

操作系统：EMUI 10.0.0(基于 Android 10.0)。

1) 安全测试

安全测试主要包括安装测试、卸载测试、文件流传输测试以及版本兼容测试,见表 10-22～表 10-25。

表 10-22　安装测试结果

测 试 内 容	测试结果
软件在不同操作系统(Android 8、9、10)下安装是否正常	是
软件安装后是否能够正常运行,安装后的文件夹及文件是否写到了指定的目录里	是
软件安装向导的 UI 测试	否
软件安装过程中意外情况的处理是否符合需求(如死机、重启、断电等)	否
安装空间不足时是否有相应提示	否
安装后没有生成多余的目录结构和文件	是
依照安装手册是否能顺利安装	是

表 10-23　卸载测试结果

测 试 内 容	测试结果
直接删除安装文件夹是否有提示信息	否
测试系统直接卸载程序是否有提示信息	否
测试卸载后文件是否全部删除所有的安装文件夹	否
卸载过程中出现的意外情况的测试(如死机、断电、重启等)	否
卸载是否支持取消功能	是

表 10-24　文件流传输测试结果

测 试 内 容	测试结果
输入框中说明文字的内容与系统功能是否一致	是
对文字长度是否加以限制	否
文字内容是否表意不明	否
是否有错别字	否
信息是否为中文显示	是
是否有敏感性词汇、关键词	否
是否有敏感性图片,如涉及版权、专利、隐私等的图片	否

表 10-25　版本兼容测试结果

测 试 内 容	测试结果
与本地及主流 App 是否兼容	是
基于开发环境和生产环境的不同,检验在各种网络连接下(如 3G、4G、WiFi 等)App 的数据和运用是否正确	是
不同操作系统(Android8.0 及以上)的兼容性,是否适配	是
不同手机屏幕分辨率(华为 P20、P30、小米 8、小米 9、华为荣耀 9)的兼容性	是
不同手机品牌(华为、小米)的兼容性	是

2) 功能测试

功能测试(如注册、登录等功能的测试)见表 10-26～表 10-37。

表 10-26　运行功能测试结果

测 试 内 容	测试结果
App 安装完成后的试运行,可正常打开软件	是
App 打开测试,是否有加载状态进度提示	是
App 打开速度测试,速度是否可观	否
App 页面间的切换是否流畅,逻辑是否正确	逻辑正确,切换不够流畅

表 10-27　注册功能测试结果

测 试 内 容	测试结果
后台可否增加用户	是
用户名、密码的长度是否有限制	是
注册后是否有提示页面	否
前台的注册页面数据和后台的管理页面数据是否一致	是
注册后,在后台管理页面是否有提示	否

表 10-28　登录功能测试结果

测 试 内 容	测试结果
使用合法的用户登录系统	是
系统是否允许多次非法登录,是否有次数限制	否
使用已经登录的账号登录系统是否正确处理	是
使用禁用的账号登录系统是否正确处理	是
用户名、口令(密码)错误或漏填时能否登录	否
删除或修改后的用户,原用户登录	否
不输入用户口令和用户、重复单击(确定或取消按钮)是否允许登录	否
页面中有退出登录按钮	是
登录超时的处理	否

表 10-29　注销功能测试结果

测 试 内 容	测试结果
是否能正常注销	否
注销原用户,新用户系统能否正确处理	否
使用错误的账号、口令,无权限的、被禁用的账号进行注销	否

表 10-30　前后台切换功能测试结果

测 试 内 容	测试结果
App 切换到后台,再回到 App,检查是否停留在上一次操作界面	否
App 切换到后台,再回到 App,检查功能及应用状态是否正常	是
手机解屏后进入 App 注意是否会崩溃,功能状态是否正常,尤其是对于从后台切换回前台数据有自动更新的时候	否(个别情况下 App 会白屏)
当 App 使用过程中有电话进来中断后再切换到 App,功能状态是否正常	是
当关闭 App 进程后,再开启 App,App 能否正常启动	是
出现必须处理的提示框后,切换到后台,再切换回来,检查提示框是否还存在,有时候会出现应用自动跳过提示框的缺陷	否

表 10-31　免登入功能测试结果

测 试 内 容	测试结果
App 是否有免登录功能	否
考虑无网络情况时能否正常进入免登录状态	否
切换用户登录后,要校验用户登录信息及数据内容是否相应更新,确保原用户退出	是
切换到后台,再切换回前台的测试	是
密码更换后,检查有数据交换时是否进行了有效身份的校验	否
检查用户主动退出登录后,下次启动 App 应停留在登录界面	是

表 10-32　数据更新功能测试结果

测 试 内 容	测试结果
需要确定哪些地方需要提供手动刷新,哪些地方需要自动刷新,哪些地方需要手动＋自动刷新	是
从后台切换回前台时需要更新数据	是
根据业务、速度及流量的合理分配,确定哪些内容需要实时更新,哪些需要定时更新	是
确定数据展示部分的处理逻辑是每次从服务端请求,还是有缓存到本地	是
检查有数据交换的地方,均有相应的异常处理	否

表 10-33　离线浏览功能测试结果

测 试 内 容	测试结果
在无网络的情况下可以浏览本地数据	否
退出 App 再开启 App 时能正常浏览	否
切换到后台再切回前台可以正常浏览	否
锁屏后再解屏回到应用前台可以正常浏览	否
在对服务端的数据有更新时,会给予离线的相应提示	否

表 10-34　版本更新功能测试结果

测 试 内 容	测试结果
当客户端有新版本时,有更新提示	否
当客户端有新版本时,在本地不删除客户端的情况下直接更新,检查是否能正常更新	是

表 10-35　时间更新功能测试结果

测 试 内 容	测试结果
修改系统时间,后台发布信息时间是否随之更改	是
修改手机时间,推送信息时间是否随之更改	否

表 10-36　任务发布与接收功能测试结果

测 试 内 容	测试结果
联网时是否正常运行	是
无网时是否可以进行离线操作	否
被其他应用打断进程时,任务发布功能是否可以正常操作	是
任务发布功能所输入的功能是否与后台存储的数据一致	是
任务发布功能正确执行结束后,是否可以修改	否
用户处于登录状态,任务接收功能是否可以接收任意的任务	是
免登录状态时,用户是否可以进行任务的发布或者执行	否
任务接收并且执行时,传感器是否可以正常调用	是
任务是否可以重复接收	否

表 10-37　交叉性事件测试结果

测 试 内 容	测试结果
多个 App 同时运行是否影响正常功能	否
App 运行时前/后台切换是否影响正常功能	否
App 运行时拨打/接听电话是否影响正常功能	否
App 运行时发送/接收信息是否影响正常功能	否
App 运行时切换网络(3G、4G、WiFi)是否影响正常功能	否
App 运行时浏览网络是否影响正常功能	否
App 运行时使用蓝牙传送/接收数据是否影响正常功能	否
App 运行时使用相机、计算器等手机自带设备是否影响正常功能	否
App 运行时充电是否影响正常功能	否

3）性能测试

性能测试见表 10-38。

表 10-38　性能测试结果

测 试 内 容	测试结果
运行 App 时断掉网络是否影响手机的使用	否
安装、卸载的响应时间，是否能够接受	是
App 各类功能性操作的响应时间，是否能够接受	否(刷新响应慢)
反复安装、卸载，查看系统资源是否正常	是

3. 可视化管理端

1）功能测试

功能测试见表 10-39～表 10-43。

表 10-39　Home 主页测试结果

功能页	测 试 结 果
Home	1. 在线用户、所有任务量、新发布任务、已完成任务量正常显示，并且数据可以根据数据库动态显示
	2. 已完成任务和未完成任务根据任务类别(如公共安全、日常活动、城市交通、商业用途、娱乐消遣等)实时显示柱状图，并且数据是根据数据库动态更新的
	3. 正常显示最近几天已完成任务和未完成任务的数目变化折线图，并且数据是根据数据库动态更新的
	4. 正常显示已完成任务和未完成任务中各类别任务数目的比例饼形图，并且数据是根据数据库动态更新的
	5. 正常显示最近一年时间内任务发布者数目与参与者数目变化曲线图，并且数据是根据数据库动态更新的

表 10-40　Task Lists 页面测试结果

功能页	测 试 结 果
Task Lists	1. 未完成任务 div 块中任务的 ID、TaskName、Publisher、Works、Coins、Details 可以正常显示,并且可以实时更新
	2. 已完成任务 div 块中任务的 ID、TaskName、Publisher、Works、Coins、Details 可以正常显示,并且可以实时更新
	3. 未完成任务 div 块中,每个任务的 Details 可以正常跳转到该任务的详情页面,并且可以实时更新
	4. 已完成任务 div 块中,每个任务的 Details 可以正常跳转到该任务的详情页面,并且可以实时更新
	5. 分页栏按钮可以正常跳转到相应页面

表 10-41　Heat Map 页面测试结果

功能页	测 试 结 果
Heat Map	1. 群智任务热力图可以正常显示群智任务的热点分布地区,并且可以实时更新
	2. 位置分布图可以显示群智任务的详细位置,并且可以实时更新

表 10-42　Login Page 页面测试结果

功能页	测 试 结 果
Login Page	1. 注册页面(包括用户名、性别、电话号码、邮箱、密码)能正常工作,并且密码不以明文显示
	2. 登录页面通过用户名和密码登录
	3. 注册页面与登录页面的相互跳转正常

表 10-43　各组件测试结果

交互组件	测 试 内 容	测 试 结 果
按钮	按钮是否能够单击和响应	主页、任务列表页、热度图页、数据分析页、登录等页面的交互按钮都能单击和响应
Echarts	各种 Echarts 可视化图形是否能正常显示	调用 Echarts 绘出的柱状图、折线图、饼图均能根据数据库动态显示
列表	列表内容是否正确显示,Item 单击是否响应	首页的感知任务加载列表能够正确加载出对应内容,单击其中的任务也能正确跳转到对应的任务详情页面中
左侧导航栏	单击后能否正确导航到对应页面	首页的左侧导航栏能够导航到对应的子页面中
分页组件	组件是否能够正确响应单击	在任务列表单击分页页码可正确跳转到相应页面

2）性能测试

性能测试见表 10-44 和表 10-45。

表 10-44 响应时间测试结果

响应事件	响应时间	测 试 结 果	异常提醒
单击事件	$<0.5s$	应用对用户单击、双击、滑动、指关节敲击等手势的最大响应时间在 0.5s 之下	有
网络加载	$2\sim10s$	在开启网络时，网络请求加载根据网速而定，应用最低的加载特效设置为 2s，未开启网络时，10s 后提示加载失败	有
动画时效	$<1s$	应用跳转动画效果的持续时间小于 1s	无

表 10-45 兼容性测试结果

浏览器内核	代表浏览器	测 试 结 果
Chromium	Google Chrome	在不同分辨率的屏幕上正常显示（CSS 兼容）；该网页的功能按钮使用正常（JavaScript 兼容）
Gechko	FireFox	在不同分辨率的屏幕上正常显示（CSS 兼容）；该网页的功能按钮使用正常（JavaScript 兼容）
Presto	Opera	在不同分辨率的屏幕上正常显示（CSS 兼容）；该网页的功能按钮使用正常（JavaScript 兼容）
Trident	Internet Explorer	在不同分辨率的屏幕上正常显示（CSS 兼容）；该网页的功能按钮使用正常（JavaScript 兼容）
Webkit	Safari	在不同分辨率的屏幕上正常显示（CSS 兼容）；该网页的功能按钮使用正常（JavaScript 兼容）

习 题

1. CrowdOS 中资源管理涉及哪些要素？
2. WeSense 平台由哪几部分构成？它们各自的功能是什么？

本章参考文献

[1] Howe J. The rise of crowdsourcing[M]. Wired magazine. New York：Condé Nast Publications, 2006.

[2] Buhrmester M, Kwang T, Gosling S D. Amazon's mechanical turk：A new source of inexpensive, yet high-quality, data？[J]. Perspectives on psychological science, 2011, 6(1)：3-5.

[3] Van Pelt C, Sorkin A. Designing a scalable crowdsourcing platform[C]// Proceedings of the 2012 ACM SIGMOD International Conference on Management of Data. New York, USA：ACM, 2012：765-766.

[4] Michail AM, Gavalas D. Bucketfood：A crowdsourcing platform for promoting gastronomic tourism [C]//2019 IEEE In-ternational Conference on Pervasive Computing and Communications Workshops (PerCom Workshops). Kyoto, Japan：IEEE, 2019：9-14.

[5] Xia Huichuan, ØSterlund C, Mckernan B, et al. Trace：A stigmergic crowdsourcing platform for

intelligence analysis［C］//Proceedings of the 52nd Hawaii International Conference on System Sciences，Hawaii，USA：ScholarSpace，2019：1-9.

［6］ Lopez M，Vukovic M，Laredo J. Peoplecloud service for enterprise crowdsourcing［C］// 2010 IEEE International Conference on Services Computing. IEEE，2010：538-545.

［7］ Sabou M，Bontcheva K，Scharl A. Crowdsourcing research opportunities：lessons from natural language processing ［C］//Proceedings of the 12th International Conference on Knowledge Management and Knowledge Technologies. Graz，Austria：ACM，2012：1-8.

［8］ Alt F，Shirazi A S，Scharl A，et al. Location-based crowdsourcing：extending crowdsourcing to the real world［C］//Proceedings of the 6th Nordic Conference on Human-Computer Interaction：Extending Boundaries. Reykjavik，Iceland：ACM，2010：13-22.

［9］ Ganti R K，Ye F，Lei H. Mobile crowdsensing：current state and future challenges［J］. IEEE Communications Magazine. 2011，49(11)：32-39.

［10］ Guo Bin，Wang Zhu，Yu Zhiwen，et al. Mobile crowd sensing and computing：The review of an emerging human-powered sensing paradigm［J］. ACM Computing Surveys (CSUR)，2015，48(1)：1-31.

［11］ Dutta P，Aoki P M，Kumar N，et al. Common sense：participatory urban sensing using a network of handheld air quality monitors［C］//Proceedings of the 7th ACM conference on embedded networked sensor systems. Berkeley，California：ACM，2009：349-350.

［12］ Rana R K，Chou C T，Kanhere S S，et al. Ear-phone：an end-to-end participatory urban noise mapping system［C］//Proceedings of the 9th ACM/IEEE international conference on information processing in sensor networks. Stockholm，Sweden：ACM，2010：105-116.

［13］ Pu Lingjun，Chen Xu，Mao Guangqiang，et al. Chimera：An energy efficient and deadline-aware hybrid edge computing framework for vehicular crowdsensing applications［J］. IEEE Internet of Things Journal，2018，6(1)：84-99.

［14］ Kim S，Robson C，Zimmerman T，et al. Creek watch：pairing usefulness and usability for successful citizen science［C］//Proceedings of the SIGCHI Conference on Human Factors in Computing Systems. Vancouver，Canada：ACM，2011：2125-2134.

［15］ Tuite K，Snavely N，Hsiao D Y，et al. Photocity：training experts at large-scale image acquisition through a competitive game［C］//Proceedings of the SIGCHI Conference on Human Factors in Computing Systems. Vancouver，Canada：ACM，2011：1383-1392.

［16］ Guo Bin，Liu Yan，Wu Wenle，et al. ActiveCrowd：A frame-work for optimized multitask allocation in mobile crowdsensing systems［J］. IEEE Transactions on Human-Machine Systems，2016，47(3)：392-403.

［17］ Wang Liang，Yu Zhiwen，Zhang Daqing，et al. Heterogeneous multi-task assignment in mobile crowdsensing using spatiotemporal correlation［J］.IEEE Transactions on Mobile Computing，2018，18(1)：84-97.

［18］ Cheng Long，Kong Linghe，Luo Chengwen，et al. Deco：False data detection and correction framework for participatory sensing［C］. In 2015 IEEE 23rd International Symposium on Quality of Service (IWQoS). Portland，USA：IEEE，2015：213-218.

［19］ Restuccia F，Ferraro P，Sanders T S，et al. First：A framework for optimizing information quality in mobile crowdsensing systems［J］. ACM Transactions on Sensor Networks (TOSN)，2018，15(1)：1-35.

［20］ Xie Hong，Lui J C. Incentive mechanism and rating system design for crowdsourcing systems：Analysis，tradeoffs and inference［J］.IEEE Transactions on Services Computing，2019，11(1)：90-102.

图 书 资 源 支 持

感谢您一直以来对清华版图书的支持和爱护。为了配合本书的使用，本书提供配套的资源，有需求的读者请扫描下方的"书圈"微信公众号二维码，在图书专区下载，也可以拨打电话或发送电子邮件咨询。

如果您在使用本书的过程中遇到了什么问题，或者有相关图书出版计划，也请您发邮件告诉我们，以便我们更好地为您服务。

我们的联系方式：

地　　址：北京市海淀区双清路学研大厦 A 座 714

邮　　编：100084

电　　话：010-83470236　　010-83470237

客服邮箱：2301891038@qq.com

QQ：2301891038（请写明您的单位和姓名）

资源下载：关注公众号"书圈"下载配套资源。

资源下载、样书申请

书 圈

获取最新书目

观看课程直播

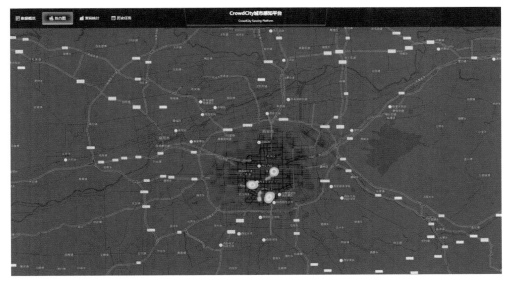

图 9-6　CrowdCity 城市感知平台市政问题可视化界面

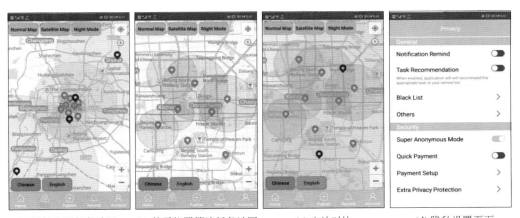

(a) 随机分配任务地图　　(b) 基于位置算法任务地图　　(c) 方法对比　　(d) 隐私设置页面

图 10-18　核心框架有效性评估